【博客藏经阁丛书】

Windows CE 大排档

莫 雨 编著

大排档是敞开式的简易大众就餐场所，是中国似的聚会。本书取名为大排档，寓意着该书如同大排档一般，物美价廉，种类繁多，凡是有用的都会摆在桌面上，是实实在在的温饱，没有无谓多余的奢侈。

——莫雨

北京航空航天大学出版社
BEIHANG UNIVERSITY PRESS

内 容 简 介

和市面上的 Windows CE 技术书籍有所不同，本书并不是事无巨细地介绍 Windows CE 开发的基础，而是以专题的形式，详细讲解在实际开发中所遇到的难点。涉及的方面包罗万象，比如：最基础的界面绘图，激动人心的多媒体播放，资料稀缺的输入法，和硬件联系紧密的设备驱动，手持设备必不可少的电源管理，桌面开发无法涉及的寄存器读/写等。而这些方面，也正是一名合格的 Windows CE 开发者所应该具备的。

本书的读者对象是具备一定 Windows CE 开发基础却又苦于无法进一步提高的初学者，对嵌入式开发有着浓厚兴趣的爱好者，以及所有支持 norains 的朋友。

图书在版编目(CIP)数据

Windows CE 大排档 / 莫雨编著. -- 北京：北京航空航天大学出版社，2011.4
 ISBN 978-7-5124-0376-5

Ⅰ. ①W… Ⅱ. ①莫… Ⅲ. ①窗口软件，Windows CE－程序设计 Ⅳ. ①TP316.7

中国版本图书馆 CIP 数据核字(2011)第 039472 号

版权所有，侵权必究。

Windows CE 大排档
莫 雨 编著
责任编辑 刘 星

*

北京航空航天大学出版社出版发行
北京市海淀区学院路 37 号(邮编 100191) http://www.buaapress.com.cn
发行部电话：(010)82317024 传真：(010)82328026
读者信箱：emsbook@gmail.com 邮购电话：(010)82316936
北京时代华都印刷有限公司印装 各地书店经销

*

开本：787×960 1/16 印张：26 字数：582 千字
2011 年 4 月第 1 版 2011 年 4 月第 1 次印刷 印数：4 000 册
ISBN 978-7-5124-0376-5 定价：49.00 元

前言

可能不少读者看到书名时，不禁会疑窦丛生，为何书名如此之怪异？先从大排档说起。大排档是敞开式的简易大众就餐场所，是中国似的聚会。本书取名为大排档，寓意着该书如同大排档一般，物美价廉，种类繁多；凡是有用的都会摆在桌面上，是实实在在的温饱，没有无谓多余的奢侈。

本书并不着重于剖析 Windows CE 开发的基础，因为市面上已经有不少讲解基础知识的优秀书籍，而 norains 自问比不过那些如同神一般的大师，故只能独辟蹊径，从多年来的实际开发经验入手，提炼出读者现在捧着的这本小册子。

为了向大师们致敬，本书的代码并不采用 MFC，而是直接使用 Win32 API。这主要是考虑到开发的一致性。虽然 MFC 能够给予应用程序很大的便利性，但 Windows CE 开发却不仅限于此，至少驱动也是需要开发者们操心的，而这偏偏是 MFC 无法企及的领域。总不能为了在不同领域实现同样功能而维护多套代码吧？Win32 API 基本上就不存在兼容性问题，只要能在应用程序运行成功的代码，放到驱动中基本也能表现良好。

只不过相对于 MFC 的完好封装而言，Win32 API 在某些方面确实有所不便。为了弥补这缺陷，代码中大量使用了 STL。STL 是一代大师们的心血结晶，只可惜市面上关于 STL 的著作不多，特别是将 STL 和实际开发相结合的更是寥若晨星。norains 斗胆以自己浅薄的知识，将 STL 和实际开发相结合，以此证明 STL 并不是华而不实。

只是由于示例代码中充斥了大量的 STL 代码，基础不扎实的初学者看起来可能会有点费劲。不过这也没关系，因为在每一个重要知识点的背后，norains 都会将这些繁琐的操作封装为一个类。只要懂得 C++ 类的基本用法，就可以毫无阻碍地将文中知识点应用到实际的开发当中。

本书另一个重点就是涉及硬件调试方面。Windows CE 既然作为嵌入式操作系统，注定了它和硬件有千丝万缕的关系。只可惜市面上的 Windows CE 书籍，基本上都只专注于软件这一方面。虽然本书关于硬件调试的篇幅不多，但所举的例子却都是实际开发中最常见的，应该能给读者起到抛砖引玉的作用。

前 言

在此基础之上,还有专门的篇幅讲解了 Windows CE 和 Windows XP 开发方面的差异和相应的解决方案。因为在实际开发中,经常需要用到移植,而关于这方面的资料却很匮乏。这也难怪,代码移植并不是小事,涉及的方方面面足以构成一本词典。自然本书也无法囊括其全部,只是列出相互移植时的一些案例,但这些足以在遇到类似问题时,能够举一反三。

一个人的力量毕竟是有限的,一个好汉也需三个帮。对于本书,自然也不是 norains 一个人包打天下。负责书中源代码测试的有:蓝应志、喻海标、朱艳锋、王熠晨、张志辉、龚军波、暴健春、覃玉恩、雷敏、陈小倩、王靖和钟镇轩。负责搭建硬件平台,为软件提供测试基础的有:马俊、黄明飞、唐植武和龙晓波。负责书中插图设计,为本书添光增彩的有:覃思、莫多和洪玲。除此以外,还要感谢那些未曾谋面的网友:JoyZML,帮我校对了前 3 章,揪出不少致命错误,很难相信居然还只是个初学者,不过凭着这股对技术的热忱,相信你以后一定能够成为一代高手;Mercury,期待你再次回归 Windows CE 的领域,论坛没你确实很寂寞;GoogleMan,希望你在销售的道路上成功转型,成为大家瞩目的销售精英。当然还要感谢我的父母,基本上新房的装修都是你们亲力亲为,让我少操心很多,能够腾出心思来完成本书,希望你们健康长寿。特别感谢的是老婆大人,不仅亲自主持了新房装修工作,还帮忙修正了不少图片,也提出不少建议,希望老婆大人每天都快快乐乐,青春永驻。最后,自然是感谢衣食父母,也就是购买本书的读者——您。

最后的最后,虽然 norains 尽了最大努力,但估计书中的错误还是难免的。如果读者找到了这些错误,欢迎到我的博客 http://blog.csdn.net/norains 留言,当然也可以发邮件到 norains@gmail.com。在此,norains 先行拜谢!

本书共享所有的源程序,读者朋友们可以到我的博客 http://blog.csdn.net/norains 中下载。

莫雨(norains)
2011 年 2 月于深圳

目 录

第1章 开篇基础 ··· 1
——初学者容易忽略的那点事

1.1 概 述 ··· 1
——高手勿看的基础

    1.1.1 什么是 Windows CE ································ 1
    1.1.2 在哪里下载 Windows CE ···························· 2
    1.1.3 什么是 SDK ··· 2
    1.1.4 Platform Builder 是什么 ···························· 2
    1.1.5 用什么 IDE 来开发应用程序 ······················ 3

1.2 程序执行流程 ·· 3
——初学者真的明白流程了吗

    1.2.1 入口还是 WinMain ···································· 3
    1.2.2 消息循环 ··· 4

1.3 第一个窗口程序 ··· 4
——一切从窗口开始

    1.3.1 注册窗口 ··· 4
    1.3.2 创建窗口 ··· 6
    1.3.3 程序退出 ··· 8

1.4 线程创建窗口 ·· 8
——为什么消息循环和创建窗口必须在同一线程

1.5 封装窗口创建过程 ··· 13
——static 的注册函数如何和对象对应

    1.5.1 注册信息和成员函数的矛盾 ······················ 13
    1.5.2 CWndBase 封装简化 ································ 13

1.6 注册表 ·· 23
——注册表的读/写不再繁琐

    1.6.1 查看注册表 ··· 23
    1.6.2 读/写 ·· 24
    1.6.3 CReg 封装简化 ·· 24

目 录

1.7 vector 好处多多 ··· 38
　　——vector 完全可以取代数组
　1.7.1 内存动态分配 ··· 38
　1.7.2 存储字符串 ··· 39
　1.7.3 存储内存数据 ··· 39
　1.7.4 应用实例 ··· 40
1.8 String 也可以很精彩 ··· 41
　　——没有 CString, 还有 std::String
　1.8.1 宏定义 ··· 41
　1.8.2 初始化 ··· 42
　1.8.3 赋值 ··· 42
　1.8.4 追加 ··· 42
　1.8.5 与 API 函数打交道 ··· 43

第 2 章 绘图 ··· 44
　　——漂亮的界面都以绘图为起点
2.1 HDC 概述 ··· 44
　　——绘图的基础
2.2 绘制 BMP ··· 45
　　——系统 API 足以胜任
　2.2.1 读取位图 ··· 45
　2.2.2 绘制位图 ··· 47
　2.2.3 释放资源 ··· 49
2.3 用缓存消除贴图闪烁 ··· 49
　　——解决绘制多张图片会闪烁的问题
　2.3.1 使用缓存 ··· 49
　2.3.2 CMemDC 封装简化 ··· 50
2.4 模拟 iPhone 左边滑动特效 ··· 56
　　——iPhone 滑动效果不是梦
　2.4.1 原理 ··· 56
　2.4.2 实现 ··· 56
2.5 模拟 iPhone 手势滑动特效 ··· 57
　　——随手舞动
　2.5.1 原理 ··· 57
　2.5.2 实现 ··· 60
2.6 绘制 JPEG ··· 67
　　——最简单的 DirectShow 示例
　2.6.1 函数调用流程 ··· 67
　2.6.2 显示源文件特定区域 ··· 70

2.6.3 CImager 封装简化 …………………………………… 72
2.7 绘制 GIF …………………………………………………… 83
　　——难点在于如何连续显示
2.8 将 HDC 保存为 BMP ……………………………………… 84
　　——调试界面的利器
　2.8.1 BMP 文件头信息 …………………………………… 84
　2.8.2 将 HDC 保存到内存 ………………………………… 86
　2.8.3 保存文件 ……………………………………………… 87
　2.8.4 WriteBmp 完整源码 ………………………………… 90
2.9 截　屏 ……………………………………………………… 93
2.10 半透明效果 ………………………………………………… 94
　　——通过截屏和 AlphaBlend 混合

第3章　多媒体 …………………………………………………… 97
　　——跨入有声有色的时代
3.1 播放 WAV ………………………………………………… 97
　　——利用 API 播放最简单的 WAV
3.2 录　音 ……………………………………………………… 97
　　——只要有麦克风，就能录音
　3.2.1 WAV 格式 …………………………………………… 97
　3.2.2 前期准备 ……………………………………………… 100
　3.2.3 消息处理 ……………………………………………… 102
　3.2.4 保存文件 ……………………………………………… 103
　3.2.5 CRecord 封装简化 …………………………………… 103
　3.2.6 CRecord 实现细节 …………………………………… 116
3.3 DirectShow ………………………………………………… 116
　　——播放视频不再是个难事
　3.3.1 播放音频文件 ………………………………………… 117
　3.3.2 播放视频文件 ………………………………………… 120
　3.3.3 CMedia 封装简化 …………………………………… 121
　3.3.4 CMedia 与播放格式 ………………………………… 138
3.4 同步显示歌词原理 ………………………………………… 139
　　——诀窍只在于时间的获取
3.5 文字滚动原理 ……………………………………………… 141
　　——歌词的滚动无非如此
3.6 DirectShow 声音的渐变 ………………………………… 143
　　——WAV 和 MP3 的播放声道不同衍生出的应用

第4章　输入法开发 …………………………………………… 145
　　——COM 技术的应用

目 录

4.1 输入法结构 ··· 145
  ——COM 的基础接口
4.2 COM 接口函数实现 ··· 146
  ——还是注册表
4.3 CClassFactory 的实现 ··· 149
4.4 CInputMethod 的实现 ·· 151
4.5 CIMWnd 的实现 ··· 154
  ——CWndBase 类实例
4.6 完整源码 ·· 156
4.7 输入法加载 ··· 170
  ——无加载，不使用
  4.7.1 系统定制 ··· 170
  4.7.2 手工加载 ··· 171
4.8 微软繁体手写识别库 ·· 176
  ——简单易用的笔划识别
  4.8.1 调用流程 ··· 176
  4.8.2 CRecognizer 封装调用流程 ··································· 179
  4.8.3 在 Platform Builder 中添加识别库 ··························· 186

第 5 章 事件和控制面板 ·· 189
  ——拨开控制面板的面纱

5.1 事件概述 ·· 189
  ——方便好用的交流利器
  5.1.1 创建事件 ··· 189
  5.1.2 发送事件 ··· 191
  5.1.3 接收事件 ··· 192
5.2 不同进程数据信息传递 ··· 194
  ——数据传递是一切的基础
  5.2.1 注册表 ·· 195
  5.2.2 内存映射 ··· 196
  5.2.3 事件数据 ··· 198
5.3 控制面板和驱动通信 ·· 199
  ——控制面板和驱动的无缝链接
  5.3.1 控制面板结构 ··· 199
  5.3.2 简单的控制面板程序 ·· 200
  5.3.3 控制面板和驱动程序通信 ······································ 206
  5.3.4 如何调用控制面板 ··· 207

第 6 章 驱动开发 ·· 210
  ——驱动其实并不难

6.1	驱动概述 ··	210
	——先看看基础	
6.2	获取已加载驱动信息 ···	210
	——折腾注册表,获取驱动信息	
6.2.1	结构体信息 ··	211
6.2.2	获取注册表信息 ···	211
6.2.3	提取主要信息 ··	213
6.2.4	提取其他信息 ··	215
6.2.5	细节:UNICODE 的转换 ···	216
6.3	一个最简单的驱动 ··	217
	——麻雀虽小,五脏俱全	
6.3.1	驱动结构 ···	217
6.3.2	注册表 ··	218
6.3.3	最简单的驱动代码 ··	219
6.4	驱动的动态加载和卸载 ··	221
	——免去系统编译之苦	
6.4.1	加 载 ···	221
6.4.2	卸载任意驱动 ··	224
6.5	DeviceIoControl 和结构体内嵌指针 ··	226
	——DeviceIoControl 是应用层和驱动沟通的桥梁	
6.5.1	内嵌指针错误 ··	226
6.5.2	修正地址 ···	228
6.5.3	原因深究 ···	229
6.6	虚拟串口驱动 ··	231
	——多个进程都能使用一个串口	
6.6.1	源 起 ···	231
6.6.2	驱动约束 ···	231
6.6.3	VSP_Open ··	232
6.6.4	VSP_Close ···	234
6.6.5	VSP_Write ···	235
6.6.6	WaitCommEvent ··	235
6.6.7	VSP_Read ··	238
6.6.8	完整源代码 ··	241
6.6.9	注册表数值 ··	249
6.6.10	驱动调用 ··	250
6.7	狸猫换太子,用赝版替代原装驱动 ··	250
	——类似黑客的手法	

目录

第 7 章 电源管理 259
——手持设备不可或缺的组成部分

7.1 SC811 电源管理芯片 259
——简单的芯片示例

7.2 搭建硬件电路 259
——检测电路图

7.3 检测电池电量驱动代码 260
——根据 ADC 数据采获取电量

7.4 应用程序获取电源信息 265
——驱动完毕,只剩运用

7.4.1 创建消息队列 265
7.4.2 等待状态变化 268
7.4.3 数据分析 269
7.4.4 CPowerThread 封装简化流程 272

7.5 绘制电源变化 279
——混搭图片实现动态效果

第 8 章 CPU 寄存器读/写 281
——最接近硬件的操作

8.1 内存映射 281
8.2 操作 STMP37xx GPIO 寄存器 283
8.3 操作 TCC7901 GPIO 寄存器 286

8.3.1 TCC7901 寄存器读/写 286
8.3.2 自己动手写 TCC7901 驱动 291
8.3.3 驱动调用 300

第 9 章 硬件调试 303
——不和硬件打交道,就无法了解 Windows CE 嵌入式系统

9.1 触摸屏 303
——PND 不可或缺的输入设备

9.1.1 校准后无法正确使用 303
9.1.2 点击时无规律飘忽不定 305
9.1.3 点击时有规律的漂移 305
9.1.4 同一型号触摸屏不灵便 307

9.2 软开关 308
——软硬结合的经典范例

9.2.1 硬件篇 308
9.2.2 软件篇 310

9.3 LCD 调试 311
——告别无界面的时代

9.3.1 LCD 寄存器初始化 311

9.3.2	判断数据线是否接反	314
9.3.3	杂碎经验	315
9.4	SDRAM 和 CPU	316
	——器件选型的依据	
9.4.1	SDRAM 和 CPU 的连接	316
9.4.2	如何判断 SDRAM 的大小	318

第 10 章 系统分析 320
——对 Windows CE 系统做一些客制化的更改

10.1	音量设置	320
	——音量也有小后门	
10.2	系统界面修改	329
	——非正统的修改	
10.3	Windows CE 圆圈消息	330
	——揪出隐藏很深的 WM_NOTIFY	
10.4	桌面修改	331
	——Explorer 的各种修改	
10.4.1	禁止拖拽桌面图标	331
10.4.2	初始化桌面图标顺序	331
10.4.3	删除菜单选项	332
10.5	快捷方式	333
	——不同于桌面 Windows 的方式	
10.5.1	快捷方式结构	333
10.5.2	将快捷方式放入内核	333
10.5.3	桌面显示快捷菜单	334
10.5.4	消除快捷方式箭头	334
10.5.5	微软自带程序的快捷菜单	334
10.6	注册表	335
	——类似于桌面 Windows 的方式	
10.6.1	不显示"我的电脑"和"回收站"	335
10.6.2	直接删除文件,不放回"回收站"	335
10.6.3	修改 XP 皮肤的颜色	335
10.6.4	文件夹映射修改	337
10.6.5	Explorer 注册表归纳	338
10.7	格式化	339
	——有趣的深层探索	
10.7.1	源代码探索	339
10.7.2	函数的作用	340
10.7.3	函数的调用	341

目录

10.8 文件关联 ··· 342
　　——不一样的文件关联

第11章 系统烧录 ··· 344
　　——对市面上的系统烧录做简单的对比
11.1 大话烧录 ··· 344
11.2 TT4X0BD ··· 345
11.3 S3C6410 ··· 349
11.4 TCC7901 ··· 352
11.5 AU1200 ··· 356
　　11.5.1 地址释疑 ·· 356
　　11.5.2 开始烧录 ·· 359

第12章 Windows XP 和 Windows CE 开发差异性 ········· 367
　　——差异性让我们更注重代码的可移植性
12.1 大话差异 ··· 367
　　——新手所应了解的差异概述
12.2 串口工作的差异性 ·· 369
　　——最平常的串口也有其特殊的一面
　　12.2.1 CreateFile 参数的差异 ·· 369
　　12.2.2 单线程比较 ·· 370
　　12.2.3 多线程比较 ·· 371
　　12.2.4 Windows XP 异步模式两种判断操作是否成功的方法 ················ 375
12.3 消息循环的差异性 ·· 376
　　——消息的差异也许会有出人意料的意外
12.4 Windows XP 和 Windows CE 工程共存于同一文件 ·················· 379
　　——一切都只是配置参数
12.5 用宏定义区分代码 ·· 382
　　——让宏使代码思路更明晰
12.6 用类简化代码迁移 ·· 383
　　——类不一样的用法范例
12.7 Windows CE 程序移植到 Windows XP 的解决方案实例 ············ 386
　　12.7.1 RETAILMSG 和 DEBUGMSG ·· 386
　　12.7.2 ASSERT ·· 388
　　12.7.3 SetEventData 和 GetEventData ·· 391
12.8 Windows XP 程序移植到 Windows CE 的解决方案实例 ············ 399
　　12.8.1 GetCurrentDirectory ··· 399
　　12.8.2 SystemTimeToTzSpecificLocalTime ····································· 400

后 记 ··· 403

参考文献 ··· 404

第1章 开篇基础

本章介绍了 Windows CE 的一些基础性知识和后续章节会用到的封装类。

1.1 概述

本节介绍 Windows CE 开发的一些新手知识,如果读者已经对该部分熟悉,可以忽略本节。

norains 其实最怕的就是讲解基础知识,因为实在很难说出新意。就像 1+1=2,大家都知道的道理,又该如何去说明?但这又不可或缺,因为并不是所有人都明白这些基础概念。为了避免读者看这节内容时昏昏欲睡,本节稍微来点改变,基础知识的说明采用问答的形式,应该至少不会那么乏味。

1.1.1 什么是 Windows CE

Windows CE 是微软公司嵌入式、移动计算平台的基础,它是一个开放的 32 位嵌入式操作系统,其图形用户界面相当出色,又因为采用和桌面 Windows 系列相同的 API 函数,使得应用程序的移植非常方便。它还有一个最大的特点,就是开放大部分源代码。

相对来说,可能读者更感兴趣的是该操作系统的命名。最初的版本是 Windows CE 1.0,而这命名规则一直延续到 3.0 版本。然后到了 4.0 的时代,则增加了.net 后缀,其完整的名称就变更为 Windows CE 4.0.net。只不过这规则也只延续到了 5.0 的版本,到了 6.0 的时候,.net 的后缀被无情地抛弃,取而代之的是 Embedded,于是完整的名称又变为 Windows Embedded CE 6.0。可能是桌面 Windows 7 太成功,也或许微软想让 CE 也占点光,于是最新的 CE 操作系统不再使用 CE X.X 的形式,直接变成 Windows Embedded Compact 7! 一直作为标志的"CE"符号也到了被微软和谐的地步。

不过到本书写作时为止,Windows CE 7.0(姑且这里还是这么称呼吧)还没真正面世,再加上 SoC 厂商完善相应的 BSP 也需要一定的时间,所以在很长的一段时间里,主流的还将是 Windows CE 5.0 / 6.0。

1.1.2 在哪里下载 Windows CE

很多初学者在准备开始学习 Windows CE 开发之前,最常见的举动就是在某个知名的论坛发个帖子,内容类似如下:本人菜鸟,想学习 Windows CE,现跪求该系统的下载地址。估计这些初学者还认为 Windows CE 和桌面 Windows 一样,需要先下载个 ISO,然后双击 Setup 安装。只可惜这想法在 Windows CE 领域是行不通的,能从微软网站上下载的只是 Windows CE 的 SDK。万幸的是,该 SDK 包含了能够在桌面 Windows 上运行的模拟器,这也是没有实际开发设备的初学者最简单的接触到 Windows CE 的方式。

至于 Windows CE 的安装,也就是所谓的将系统部署到开发设备,其方式也会因不同的厂家而大相径庭。本书的第 11 章专门说明了不同芯片的部署方式,有兴趣的读者可以跳到该章去一窥全貌。

1.1.3 什么是 SDK

SDK 是 Software Development Kit 的缩写,翻译过来则是"软件开发工具包"。这是一个覆盖面相当广泛的名词,可以这么说,辅助开发某一类软件的相关文档、范例和工具的集合都可以叫做"SDK"。

具体到 Window CE,微软给开发者提供了一个 Standard SDK,包含了模拟器以及一些相关的开发文档。其实开发者也可以自己定制该 SDK,因为它实际是使用 Platform Builder 这款 Windows CE 特有的开发工具进行生成的。一般来说,如果开发的程序没有用到太多的 Windows CE 特性的话,那 Standard SDK 就足够了。当然这并不是说 Standard SDK 是万能的,因为它不支持中文,不支持 DirectShow 等。如果遇到 Standard SDK 不支持的功能,那就只能使用 Platform Builder 来选择所需了。

1.1.4 Platform Builder 是什么

Windows CE 是一个组件系统,简单来说,这个系统可以随开发者拼凑,想要啥就上啥,不想要就别管。而用来拼凑的工具,就是这个 Platform Builder(简称 PB)。在这个开发环境中,可以构想开发者心目中的 Windows CE 系统,比如能不能上网,可不可以播放媒体,甚至是什么都没有,只有一个最简单的内核。PB 生成的系统映像一般为 nk.bin,而这就是一个完整的 Windows CE 操作系统映像。

既然 PB 能编译系统,那开发应用程序也不在话下。不过限制也是非常明显,因为包含的头文件不同,故只能开发非 MFC 程序。更致命的是,在便利性和工程管理方面,远远不如专门用于开发应用程序的 IDE 方便。还有一点需要注意的是,PB 只能定制 Windows CE 5.0 及其之前的系统;如果需要定制 Windows CE 6.0,则只能采用 Visual Studio 2005 加上 Platform Builder Plug 的组合。

1.1.5　用什么 IDE 来开发应用程序

目前为止,有两种 IDE 环境可供 Windows CE 软件的开发:Visual Studio 系列(简称 VS,从 2003 开始支持 Windows CE 开发)和 Embedded Visual C++ 4.0(简称 EVC 4.0)。EVC 4.0 是经典的工具,可以用来开发 Windows CE 5.0 及其之前版本系统的应用软件,不过由于编译器年代久远,很多 C++ 的特性并不支持,以致于在开发时难免让人尴尬。另一方面,虽然 VS2003 也能支持 Windows CE 的开发,但莫名其妙的 bug 却不少,开发的愉悦性还不及 EVC 4.0,故建议最好还是选用 VS2005。虽然 VS2005 占用资源比 EVC 4.0 或 VS2003 多了很多,但它更符合最新的 C++ 规范(相对 EVC 4.0 而言),编译器又修正了不少 bug,光是这两点就足以让程序员投入其怀抱。除非是开发 Windows CE 4.2 乃至更古老的版本,因为 VS2005 并不支持这些版本的 SDK,所以如果有这方面的需求,还是得请出 EVC 4.0 或 VS2003 这两匹老马。

最后有个小细节需要注意:也许是因为架构有所改动,VS2005 自带的 Remote Tools 远不如 EVC 4.0 自带的管用,最常出现的就是链接不上或是无法获取相应的内容。如果碰到这种情形,先别忙着重启或怀疑设备,而是用老版本的 Remote Tools 试试。

1.2　程序执行流程

本节来看看一个简单的 Window CE 程序的执行流程,以小见大,加深对应用程序的理解。

1.2.1　入口还是 WinMain

如果读者一开始写 Windows 窗口程序使用的是 MFC,并且之后也一直没有离开过 MFC,那么可能对程序的入口函数有点迷糊:是不是 InitInstance?很可惜,虽然在 MFC 中最先调用的是该函数,但真正的入口函数却不是它。InitInstance 是被入口函数调用的其中一个函数而已。

真正的入口函数是 WinMain,当然前提是读者没有更改默认的设置。对于该函数而言,其接口声明如下:

```
int WINAPI WinMain(  HINSTANCE  hInstance,
                     HINSTANCE  hPrevInstance,
                     LPTSTR     lpCmdLine,
                     int        nCmdShow)
```

hInstance 是当前程序的实例,比如需要从当前程序读取图片,传递给 LoadBitmap 函数的第一个形参就是它。hPrevInstance 在 Win32 程序中基本上就已经不使用,一般传入的数值都是 NULL。lpCmdLine 则是命令行,该形参自然是调用者附送过来的。nCmdShow 标志着调用者希望当前程序对窗口执行的动作,比如隐藏、显示等。

那为什么 MFC 中找不到 WinMain 这个函数呢?其实该函数也是存在的,只不过微软将它封装得太好了,让人难以见到其面目。norains 在实际开发中,基本上是不会去碰 MFC 的,因为 MFC 程序有太多难以理解的宏,而这些居然还堆放到代码中,实在让 norains 很不爽。并且,MFC 根本无法拿来开发驱动程序。总不能同样的一个功能,就分为应用程序和驱动这两个版本吧?所以 norains 索性就放弃了 MFC。因此,对于本书而言,代码基本上都是用 Win32 API 直接书写的。

1.2.2 消息循环

如果读者是和当年的 norains 一样,学习程序是从学校的教材开始,并且习惯于在 TC2.0 上写程序,可能怎么也想不明白,Windows 的程序怎么做到"运行"后单击"关闭"才退出的?在 TC2.0 上面一个 main 函数就一路跑到头了啊!其实这奥秘就在于消息循环。

而这个消息循环,也就是窗口程序特有的标志,就是放置在 WinMain 这个入口函数中。

先来看看一个最典型的消息循环:

```
MSG msg;
while(GetMessage(&msg,NULL,0,0))
{
    TranslateMessage(&msg);
    DispatchMessage(&msg);
}
```

GetMessage 从消息队列里取得一个消息并将其放于指定的结构,然后通过 TranslateMessage 函数将虚拟键消息转换为字符消息,最后调用 DispatchMessage 分发消息给窗口。

对于这个循环,我们并不关心消息是怎么传递的,只是关心如何退出循环。对于 GetMessage 函数来说,只要接收到的消息不是 WM_QUIT,一律返回 TRUE;如果恰好是 WM_QUIT,那么就对不起了,返回 FALSE,退出循环。而 WM_QUIT 消息,一般都是单击"退出"按钮时发送的。一切刚好,珠联璧合。

1.3 第一个窗口程序

既然已经了解了应用程序的结构,那么本节就来实际创建一个具备窗口的程序。

1.3.1 注册窗口

在创建窗口之前,必须先要注册窗口。注册窗口有什么用呢?就是要告诉系统,我这里有个应用程序,它是有窗口的。只有通过了合法注册,系统才会分发消息给该窗口。

窗口注册调用的是 RegisterClass 函数,这函数在系统中被定义如下:

```
ATOM RegisterClass(const WNDCLASS * lpWndClass);
```

很简单,只有一个形参,用来传入 WNDCLASS 结构体对象,而该结构体包含了注册的相关信息:

```
typedef struct _WNDCLASS {
    UINT style;
    WNDPROC lpfnWndProc;
    int cbClsExtra;
    int cbWndExtra;
    HANDLE hInstance;
    HICON hIcon;
    HCURSOR hCursor;
    HBRUSH hbrBackground;
    LPCTSTR lpszMenuName;
    LPCTSTR lpszClassName;
} WNDCLASS;
```

style 指出窗口风格。比如说,如果读者想让窗口能够接收双击消息,而不是两次单击消息,这时候 style 就必须具备 CS_DBLCLKS 风格。

lpfnWndProc 是处理接收到的消息的函数地址。该函数的形参类型和个数是固定的,也就是说必须为如下格式:

```
LRESULT CALLBACK WindowProc(
    HWND hwnd,
    UINT uMsg,
    WPARAM wParam,
    LPARAM lParam
);
```

cbClsExtra 和 cbWndExtra 都用来标志有多大的额外内存需要分配。不过如果没有特殊情况,这两个形参一般都不用考虑,直接将它们设置为 0 即可。

hInstance 为实例句柄。在往后代码需要用到实例句柄的地方,其实基本上都是采用 WinMain 函数传入的这个形参来进行赋值。如果在初始没有保存该数值,那么也可以通过 GetModuleHandle 函数进行获取。

hIcon 在 Windows CE 中不被支持,只能设置为 NULL。

hCursor 设定的是鼠标的样式。

hbrBackground 是背景的颜色，传入的数值是画刷的句柄。一般都是通过宏和函数来获取相应的颜色。比如，想获取白色画刷：

```
(HBRUSH) GetStockObject(WHITE_BRUSH)
```

lpszMenuName 为默认菜单的名字。如果没有菜单，当然也就是设置为 NULL。

lpszClassName 是窗口的类名。这个就比较重要，如果该类名和之后用到的窗口名，这两个名字的组合在系统中重复的话，那么直接结果就是创建窗口失败。

最后来看看一段典型的窗口注册代码：

```
WNDCLASS wc;
wc.style            = 0;
wc.lpfnWndProc      = WndProc;
wc.cbClsExtra       = 0;
wc.cbWndExtra       = 0;
wc.hInstance        = GetModuleHandle(NULL);
wc.hIcon            = NULL;
wc.hCursor          = LoadCursor(NULL, IDC_ARROW);
wc.lpszMenuName     = NULL;
wc.lpszClassName    = m_strWndClass.c_str();
wc.hbrBackground    = (HBRUSH) GetStockObject(WHITE_BRUSH);
RegisterClass(&wc);
```

1.3.2 创建窗口

只有成功地注册了窗口，接下来才能进行创建窗口。就像网站要注册成功了，才能发帖的道理差不多。创建窗口有两个函数，分别是 CreateWindow 和 CreateWindowEx。这两者的区别只在于后者多了一个形参，所以着重讲一下后者。

CreateWindowEx 的声明如下：

```
HWND CreateWindowEx(
    DWORD dwExStyle,
    LPCTSTR lpClassName,
    LPCTSTR lpWindowName,
    DWORD dwStyle,
    int x,
    int y,
    int nWidth,
    int nHeight,
    HWND hWndParent,
```

```
    HMENU hMenu,
    HANDLE hInstance,
    PVOID lpParam
);
```

　　dwExStyle 用来指定扩展的窗口样式,并且它还是 CreateWindow 函数所不具备的唯一一个形参。据一些"小道消息"说,Win32 API 里面带有 Ex 后缀的函数,其实一开始都是没有的;后来随着 Windows 操作系统的发展,最先推出的一批 Win32 API 函数不够用了,最明显就是一些功能无法在原来的函数中进行标注;而这新的功能又只能在原来函数上扩张,微软又不能就这样放弃旧的函数,所以为了区别,就只能在原有旧的函数后面加个 Ex。换句话说,当看到有 Ex 后缀的函数时,只要读者选择的形参数值合适,那么肯定就能和没有 Ex 后缀的函数对上眼。

　　lpClassName 为窗口的类名,在这里可就不能乱取名了,它必须和传递给 RegisterClass 函数的类名一致,否则就是名不正,言不顺,结果就会被系统咔嚓掉。

　　lpWindowName 是窗口的名字,这时就可以随意发挥了,只要不重复就好。不过这重复的范围并不是很严格。所谓的重复,就是 lpClassName 和 lpWindowName 同时与系统中的某个窗口完全相同,只要其中一个不同,就不算重复。

　　dwStyle 标明窗口的样式,比如是层叠窗口、子窗口等。

　　x、y、nWidth、nHeight 这四个形参用来定义窗口的属性,前面两个自然是起始坐标,后面跟班的,就是宽度和高度。

　　hWndParent 为当前创建的窗口的父亲,也就是父窗口。如果想该窗口无依无靠,或是直接就当父亲,可以直接设置为 NULL。

　　hMenu 是窗口默认的菜单,如果不需要,还是老样子,设为 NULL。

　　hInstance 是当前程序的实例,这形参和 WindowProc 的同名形参意义是一样的。

　　lpParam 形参到时候会通过 WM_CREATE 传递给接收消息的函数。如果是在同一进程中,想传啥就传啥,只要觉得有用。

　　说明讲了那么多,接下来看点有料的,如何根据当前工作区的大小来创建一个窗口:

```
//获取工作区大小
RECT rcArea = {0};
SystemParametersInfo(SPI_GETWORKAREA, 0, &rcArea, 0);

//创建窗口
hWnd = CreateWindowEx(0,
            TEXT("Main_WndClass"),
            TEXT("Main_WndName"),
```

第 1 章 开篇基础

```
            WS_POPUP,
            rcArea.left,
            rcArea.top,
            rcArea.right - rcArea.left,
            rcArea.bottom - rcArea.top,
            NULL,
            NULL,
            GetModuleHandle(NULL),
            0);
```

1.3.3 程序退出

如果想程序退出，那么就必须让 GetMessage 函数能够接收到 WM_QUIT 消息。是采用 SendMessage 还是 PostMessage 呢？两者都可以，只不过前者是处理完毕后才返回，后者则是什么都不管，直接返回。不过这两者都不是最好的，因为这两者都有四个形参。特别第一个形参还是窗口句柄，万一想退出时没有窗口句柄，那不难死英雄汉？没事，要相信微软，人家公司做得那么大也是有道理的，它已经为我们准备好了 PostQuitMessage 函数。该函数就是为退出程序而量身定做的，想跳出消息循环，直接调用它就好了：

```
//0x00 是退出码，除非你很在意是谁让退出的，否则这个形参基本上可有可无
PostQuitMessage(0x00);
```

1.4 线程创建窗口

在线程中创建窗口，和主线程中稍微有点不同。不过，在说明这个不同点之前，先结合之前的知识，在主线程创建一个窗口：

```
#include "windows.h"
HWND g_hWnd = NULL;
HINSTANCE g_hInst;
//消息处理函数
LRESULT WndProc(HWND hWnd,UINT wMsg,WPARAM wParam,LPARAM lParam)
{
    return DefWindowProc(hWnd,wMsg,wParam,lParam);
}
void CreateWnd(void)
{
    WNDCLASS wc        = {0};
    wc.style           = 0;
```

```
    wc.lpfnWndProc      = WndProc;
    wc.cbClsExtra       = 0;
    wc.cbWndExtra       = 0;
    wc.hInstance        = g_hInst;
    wc.hIcon            = NULL;
    wc.hCursor          = LoadCursor(NULL, IDC_ARROW);
    wc.hbrBackground    = (HBRUSH)GetSysColorBrush(COLOR_WINDOW);
    wc.lpszMenuName     = NULL;
    wc.lpszClassName    = TEXT("SimpleWindow");

    RegisterClass(&wc);

    g_hWnd = CreateWindowEx(0,TEXT("SimpleWindow"),TEXT("SimpleWindow"),WS_VISIBLE,
            0,0,200,200,NULL, NULL, g_hInst, 0);
}
int WINAPI WinMain(   HINSTANCE hInstance,
                      HINSTANCE hPrevInstance,
                      LPTSTR    lpCmdLine,
                      int       nCmdShow)
{
    g_hInst = hInstance;              //保存全局句柄
    CreateWnd();                      //创建窗口
    //消息循环
    MSG msg;
    while(GetMessage(&msg,NULL,0,0))
    {
        TranslateMessage(&msg);
        DispatchMessage(&msg);
    }
    return 0;
}
```

norains 以自己小小的人格担保，这是一段绝对运行正常的代码。如果我们将这代码做个小小的变动，将 CreateWnd 放到线程中：

```
#include "windows.h"
HWND g_hWnd = NULL;
HINSTANCE g_hInst;
LRESULT WndProc(HWND hWnd,UINT wMsg,WPARAM wParam,LPARAM lParam)
{
    return DefWindowProc(hWnd,wMsg,wParam,lParam);
```

```
    }
    void CreateWnd(void)
    {
        WNDCLASS wc       = {0};
        wc.style          = 0;
        wc.lpfnWndProc    = WndProc;
        wc.cbClsExtra     = 0;
        wc.cbWndExtra     = 0;
        wc.hInstance      = g_hInst;
        wc.hIcon          = NULL;
        wc.hCursor        = LoadCursor(NULL, IDC_ARROW);
        wc.hbrBackground  = (HBRUSH)GetSysColorBrush(COLOR_WINDOW);
        wc.lpszMenuName   = NULL;
        wc.lpszClassName  = TEXT("SimpleWindow");

        RegisterClass(&wc);

        g_hWnd = CreateWindowEx(0,TEXT("SimpleWindow"),TEXT("SimpleWindow"),WS_VISIBLE,
                   0,0,200,200,NULL, NULL, g_hInst, 0);
    }
    DWORD CreateThread(PVOID pArg)
    {
        //在线程中创建窗口
        CreateWnd();
        return 0;
    }
    int WINAPI WinMain(  HINSTANCE hInstance,
                         HINSTANCE hPrevInstance,
                         LPTSTR    lpCmdLine,
                         int       nCmdShow)
    {
        g_hInst = hInstance;
        //创建线程
        HANDLE hThrd = CreateThread(NULL,0,CreateThread,NULL,0,NULL);
        CloseHandle(hThrd);
        //消息循环
        MSG msg;
        while(GetMessage(&msg,NULL,0,0))
        {
            TranslateMessage(&msg);
```

```
        DispatchMessage(&msg);
    }

    return 0;
}
```

这回 norains 不以人格担保了,因为这次什么都没见到,只是窗口一闪,啥都没了。因为 g_hWnd 为全局变量,理智告诉我们:在主线程没有退出之前,g_hWnd 是不会销毁的。而用断点调试,将会发现在 WndProc 函数中只能接收 WM_CREATE 及以后一些消息,再往后就销声匿迹了,特别是 WM_PAINT 似乎就凭空消失了。那么,代码什么都没有变更,只是移动到了分线程中,为何会出现这个问题呢?

答案,只能问微软。在伟大的 MSDN 中,不出意料找到了这么一段话:

> In a multithreaded application, any thread can call the CreateWindow() API to create a window. There are no restrictions on which thread(s) can create windows.
>
> It is important to note that the message loop and window procedure for the window must be in the thread that created the window. If a different thread creates the window, the window won't get messages from DispatchMessage(), but will get messages from other sources. Therefore, the window will appear but won't show activation or repaint, cannot be moved, won't receive mouse messages, and so on.

总结起来,这段只说明这么一个要点:窗口在任何线程中都可以创建,但消息循环必须要和创建窗口在同一线程,否则窗口将无法从 DispatchMessage 获取任何消息。

症结找到,就能够对症下药,现在就将代码稍微改一改,看看能不能药到病除:

```
#include "windows.h"
HWND g_hWnd = NULL;
HINSTANCE g_hInst;
LRESULT WndProc(HWND hWnd,UINT wMsg,WPARAM wParam,LPARAM lParam)
{
    return DefWindowProc(hWnd,wMsg,wParam,lParam);
}

void CreateWnd(void)
{
    WNDCLASS wc         = {0};
    wc.style            = 0;
    wc.lpfnWndProc      = WndProc;
    wc.cbClsExtra       = 0;
    wc.cbWndExtra       = 0;
    wc.hInstance        = g_hInst;
    wc.hIcon            = NULL;
```

```
    wc.hCursor        = LoadCursor(NULL, IDC_ARROW);
    wc.hbrBackground  = (HBRUSH)GetSysColorBrush(COLOR_WINDOW);
    wc.lpszMenuName   = NULL;
    wc.lpszClassName  = TEXT("SimpleWindow");

    RegisterClass(&wc);

    g_hWnd = CreateWindowEx(0,TEXT("SimpleWindow"),TEXT("SimpleWindow"),WS_VISIBLE,
            0,0,200,200,NULL, NULL, g_hInst, 0);
}
DWORD CreateThread(PVOID pArg)
{
    CreateWnd();
    //线程的消息循环
    MSG msg;
    while(GetMessage(&msg,NULL,0,0))
    {
        TranslateMessage(&msg);
        DispatchMessage(&msg);
    }
    return 0;
}
int WINAPI WinMain(  HINSTANCE hInstance,
                     HINSTANCE hPrevInstance,
                     LPTSTR    lpCmdLine,
                     int       nCmdShow)
{
    g_hInst = hInstance;
    //创建线程
    HANDLE hThrd = CreateThread(NULL,0,CreateThread,NULL,0,NULL);
    CloseHandle(hThrd);
    //主线程消息循环
    MSG msg;
    while(GetMessage(&msg,NULL,0,0))
    {
        TranslateMessage(&msg);
        DispatchMessage(&msg);
    }
    return 0;
}
```

一切正常！程序终于能够完全康复了！

当然了，还有需要注意的：在这个例子中，由于消息循环在主线程和分线程都分别存在，如果在 WndProc 调用 PostQuitMessage，那么退出的也仅仅是分线程，而主线程还是会不停地在等待消息，从而导致程序无法正常退出。不过倒不用过分担心，和这个示例代码不同，在实际代码编写中，在主线程往往都会创建主窗口，而在这个主窗口消息处理函数调用 PostQuitMessage 则完全可以让主线程正常退出。

事实说明，非主线程创建窗口也能工作正常，只要注意一点：消息循环必须要和创建窗口在同一线程。

1.5 封装窗口创建过程

norains 觉得，如果每次创建线程都要写如此繁杂的注册和创建代码，绝对无疑是一种折磨。聪明的程序员，有必要将这些繁琐的操作封装起来，留出一种简便给自己。

1.5.1 注册信息和成员函数的矛盾

将创建窗口的繁杂过程封装为一个类，绝对是一个好想法。但这种方式却有一个不得不考虑的矛盾：WNDCLASS.lpfnWndProc 这个窗口过程处理函数必须不属于任何对象，也就是说只能属于类，即必须是 static 类型。而如果函数为 static，会带来一个问题，就是不能直接读取实例对象的变量。如果要用类封装，就必须要解决这个 static WndProc 函数读取实例对象的变量问题。要实现这点，关键在于要知道这个消息需要传送给哪个窗口实例。这点并不容易，但却可以使用一个小技巧。

首先，在窗口创建完毕之后，将实例对象指针存储在窗口的 GWL_USERDATA 地址中：

```
SetWindowLong(m_hWnd, GWL_USERDATA,(DWORD)this);
```

然后在 Static WndProc 通过 GetWindowLong 函数获取该实例对象指针，并且使用该指针调用实例对象的 WndProc 函数：

```
//获取实例对象指针
CSimpleWnd * pObject = (CSimpleWnd *)GetWindowLong(hWnd,GWL_USERDATA);
//调用实例对象的窗口处理函数
pObject->WndProc(hWnd,msg,wParam,lParam);
```

OK，就是这么简简单单的两个代码，就完成了静态窗口函数向对象窗口函数的联结。

1.5.2 CWndBase 封装简化

最后来看看将上述创建流程封装好的 CWndBase 类，在下载资料中也有相应的源代码。

```cpp
///////////////////////////////////////////////////////////////
//WndBase.h : interface for the CWndBase class.
///////////////////////////////////////////////////////////////
# pragma once
# include "stdafx.h"
class CWndBase
{
public:
    //-------------------------------------------------------------
    //Description:
    //    显示窗口
    //-------------------------------------------------------------
    virtual BOOL ShowWindow(BOOL bShow);
    //-------------------------------------------------------------
    //Description:
    //    创建窗口
    //Parameters:
    //    hWndParent : [in] 父窗口句柄
    //    strWndClass : [in] 窗口的类名
    //    strWndName : [in] 窗口名
    //    bMsgThrdInside : [in] TRUE——消息为内部循环    FALSE——无内部循环消息
    //-------------------------------------------------------------
    virtual BOOL Create(HWND hWndParent,
                        const TSTRING &strWndClass,
                        const TSTRING &strWndName,
                        BOOL bMsgThrdInside = FALSE);

    //-------------------------------------------------------------
    //Description:
    //    创建窗口
    //Parameters:
    //    hWndParent : [in] 父窗口句柄
    //    strWndClass : [in] 窗口的类名
    //    strWndName : [in] 窗口名
    //    dwStyle : [in] 窗口的类型
    //    bMsgThrdInside : [in] TRUE——消息为内部循环    FALSE——无内部循环消息
    //-------------------------------------------------------------
    virtual BOOL CreateEx(HWND hWndParent,
                          const TSTRING &strWndClass,
                          const TSTRING &strWndName,
```

```cpp
                        DWORD dwStyle,
                        BOOL bMsgThrdInside = FALSE);
    //------------------------------------------------------------
    //Description:
    //    设置父窗口
    //------------------------------------------------------------
    BOOL SetParentWindow(HWND hWndParent);
    //------------------------------------------------------------
    //Description:
    //    获取窗口句柄
    //------------------------------------------------------------
    HWND GetWindow(void) const;

    //------------------------------------------------------------
    //Description:
    //    获取父窗口
    //------------------------------------------------------------
    HWND GetParentWindow(void) const;

    //------------------------------------------------------------
    //Description:
    //    销毁窗口并注销相应的窗口类
    //------------------------------------------------------------
    virtual void Destroy();
public:
    CWndBase();
    virtual ~CWndBase();
protected:
    //------------------------------------------------------------
    //Description:
    //    实际的消息处理函数
    //------------------------------------------------------------
    virtual LRESULT WndProc(HWND hWnd,UINT wMsg,WPARAM wParam,LPARAM lParam);
    //------------------------------------------------------------
    //Description:
    //    获取注册类的信息
    //Parameters:
    //    wc :[out]用来存储获取的信息
    //------------------------------------------------------------
    virtual void GetDataForRegistryClass(WNDCLASS &wc);
```

```cpp
private:
    //-----------------------------------------------------------
    //Description:
    //    注册窗口
    //-----------------------------------------------------------
    BOOL RegisterClass();

    //-----------------------------------------------------------
    //Description:
    //    创建窗口的消息处理过程
    //-----------------------------------------------------------
    static DWORD WINAPI CreateProc(PVOID pArg);

    //-----------------------------------------------------------
    //Description:
    //    创建窗口
    //-----------------------------------------------------------
    BOOL CreateWnd(DWORD dwStyle,DWORD dwExStyle);

    //-----------------------------------------------------------
    //Description:
    //    WM_DESTROY 消息处理函数
    //-----------------------------------------------------------
    void OnDestroy(HWND hWnd, UINT wMsg, WPARAM wParam, LPARAM lParam);

    //-----------------------------------------------------------
    //Description:
    //    静态消息处理函数,用来传递给窗口的注册
    //-----------------------------------------------------------
    static LRESULT CALLBACK StaticWndProc(HWND hWnd, UINT wMsg, WPARAM wParam, LPARAM lParam);

    //-----------------------------------------------------------
    //Description:
    //    内部销毁窗口并注销相应的窗口类
    //-----------------------------------------------------------
    void DestroyAndUnregister();

private:
    BOOL m_bCreated;
    BOOL m_bMsgThrdInside;
    HANDLE m_hEventCreated;
    HWND m_hWnd;
    mutable HWND m_hWndParent;
    TSTRING m_strWndClass;
```

```cpp
    TSTRING m_strWndName;
    DWORD m_dwStyle;
};
//////////////////////////////////////////////////////////////////////
//WndBase.CPP : interface for the CWndBase class.
//////////////////////////////////////////////////////////////////////
#include "stdafx.h"
#include "WndBase.h"
CWndBase::CWndBase():
m_hWnd(NULL),
m_hWndParent(NULL),
m_bCreated(FALSE),
m_hEventCreated(NULL),
m_bMsgThrdInside(FALSE),
m_dwStyle(WS_TABSTOP)
{
}
CWndBase::~CWndBase()
{
}
BOOL CWndBase::Create(HWND hWndParent,const TSTRING &strWndClass,
                    const TSTRING &strWndName,BOOL bMsgThrdInside)
{
    return CreateEx(hWndParent,strWndClass,strWndName,WS_TABSTOP,bMsgThrdInside);
}
BOOL CWndBase::RegisterClass()
{
    WNDCLASS wc;
    GetDataForRegistryClass(wc);
    return ::RegisterClass(&wc);
}
LRESULT CALLBACK CWndBase::StaticWndProc(HWND hWnd, UINT wMsg, WPARAM wParam, LPARAM lParam)
{
    CWndBase * pObject = reinterpret_cast<CWndBase *>(GetWindowLong(hWnd, GWL_USERDATA));
    if(pObject)
    {
        return pObject->WndProc(hWnd,wMsg,wParam,lParam);
    }
    else
```

```cpp
        return DefWindowProc(hWnd,wMsg,wParam,lParam);
    }
}
LRESULT CWndBase::WndProc(HWND hWnd, UINT wMsg, WPARAM wParam, LPARAM lParam)
{
    switch(wMsg)
    {
        case WM_DESTROY:
            OnDestroy(hWnd,wMsg,wParam,lParam);
            break;
    }
    return DefWindowProc(hWnd,wMsg,wParam,lParam);
}
BOOL CWndBase::ShowWindow(BOOL bShow)
{
    if(m_hWnd == NULL)
    {
        return FALSE;
    }
    if(bShow == TRUE)
    {
        SetForegroundWindow(m_hWnd);
        SetWindowPos(m_hWnd,HWND_TOP,0,0,0,0,SWP_NOMOVE | SWP_NOSIZE | SWP_SHOWWINDOW);
    }
    else
    {
        ::ShowWindow(m_hWnd,SW_HIDE);
    }
    return TRUE;
}
DWORD WINAPI CWndBase::CreateProc(PVOID pArg)
{
    CWndBase * pObject = reinterpret_cast<CWndBase *>(pArg);      //获取对象实例
    pObject->m_bCreated = pObject->CreateWnd(pObject->m_dwStyle,0);
    //发送事件
    if(pObject->m_hEventCreated != NULL)
    {
        SetEvent(pObject->m_hEventCreated);
```

```cpp
    }
    if(pObject->m_bCreated == FALSE)
    {
        //Failed in creating the window, so return and needn't the message loop
        return 0x01;
    }
    //消息循环
    MSG msg;
    while(GetMessage(&msg,NULL,0,0))
    {
        TranslateMessage(&msg);
        DispatchMessage(&msg);
    }
    pObject->DestroyAndUnregister();
    return 0;
}
BOOL CWndBase::CreateWnd(DWORD dwStyle,DWORD dwExStyle)
{
    if(RegisterClass() == FALSE)
    {
        return FALSE;
    }
    RECT rcArea = {0};
    SystemParametersInfo(SPI_GETWORKAREA, 0, &rcArea, 0);
    m_hWnd = CreateWindowEx(dwExStyle,m_strWndClass.c_str(),m_strWndName.c_str(),
                        dwStyle,rcArea.left,rcArea.top,rcArea.right - rcArea.left,
                        rcArea.bottom - rcArea.top,m_hWndParent, NULL,
                        GetModuleHandle(NULL), 0);
    ASSERT(m_hWnd != FALSE);
    if (IsWindow(m_hWnd) == FALSE)
    {
        return FALSE;
    }
    //将实例对象指针放置到窗口中,以使得静态函数也能获得对象句柄
    SetWindowLong(m_hWnd, GWL_USERDATA, reinterpret_cast<DWORD>(this));
    return TRUE;
}
void CWndBase::OnDestroy(HWND hWnd, UINT wMsg, WPARAM wParam, LPARAM lParam)
{
```

```cpp
        if(m_bMsgThrdInside = = TRUE)
        {
            PostQuitMessage(0x00);              //退出内部消息循环
        }
    }
    HWND CWndBase::GetWindow(void) const
    {
        return m_hWnd;
    }
    HWND CWndBase::GetParentWindow(void) const
    {
        if(m_hWnd ! = NULL)
        {
            m_hWndParent = ::GetParent(m_hWnd);
        }
        return m_hWndParent;
    }
    BOOL CWndBase::SetParentWindow(HWND hWndParent)
    {
        if(m_hWnd = = NULL)
        {
            m_hWndParent = hWndParent;
            return TRUE;
        }
        LONG lStyle = GetWindowLong(m_hWnd,GWL_STYLE);
        lStyle & = ~WS_POPUP;        //移除 WS_POPUP
        lStyle | = WS_CHILD;         //设置 WS_CHILD
        SetWindowLong(m_hWnd,GWL_STYLE,lStyle);

        ::SetParent(m_hWnd,hWndParent);
        m_hWndParent = GetParentWindow();
        ASSERT(m_hWndParent ! = NULL);
        return (m_hWndParent ! = NULL);
    }
    BOOL CWndBase::CreateEx(HWND hWndParent,const TSTRING &strWndClass,
                        const TSTRING &strWndName,DWORD dwStyle,BOOL bMsgThrdInside)
    {
        m_hWndParent = hWndParent;
        m_dwStyle = dwStyle;
        m_strWndName = strWndName;
```

```cpp
    m_strWndClass = strWndClass;
    //创建窗口
    if(bMsgThrdInside = = TRUE)
    {
        HANDLE hdThrd = CreateThread(NULL,0,CreateProc,this,0,NULL);
        if(hdThrd = = NULL )
        {
            return FALSE;
        }
        else
        {
            CloseHandle(hdThrd);
            //创建并等待线程
            m_hEventCreated = CreateEvent(NULL,FALSE,FALSE,NULL);
            if(m_hEventCreated ! = NULL)
            {
                WaitForSingleObject(m_hEventCreated,INFINITE);
                CloseHandle(m_hEventCreated);
                m_hEventCreated = NULL;
                return m_bCreated;
            }
            else
            {
                return FALSE;
            }
        }
    }
    else
    {
        return CreateWnd(dwStyle,0);
    }
}
void CWndBase::GetDataForRegistryClass(WNDCLASS &wc)
{
    wc.style         = 0;
    wc.lpfnWndProc   = CWndBase::StaticWndProc;
    wc.cbClsExtra    = 0;
    wc.cbWndExtra    = 0;
    wc.hInstance     = GetModuleHandle(NULL);
```

```
    wc.hIcon            = NULL;
    wc.hCursor          = LoadCursor(NULL, IDC_ARROW);
    wc.lpszMenuName     = NULL;
    wc.lpszClassName    = m_strWndClass.c_str();
    wc.hbrBackground    = (HBRUSH)GetStockObject(WHITE_BRUSH);
}
void CWndBase::Destroy()
{
    if(m_bMsgThrdInside != FALSE)
    {
        //MSDN 中说明,DestroyWindow 销毁不同进程的窗口,所以在这里发送 WM_DESTROY 消息去通知窗口
        SendMessage(m_hWnd,WM_DESTROY,NULL,NULL);
    }
    else
    {
        DestroyAndUnregister();
    }
}
void CWndBase::DestroyAndUnregister()
{
    DestroyWindow(m_hWnd);
    UnregisterClass(m_strWndClass.c_str(),GetModuleHandle(NULL));
    m_hWnd = NULL;
    m_hWndParent = NULL;
    m_strWndClass.clear();
    m_strWndName.clear();
}
```

有了 CWndBase,我们来看看创建窗口简便到什么程度吧:

```
    int WINAPI WinMain(  HINSTANCE hInstance,
                         HINSTANCE hPrevInstance,
                         LPTSTR    lpCmdLine,
                         int       nCmdShow)
{
    CWndBase wnd;
    wnd.Create(NULL,TEXT("MAIN_WND_CLS"),TEXT("MAIN_WND_NAME"));
    wnd.ShowWindow(TRUE);
    //消息循环
    MSG msg;
```

```
    while(GetMessage(&msg,NULL,0,0))
    {
        TranslateMessage(&msg);
        DispatchMessage(&msg);
    }
    return 0;
}
```

除了消息循环以外,创建窗口的代码仅仅只有3行!只有3行,你就能创建一个窗口!你还等什么?赶快打开计算机,输入代码吧!(众人:norains你是电视广告看多了吧?)

如果需要在线程中放置消息循环,仅仅改变Create函数的最后一个形参即可:

```
//消息循环在线程内部
wnd.Create(NULL,TEXT("MAIN_WND_CLS"),TEXT("MAIN_WND_NAME"),TRUE);
```

1.6 注册表

Windows CE骄傲地对Windows XP说到:你有我有全都有啊!上帝说,Windows XP有注册表,所以Windows CE也有了注册表。

1.6.1 查看注册表

在Windows XP下如何查看注册表,估计地球人都知道,直接在命令行中输入:regedit。那么Windows CE呢?难道也在命令行中输入regedit?答案不是唯一的,也许可以,也许不行。原因正如之前所说,Windows CE是个定制性的系统,如果定制时添加了相应的组件,那么在Windows CE系统中也能通过regedit的方式进行查看,否则在Windows CE中毫无办法。

那么有没有变通的方式呢?也就是可以不理会定制时系统的组件就能查看到注册表?答案是唯一的,有!不过,这时查看注册表不是在Windows CE,而是在Windows XP,所使用的利器也变为Remote Registry Editor。如果使用的是EVC,那么这个工具可以在EVC的TOOL工具栏中找到。而如果使用的是VS2005,则不能直接在IDE中找到,只能打开开始菜单的Visual Studio Remote Tools。

具体的操作很简单,先要将设备通过USB插到计算机中,然后计算机的ActiveSync会提示设备已经连接上,这时再运行Remote Registry Editor,就能看到如图1.6.1所示的亲切画面。

需要注意的是,在Editor所做的任何修改,都会原封不动地反映到Windows CE设备中。

第 1 章　开篇基础

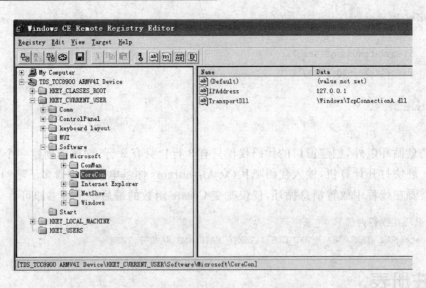

图 1.6.1　运行 Remote Registry Editor

1.6.2　读/写

通过工具可以修改注册表，那么通过代码呢？如果想对注册表的数值进行更改，首先必须要获得其相应的句柄。而句柄的获取，可以通过 RegOpenKeyEx 或 RegCreateKeyEx 函数。RegOpenKeyEx 是打开存在的注册表键值，如果该键值不存在，则函数执行失败。如果是 RegCreateKeyEx，当键值存在的时候，就和 RegOpenKeyEx 一样，仅仅是打开键值；当键值不存在时，就会自动创建。所以，无论其键值是否存在，若一定要对其进行操作，只能选择函数 RegCreateKeyEx。

当成功获取键值的句柄后，就能通过 RegQueryValueEx 函数进行数值的获取。该函数的 lpType 形参可能需要额外注意，因为它存储了当前获取数值的类型，只有判明其类型，才能做到完全正确的转换。如果不是获取特定的键值，而是枚举整个键的数值，那么可以选择 RegEnumKeyEx 函数。

当然，要是觉得哪个键值不符合心意，完全可以调用 RegSetValueEx 来进行更改。如果这还不解气，非要斩草除根，那就直接 RegDeleteValue，将它删除掉，斩草除根。

俗话说，偷腥还得记得擦嘴。注册表打开后，如果不再使用，就要让系统释放资源，这下就是该 RegCloseKey 出场的时候了，它会将使用的痕迹擦得干干净净。

1.6.3　CReg 封装简化

虽然注册表的操作相对而言并不算很复杂，但每次操作时，都要记住 RegXXX 函数，却也是够头疼的。所以还是老方法，将这些面目可憎的操作套一个漂亮的外衣吧，如下所示，在下载资料中也有相应的源代码。

```cpp
//////////////////////////////////////////////////////////////
//Reg.h : interface for the CReg class.
//////////////////////////////////////////////////////////////
#pragma once
#include "stdafx.h"
#include <string>
#include <vector>
class CReg
{
public:
    //-----------------------------------------------------------------
    //Description:
    //    确认 Key 是否存在
    //Parameters:
    //    pszKey：[in] Keyn 的路径
    //-----------------------------------------------------------------
    BOOL CheckKeyExist(HKEY hkRoot,LPCTSTR pszKey);

    //-----------------------------------------------------------------
    //Description:
    //    获取 value 的类型
    //Parameters:
    //    strName:[in] value 的名字         dwType :[out] 该缓存用来保存 value 的类型
    //-----------------------------------------------------------------
    BOOL GetValueType(const TSTRING &strName,DWORD &dwType);

    //-----------------------------------------------------------------
    //Description:
    //    删除 Key
    //Parameters:
    //    strName:[in] Key 名,不能为 NULL
    //-----------------------------------------------------------------
    BOOL DeleteKey(const TSTRING &strName);

    //-----------------------------------------------------------------
    //Description:
    //    删除 Value
    //Parameters:
    //    strName:[in] value 名,不能为 NULL
    //-----------------------------------------------------------------
```

```
BOOL DeleteValue(const TSTRING &strName);

//-----------------------------------------------------------
//Description:
//     设置 Multi-value
//Parameters:
//     strName:[in] value 名        strVal:[in] 要设置的数值
//-----------------------------------------------------------
BOOL SetMultiSZ(const TSTRING &strName,const std::string &strVal);

//-----------------------------------------------------------
//Description:
//     获取 binary value
//Parameters:
//     strName:[in] value 名        vtBinary:[in] 要设置的数值
//-----------------------------------------------------------
BOOL SetBinary(const TSTRING &strName,const std::vector<BYTE> &vtBinary);

//-----------------------------------------------------------
//Description:
//     获取 binary value
//Parameters:
//     szName:[in] value 名         lpbValue:[in] 设置的数值
//     dwLen:[in] 设置的数值的长度
//-----------------------------------------------------------
BOOL SetBinary(const TSTRING &strName, const BYTE * lpbValue, DWORD dwLen);

//-----------------------------------------------------------
//Description:
//     获取 DWORD value
//Parameters:
//     strName:[in] value 名        dwValue:[in] 要设置的数值
//-----------------------------------------------------------
BOOL SetDW(const TSTRING &strName, DWORD dwValue);

//-----------------------------------------------------------
//Description:
//     设置 string value
//Parameters:
//     strName:[in]value 名         szValue:[in] 要设置的数据
//-----------------------------------------------------------
BOOL SetSZ(const TSTRING &strName, const TSTRING &strVal);
```

```
//-----------------------------------------------------------
//Description：
//     获取 DWORD value
//Parameters：
//     szName：[in] value 名        dwDefault：[in] 当函数失败时返回的默认值
//Return value：
//     如果返回的是默认值，则函数可能失败
//-----------------------------------------------------------
DWORD GetValueDW(const TSTRING &strName, DWORD dwDefault = 0);

//-----------------------------------------------------------
//Description：
//     获取 binary value
//Parameters：
//     strName：[in] value 名        lpbValue：[out] 指向存储的缓冲
//     dwLen：[in] 缓冲的大小
//-----------------------------------------------------------
DWORD GetValueBinary(const TSTRING &strName, LPBYTE lpbValue, DWORD dwLen);

//-----------------------------------------------------------
//Description：
//     获取 binary value
//Parameters：
//     strName：[in] value 名        vtBinary：[out] 存储数据的大小
//-----------------------------------------------------------
BOOL GetValueBinary(const TSTRING &strName, std::vector<BYTE> &vtBinary);

//-----------------------------------------------------------
//Description：
//     获取 string value
//Parameters：
//     strName：[in] value 名        szValue：[out] 用来返回存储数据的缓存
//     dwLen：[in] 缓存的长度
//-----------------------------------------------------------
DWORD GetValueSZ(const TSTRING &strName, LPTSTR szValue, DWORD dwLen);

//-----------------------------------------------------------
//Description：
//     获取 string value
//Parameters：
//     strName：[in] value 名        strVal：[out] 存储数据的缓存
//-----------------------------------------------------------
```

```
BOOL GetValueSZ(const TSTRING &strName, TSTRING &strVal);
//------------------------------------------------------------
//Description:
//     枚举指定 key 的 value
//Parameters:
//     pszName: [out]指向获取的 value 名的缓存
//     dwLenName: [in,out] value 名的缓存大小
//     lpValue: [out]指向获取的 value 的缓存
//     dwLenValue: [in,out] value 缓存的大小
//     dwType : [out] value 的类型
//------------------------------------------------------------
BOOL EnumValue(LPTSTR pszName,
               DWORD &dwLenName,
               LPBYTE lpValue,
               DWORD &dwLenValue,
               DWORD &dwType);
//------------------------------------------------------------
//Description:
//     枚举指定 key 的 value
//Parameters:
//     strName: [out] 获取的 value 名的缓存
//     vtData: [out]存储数据的缓存
//     dwType : [out]数据的类型
//------------------------------------------------------------
BOOL EnumValue(TSTRING &strName,std::vector<BYTE> &vtData,DWORD &dwType);
//------------------------------------------------------------
//Description:
//     枚举指定的 key 下的 sub key
//Parameters:
//     psz:[out]存储 sub key 的缓存         dwLen:[in,out]  缓存的大小
//------------------------------------------------------------
BOOL EnumKey(LPTSTR psz, DWORD &dwLen);
//------------------------------------------------------------
//Description:
//     枚举指定的 key 下的 sub key
//Parameters:
//     strKey:[out]存储 sub key 的缓存
//------------------------------------------------------------
```

```cpp
BOOL EnumKey(TSTRING &strKey);
//---------------------------------------------------------------
//Description:
//     确认是否已经成功获得句柄,进而进行下一步操作
//---------------------------------------------------------------
BOOL IsOK();

//---------------------------------------------------------------
//Description:
//     重载操作符
//---------------------------------------------------------------
operator HKEY();

//---------------------------------------------------------------
//Description:
//     复位枚举
//---------------------------------------------------------------
void Reset();

//---------------------------------------------------------------
//Description:
//     打开特定的 key。如果成功打开,则需要调用 Close 进行关闭
//Parameters:
//     hkRoot：[in] Root key
//     strKey：[in] 需要打开的 key
//     sam：[in] 不支持,设置为 0
//---------------------------------------------------------------
BOOL Open(HKEY hkRoot,const TSTRING &strKey, REGSAM sam = KEY_READ);

//---------------------------------------------------------------
//Description:
//     打开或创建一个 key。如果成功调用该函数,需要调用 Close 进行资源释放
//Parameters:
//     hkRoot：[in] Root key
//     strKey：[in] 需要创建的 key
//---------------------------------------------------------------
BOOL Create(HKEY hkRoot, const TSTRING &strKey);

//---------------------------------------------------------------
//Description:
//     释放资源
//---------------------------------------------------------------
```

```cpp
        void Close();
    public:
        //---------------------------------------------------------------
        //Description:
        //    构造函数
        //---------------------------------------------------------------
        CReg();

        //---------------------------------------------------------------
        //Description:
        //    构造函数,用来打开 key
        //Parameters:
        //    hkRoot: [in] Root key
        //    pszKey: [in] 需要打开的 key
        //---------------------------------------------------------------
        CReg(HKEY hkRoot, LPCTSTR pszKey);

        //---------------------------------------------------------------
        //Description:
        //    析构函数
        //---------------------------------------------------------------
        virtual ~CReg();

    private:
        HKEY     m_hKey;
        DWORD    m_dwIndexKey;
        DWORD    m_dwIndexVal;
};
//////////////////////////////////////////////////////////////////////
//Reg.cpp: implementation of the CReg class.
//////////////////////////////////////////////////////////////////////
#include "Reg.h"
//---------------------------------------------------------------
//Default value
#define DEFAULT_BUFFER_LENGTH MAX_PATH
//---------------------------------------------------------------
CReg::CReg():
m_hKey(NULL),
m_dwIndexKey(0),
m_dwIndexVal(0)
{
```

```cpp
}
CReg::CReg(HKEY hkRoot, LPCTSTR pszKey):
m_hKey(NULL),
m_dwIndexKey(0),
m_dwIndexVal(0)
{
    Open(hkRoot, pszKey);
}
CReg::~CReg()
{
    Close();
}
BOOL CReg::Create(HKEY hkRoot, const TSTRING &strKey)
{
    DWORD dwDisp;
    return ERROR_SUCCESS == RegCreateKeyEx(hkRoot, strKey.c_str(), 0,NULL,
                    REG_OPTION_NON_VOLATILE, KEY_ALL_ACCESS, NULL, &m_hKey, &dwDisp);
}
BOOL CReg::Open(HKEY hkRoot, const TSTRING &strKey, REGSAM sam)
{
    if(m_hKey != NULL)
    {
        ASSERT(FALSE);
        return FALSE;
    }
    Reset();
    return ERROR_SUCCESS == RegOpenKeyEx(hkRoot, strKey.c_str(), 0, sam, &m_hKey);
}
void CReg::Reset()
{
    m_dwIndexKey = 0;
    m_dwIndexVal = 0;
}
void CReg::Close()
{
    if(m_hKey != NULL)
    {
        RegCloseKey(m_hKey);
```

```cpp
        m_hKey = NULL;
    }
}

CReg::operator HKEY()
{
    return m_hKey;
}

BOOL CReg::IsOK()
{
    return m_hKey != NULL;
}

BOOL CReg::EnumKey(LPTSTR psz, DWORD &dwLen)
{
    if(m_hKey == NULL)
    {
        return FALSE;
    }
    dwLen *= sizeof(TCHAR);
    return ERROR_SUCCESS == RegEnumKeyEx(m_hKey, m_dwIndexKey++, psz, &dwLen,
                            NULL, NULL, NULL, NULL);
}

BOOL CReg::EnumKey(TSTRING &strKey)
{
    std::vector<TCHAR> vtBuf(DEFAULT_BUFFER_LENGTH,0);
    DWORD dwSize = vtBuf.size();
    if(EnumKey(&vtBuf[0],dwSize) == FALSE)
    {
        return FALSE;
    }
    strKey = &vtBuf[0];
    return TRUE;
}

BOOL CReg::EnumValue(LPTSTR pszName, DWORD &dwLenName, LPBYTE lpValue,
                DWORD &dwLenValue, DWORD &dwType)
{
    if(m_hKey == NULL)
    {
        return FALSE;
```

```cpp
    }
    dwLenValue *= sizeof(BYTE);        //将长度转换为字节数
    return ERROR_SUCCESS == RegEnumValue(m_hKey, m_dwIndexVal++, pszName,
                        &dwLenName, NULL, &dwType, (LPBYTE)lpValue, &dwLenValue);
}
BOOL CReg::EnumValue(TSTRING &strName,std::vector<BYTE> &vtData,DWORD &dwType)
{
    std::vector<TCHAR> vtBufName(DEFAULT_BUFFER_LENGTH,0);
    DWORD dwLenName = vtBufName.size();
    std::vector<BYTE> vtBufData(DEFAULT_BUFFER_LENGTH,0);
    DWORD dwLenData = vtBufData.size();
    if(EnumValue(&vtBufName[0],
                dwLenName,
                &vtBufData[0],
                dwLenData,dwType) == FALSE)
    {
        return FALSE;
    }
    strName = &vtBufName[0];
    vtData.resize(dwLenData);
    vtData.assign(vtBufData.begin(),vtBufData.begin() + dwLenData);
    return TRUE;
}

DWORD CReg::GetValueSZ(const TSTRING &strName, LPTSTR szValue, DWORD dwLen)
{
    if(m_hKey == NULL)
    {
        return FALSE;
    }
    dwLen *= sizeof(TCHAR);        //将长度转换为字节数
    DWORD dwType;
    if(ERROR_SUCCESS == RegQueryValueEx(m_hKey, strName.c_str(), NULL,
                        &dwType,(LPBYTE)szValue, &dwLen))
    {
        if(REG_SZ != dwType)
        {
            dwLen = 0;
            return FALSE;
```

```cpp
            }
            else
            {
                dwLen / = sizeof(TCHAR);
            }
        }
        else
        {
            dwLen = 0;
        }
        return dwLen;
    }
    BOOL CReg::GetValueSZ(const TSTRING &strName, TSTRING &strVal)
    {
        DWORD dwLen = GetValueSZ(strName,NULL,0);
        if(dwLen = = 0)
        {
            return FALSE;
        }
        std::vector<TCHAR> vtBuf(dwLen,0);
        GetValueSZ(strName,&vtBuf[0],vtBuf.size());
        strVal = &vtBuf[0];
        return TRUE;
    }
    DWORD CReg::GetValueBinary(const TSTRING &strName, LPBYTE lpbValue, DWORD dwLen)
    {
        if(m_hKey = = NULL)
        {
            return FALSE;
        }
        DWORD dwType ;
        if(ERROR_SUCCESS = = RegQueryValueEx(m_hKey, strName.c_str(), NULL,
                                    &dwType, lpbValue, &dwLen))
        {
            if(dwType ! = REG_BINARY)
            {
                dwLen = 0;
            }
```

```cpp
        else
        {
            dwLen = 0;
        }
        return dwLen;
}
BOOL CReg::GetValueBinary(const TSTRING &strName,std::vector<BYTE> &vtBinary)
{
    DWORD dwLen = GetValueBinary(strName,NULL,0);
    if(dwLen == 0)
    {
        return FALSE;
    }

    vtBinary.resize(dwLen,0);
    return (GetValueBinary(strName,&vtBinary[0],vtBinary.size()) != 0);
}
DWORD CReg::GetValueDW(const TSTRING &strName, DWORD dwDefault)
{
    if(m_hKey == NULL)
    {
        return FALSE;
    }
    DWORD dwValue = dwDefault;
    DWORD dwLen = sizeof(DWORD);
    DWORD dwType;
    if(ERROR_SUCCESS == RegQueryValueEx(m_hKey, strName.c_str(), NULL,
                                        &dwType, (LPBYTE)&dwValue, &dwLen))
    {
        if(dwType != REG_DWORD)
        {
            dwValue = dwDefault;
        }
    }
    else
    {
        dwValue = dwDefault;
    }
    return dwValue;
```

```cpp
BOOL CReg::SetSZ(const TSTRING &strName, const TSTRING &strVal)
{
    //Prefix
    if(m_hKey == NULL && strVal.empty() != FALSE)
    {
        return FALSE;
    }
#ifdef UNICODE
    return ERROR_SUCCESS == RegSetValueEx(m_hKey, strName.c_str(), 0, REG_SZ,
                    reinterpret_cast<const BYTE *>(strVal.c_str()), strVal.size() * 2);
#else
    return ERROR_SUCCESS == RegSetValueEx(m_hKey, strName.c_str(), 0, REG_SZ,
                    reinterpret_cast<const BYTE *>(strVal.c_str()), strVal.size());
#endif //#ifdef UNICODE
}

BOOL CReg::SetDW(const TSTRING &strName, DWORD dwValue)
{
    //Prefix
    if(m_hKey == NULL)
    {
        return FALSE;
    }
    return (ERROR_SUCCESS == RegSetValueEx(m_hKey, strName.c_str(), 0, REG_DWORD,
                                    (LPBYTE)&dwValue, sizeof(DWORD)));
}

BOOL CReg::SetBinary(const TSTRING &strName, const std::vector<BYTE> &vtBinary)
{
    return SetBinary(strName, &vtBinary[0], vtBinary.size());
}

BOOL CReg::SetBinary(const TSTRING &strName, const BYTE *lpbValue, DWORD dwLen)
{
    //Prefix
    if(m_hKey == NULL)
    {
        return FALSE;
    }
    return ERROR_SUCCESS == RegSetValueEx(m_hKey, strName.c_str(), 0,
```

```cpp
                                    REG_BINARY, lpbValue, dwLen);
}
BOOL CReg::SetMultiSZ(const TSTRING &strName,const std::string &strVal)
{
    return ERROR_SUCCESS == RegSetValueEx(m_hKey, strName.c_str(), 0, REG_MULTI_SZ,
                       reinterpret_cast<const BYTE *>(strVal.c_str()), strVal.size());
}

BOOL CReg::DeleteValue(const TSTRING &strName)
{
    //Prefix
    if(m_hKey == NULL)
    {
        return FALSE;
    }
    return ERROR_SUCCESS == RegDeleteValue(m_hKey, strName.c_str());
}

BOOL CReg::DeleteKey(const TSTRING &strName)
{
    if(m_hKey == NULL)
    {
        return FALSE;
    }
    return ERROR_SUCCESS == RegDeleteKey(m_hKey, strName.c_str());
}
BOOL CReg::GetValueType(const TSTRING &strName,DWORD &dwType)
{
    if(m_hKey == NULL)
    {
        return FALSE;
    }
    return (ERROR_SUCCESS == RegQueryValueEx(m_hKey, strName.c_str(), NULL, &dwType, 0, 0));
}
BOOL CReg::CheckKeyExist(HKEY hkRoot,LPCTSTR pszKey)
{
    HKEY hKey = 0;
    if(ERROR_SUCCESS == RegOpenKeyEx(hkRoot, pszKey, 0, 0, &hKey))
    {
        RegCloseKey(hKey);
```

```
        return TRUE;
    }
    else
    {
        return FALSE;
    }
}
```

好东西总是要拿来秀的,我们来看看这个封装类带给我们怎样的变化:

```
CReg reg;
//打开控制面板的声音注册表
    reg.Create(HKEY_CURRENT_USER, TEXT("ControlPanel\\Volume"));
    reg.SetDW(TEXT("Volume"),dwVol);            //设置当前声音的数值
    dwVol = reg.GetValueDW (TEXT("Volume"));    //获取当前音量的数值
    reg.Close();                                //关闭,释放资源
```

1.7 vector 好处多多

有太多的书告诫我们尽可能地采用 vector 来替代数组,但论说服力,norains 自认为比不过那些大师级人物,所以本节不讨论为什么要用 vector 替代数组等相关问题,而仅仅是看看 vector 的一些有意思的运用。

1.7.1 内存动态分配

内存动态分配,可谓最常用的场合,一直怀疑 vector 其实就是为此而诞生的。
举个很简单的例子,采用数组的:

```
#define NEW_SIZE    10
int * pArr = new int[NEW_SIZE];
...
delete []pArr;
```

如果是采用 vector:

```
std::vector<int> vct;
vct.resize(NEW_SIZE);
```

好处不言而喻,采用 new 分配内存的话,还需要调用 delete 来负责释放;而这里如果采用 vector,那只要分配就好。释放? 不管,就让编译器操心吧!

1.7.2 存储字符串

既然数组能存储字符串,那么 vector 自然也不甘落后。

数组代码:

```
WCHAR szPath[MAX_PATH];
wcscpy(szPath,L"path");
```

vector 代码:

```
std::vector<WCHAR> vctPath(MAX_PATH);
wcscpy(&vctPath[0],L"path");
```

在这里需要注意一点,标准 C++ 中规定,vector 的数据保存必须是在一段连续的内存中,所以在函数中可以使用 &vctPath[0] 的方式。注意,这里还有一个[0]下标,因为如果没有该下标,而仅是 &vctPath,那么该地址只是对象的起始地址,而不是数据存储的起始地址。对于 wcscpy 函数来说,它的目标地址必须为一块连续的数据存储内存,而 &vctPath[0] 刚好符合。

由此可以得出一个结论,凡是需要传递数组起始地址的场合,如果使用 vector,那么都可以采用 &vector[0] 的方式来替代。

1.7.3 存储内存数据

其实这部分内容和 1.7.2 小节差不多,vector 既然能存储字符串,那么铁定也能存储内存的数据。

数组代码:

```
#define MEM_SIZE   20
BYTE * pMem = malloc(MEM_SIZE);
...
free(pMem);
```

vector 代码:

```
std::vector<BYTE> vct;
vct.resize(MEM_SIZE);
```

在使用内存处理函数时只要采用和 1.7.2 小节相同的方式即可:

```
memcpy(&vct[0],pBuf,20);
```

不过本小节的重点不在于如何存储内存数据,因为这通过 1.7.1 小节和 1.7.2 小节可以推断出来,而是想说明另外一个问题,采用 vector 可能可以起到简化函数行参的作用。

举个例子,如果想写一个函数,需要转换 pSource 指向的内存数据,那么这个函数至少需要两个参数,分别是指向分配的内存和该内存区域的大小:

```cpp
void Convert(BYTE * pBuf, ULONG ulSize)
{
    for(int i = 0; i < ulSize; i + +)
    {
        ...
    }
}
```

但如果是用 vector 作为形参,由于 vector 可以调用 size()函数获取长度,所以可以减少一个形参:

```cpp
void Convert(std::vector<BYTE> &vect)
{
    for(std::vector<BYTE>::size_type i = 0; i < vect.size(); i + +)
    {
        ...
    }
}
```

1.7.4 应用实例

在本小节的最后,举一个 vector 可以简化设计的例子。

如果需要设计这么一个函数,输入班级的序号,然后返回班里每个人的成绩。因为需要存储每个人的成绩,所以采用数组来存储应该是一个很合理的选择。又因为每个班级的人数不一致,所以必须采用动态分配数组的方式。

```cpp
int * GetScore(int iIndexClass,int * pLen)
{
    ...
    int * pNew = new int[iAmount_cls_1];
    * pLen = iAmount_cls_1;
    ...
    return pNew;
}
```

这会引发一个问题,首先需要增加一个形参,用来指示该数组的长度。当然,这还是其次,最重要的是,因为内存是动态分配的,需要手工释放。问题就出来了,内存的分配是函数内部分配,而释放需要调用者手工释放,万一调用者忘记释放了呢?最好的结果无非是内存慢慢被侵蚀,然后出现异常。而调用者如果记得释放,是不是就没问题了呢？错！在例子中,调用者应该是需要调用 delete 来释放内存；而如果万一某一天,GetScore 函数的编写者不采用 new 方式,而是 malloc,那么调用者调用 delete 释放内存会出现什么结果？谁也不知道,因为 C++ 中未定义。

似乎使用数组让我们走入一个两难的境地。那么如果使用 vector 呢？现在就来看看：

```
std::vector<int> GetScore(int iIndexClass)
{
    ...
    vector<int> vct(iAmount_cls_1);
    ...
    return vct;
}
```

使用就非常简单：

```
vector<int> vctScore;
vctScore = GetScore(1);
```

不用手工释放内存,不用增加多余的指示长度参数（因为可以调用 vctScore.size() 来获取）,一切都那么简单,一切都那么美好,难道不是吗？

1.8 String 也可以很精彩

对于习惯于 MFC 架构的朋友来说,估计直接采用 API 方式写代码最痛苦的莫过于没有 CString。其实,在 STL 里面,依然还有 std::string 可用,虽然在某些程度中不及 CString 便利,但也能勉强聊胜于无了。

1.8.1 宏定义

在 Windows CE 编程中,几乎很少直接使用 wchar_t,对于 char 也是如此。取而代之,更倾向于微软的建议：TCHAR——没办法,谁让 Windows CE 是微软的产品呢？但既然都已经上了这贼船,那么不妨也入乡随俗一把,将 std::string 也做类似的定义吧：

```
#ifdef UNICODE
    #ifndef TSTRING
        #define TSTRING std::wstring
    #endif
#else
    #ifndef TSTRING
```

```
        # define TSTRING std::string
    # endif
# endif
```

带来的另外一个好处是,可以少敲打四次键盘。从延长键盘寿命的角度考虑,这也算是一大贡献。为了键盘能够服役得更久一些,接下来的内容都会直接采用 TSTRING 替代。

1.8.2 初始化

初始化的方式多种多样,最常用有如下两种方式:

```
TSTRING strA = TEXT("A");
TSTRING strB(TEXT("B"));
```

如果需要和 vector 打交道,那其实也很简单:

```
std::vector<TCHAR> vtC(MAX_PATH,0);
TSTRING strC(vtC.begin(),vtC.end());
```

1.8.3 赋 值

初始化简单,赋值也不会麻烦到哪里去:

```
strA = TEXT("A2");
TCHAR szB[] = TEXT("B2");
strB = szB;
```

和 vector 打交道,同样也是简单:

```
strC = &vtC[0];
```

1.8.4 追 加

回忆一下纯粹用数组的日子,如果想要在一固定的数组后面追加字符串,那么首先要分配一个足够大的空间,然后赋予旧的数值,最后再追加新值。也许很多人对下面这段伪代码记忆犹新:

```
TCHAR * pBuf;
...
TCHAR * pNew = new TCHAR[_tcslen(pBuf) + TEXT("Append") + 1];
_tcscpy(pNew,pBuf);
_tcscat(pNew,TEXT("Append"));
delete []pBuf;
pBuf = pNew;
```

呃，没错，的确如此，如果需要在一个数组末尾追加新值，这些麻烦的事情必须要亲身经历。还好，现在终于可以和这种折磨人的玩意说 Goodbye 了。对于 String 而言，追加新值很简单，就像 JAVA 一样：

```
strA + = TEXT("Append");
```

是的，没看错，就是一条语句，再无别处。

对于数组，对于 vector，同样如此：

```
strB + = szB;
strC + = &vtC[0];
```

1.8.5　与 API 函数打交道

Windows 平台的 API 函数，自然是要照顾 C 的使用者。所以，可以这么说：大部分的 API 函数，为了能够在 C 中调用，基本上采用的都是 C 接口的写法。而 TSTRING，确切的说是一个 class，而不是一个 value type，所以无法直接赋值。

以 CreateFile 为例，其声明如下：

```
HANDLE CreateFile(
    LPCTSTR lpFileName,
    DWORD dwDesiredAccess,
    DWORD dwShareMode,
    LPSECURITY_ATTRIBUTES lpSecurityAttributes,
    DWORD dwCreationDisposition,
    DWORD dwFlagsAndAttributes,
    HANDLE hTemplateFile
);
```

第一个参数是 LPCTSTR，为一个指针，所以这样直接赋值铁定是编译通不过的：

```
CreateFile(strA, ...);
```

还好，伟大的 STL 构建者已经考虑到了这个问题，我们只需要调用 c_str 函数即可：

```
CreateFile(strA.c_str(), ...);
```

类似，c_str 还可以用在 _tcslen、_tcscat 等纯粹的字符串函数。

第 2 章

绘 图

本章介绍了 Windows CE 绘图方面的基础以及一些有意思的技巧。

2.1 HDC 概述

HDC 是什么？HDC 全名是 Handle of Device Context，翻译过来就是设备上下文的句柄。如果仅仅就此翻译而言，有谁会将 HDC 和绘图联系起来？至少当时 norains 想破脑袋也不会。

还是从另一个角度来看看。Windows 会管理很多设备，比如说打印机设备、显示设备等。而这些设备，微软肯定不会傻到为每一个设备定制不同的句柄，它肯定是能有多简便就有多简便，因此通用性是微软首先考虑的。而 Windows 所管理的这些设备当中，都能用 HDC 来表示。而绘图有用武之地的场合是显示设备，同样也归属于设备行列，所以自然而然就是使用 HDC 了。

那么，通过什么办法来获取 HDC 呢？如果是在 WM_PAINT 消息的响应函数中，就必须用 BeginPaint。使用完毕之后，当然还要放虎归山，所以这时需要配套的 EndPaint。一个典型的调用实例如下：

```
void OnPaint(HWND hWnd, UINT wMsg, WPARAM wParam, LPARAM lParam)
{
    PAINTSTRUCT ps;
    HDC hdc = BeginPaint(hWnd,&ps);
    ...
    EndPaint(hWnd,&ps);
}
```

如果响应的不是 WM_PAINT，而是 WM_LBUTTONDOWN，并且在其消息对应的响应函数中更改绘制的图样，那么是不是还调用 BeginPaint 呢？当然不是，这时有更好的选择，就是 GetDC。GetDC 还有一个孪生兄弟，叫 GetDCEx，它比 GetDC 多了两个形参，用来进行更多的设置。这还没完，GetDC 除了孪生兄弟，还有个堂弟，叫 GetWindowDC，和 GetDC 只是获取窗口客户区的设备上下文不同,这个堂弟获取的是整个窗口的设备上下文。但不管是本人也好,孪生兄弟也罢,甚至是堂弟,它们如果需要释放资源,无一例外都必须调用 ReleaseDC 函数。一个最简单的调用例子如下:

```
void OnLButtonDown(HWND hWnd, UINT wMsg, WPARAM wParam, LPARAM lParam)
{
    HDC hdc = GetDC(hWnd);
    ...
    ReleaseDC(hWnd,hdc);
}
```

这有个很有意思的话题,如果在 WM_PAINT 中不是调用 BeginPaint,而是调用 GetDC 一家,那会是什么结果呢?结果会让你抓狂的:系统像发了疯一样,持续地往你的窗口发送 WM_PAINT 消息。即使你最后使出大绝招,使用 PeekMessage 来去掉 WM_PAINT 消息也无济于事。如果你想让系统安静地歇一歇,那么只能使用 BeginPaint。

不过,这系统的疯癫也是记录在案的。微软的 MSDN 大字典里,白底黑字记载了,如果想从消息队列中去掉 WM_PAINT 消息,唯一的做法就是调用 BeginPaint。如果没有调用,那么系统会觉得你是个不听话的孙悟空,它要像那个啰嗦的唐僧喋喋不休地向你灌输 WM_PAINT!

2.2 绘制 BMP

在 Windows CE 中绘制 BMP 是一件很轻松的事情,因为 Win32 API 已经对该图片格式提供了支持。

2.2.1 读取位图

如果需要绘制 BMP,首要任务就是进行读取。对于该操作,微软给了两个函数以供选择,分别是 LoadBitmap 和 SHLoadDIBitmap。

(1) LoadBitmap

LoadBitmap 主要是读取 exe 文档中的位图,而这些位图是在 IDE 环境编译进去的。最典型就是在 VS2005 中直接通过 Add File 添加的位图,这些位图都必须使用该函数来进行读取。该函数声明如下:

```
HBITMAP LoadBitmap(
  HINSTANCE hInstance,
  LPCTSTR lpBitmapName
);
```

hInstance 是程序的实例。lpBitmapName 是要读取的位图名,这里需要注意的是,如果直接采用 ID 的形式,还需要经过 MAKEINTRESOURCE 宏的转换。

(2) SHLoadBitmap

SHLoadDIBitmap 则是读取外部的位图,这些位图往往存储于 NAND Flash 或 SD 卡中。该函数声明如下:

```
HBITMAP SHLoadDIBitmap(
  LPCTSTR szFileName
);
```

它只有一个形参 szFileName,指明的是位图的路径。需要注意的是,Windows CE 没有相对路径的概念,所以这里必须是完整的文件路径。

这两个函数,无论采用哪个,返回的都是 HBITMAP 句柄。同样的,如果返回值为 NULL,都意味着函数调用的失败。那如果成功地读取了位图,并且获得了相应的句柄,是不是马上就可以直接拿这句柄进行绘制了呢?当然不是。获取了位图句柄只是前奏,后续还有一点点小步骤要处理。

首先需要建立一个和当前 HDC 相兼容的临时 HDC,然后再将读取到的 BMP 位图句柄与这个临时 HDC 关联起来,最后才能进行绘制。

创建兼容的 HDC 可以使用 CreateCompatibleDC 函数,该函数只有一个形参,非常简单:

```
HDC CreateCompatibleDC(
  HDC hdc);
```

而进行 HDC 和 BMP 句柄的关联,则是 SelectObject 的任务。SelectObject 只有两个形参,分别是需要关联的这两个对象:

```
HGDIOBJ SelectObject(
  HDC hdc,
  HGDIOBJ hgdiobj
);
```

当该函数成功调用之后,会返回上一个关联对象的句柄。这返回的玩意要好好保存,否则以后莫名其妙的内存泄露可能就会因此而出现。

综合以上的描述,看看实际的读取位图的代码:

```
//读取位图
HBITMAP hBmp = SHLoadDIBitmap(TEXT("\\NAND\\IMAGE\\test.BMP"));
//关联 HDC 和位图句柄
HDC hdcBmp = CreateCompatibleDC(hdc);
HGDIOBJ hOldSel = SelectObject(hdcBmp,hBmp);
```

2.2.2 绘制位图

当获得了关联位图句柄 hdcBmp 这个 HDC 之后,接下来就可以拿它来耀武扬威了。这时候,微软事无巨细、毫无遗漏的特点又发挥得淋漓尽致。如果想绘制位图,那么有多种选择,分别是 BitBlt、StretchBlt 和 TransparentBlt。

首先一次性先看看这三者的声明有何不同:

```
BOOL BitBlt(
    HDC hdcDest,
    int nXDest,
    int nYDest,
    int nWidth,
    int nHeight,
    HDC hdcSrc,
    int nXSrc,
    int nYSrc,
    DWORD dwRop
);
BOOL StretchBlt(
    HDC hdcDest,
    int nXOriginDest,
    int nYOriginDest,
    int nWidthDest,
    int nHeightDest,
    HDC hdcSrc,
    int nXOriginSrc,
    int nYOriginSrc,
    int nWidthSrc,
    int nHeightSrc,
    DWORD dwRop
);
BOOL TransparentBlt(
    HDC hdcDest,
    int nXOriginDest,
    int nYOriginDest,
    int nWidthDest,
    int hHeightDest,
    HDC hdcSrc,
```

第 2 章 绘 图

```
        int nXOriginSrc,
        int nYOriginSrc,
        int nWidthSrc,
        int nHeightSrc,
        UINT crTransparent
);
```

这 3 个函数的前 8 个形参都是一模一样的,依次分别是:
① 目标 DC 的句柄;
② 目标 DC 开始绘制的 X 坐标;
③ 目标 DC 开始绘制的 Y 坐标;
④ 目标 DC 的宽度;
⑤ 目标 DC 的高度;
⑥ 源 DC 的句柄;
⑦ 源 DC 开始绘制的 X 坐标;
⑧ 源 DC 开始绘制的 Y 坐标。

BitBlt 的第 9 个形参已经是最后一个,用来定义相应的操作方式。而 StretchBlt 和 Transparent 第 9 和第 10 个形参分别用来定义源 DC 绘制的宽度和高度,也正是因为这两个形参,才让位图具备缩小放大的功能。最后一个形参才是 StretchBlt 和 Transparent 的最大分歧,前者和 BitBlt 相同,后者则定义一种不会被绘制的颜色,也就是所谓的透明色。

这 3 个函数的区别,在表 2.2.1 中可以更清晰看到。

表 2.2.1　函数简明对比

函　数	拉　伸	透明色	效　率
BitBlt	不支持	不支持	高
StretchBlt	支持	不支持	普通
TransparentBlt	支持	支持	普通

最后,就以 StretchBlt 为例来看看这位图的绘制:

```
//将 hdcBmp 绘制到 hdc 中
StretchBlt(hdc,
        0,
        0,
        320,
        240,
        hdcBmp,
        0,
        0,
        480,
        320,
        SRCCOPY);
```

2.2.3 释放资源

还记得关联位图句柄和临时 HDC 时,将返回的一个对象句柄保存到了 hOldSel 变量中吗?现在释放资源就需要它的出场了。要做的事情分为 3 个步骤,将原来的主人 hOldSel 和临时 HDC 相关联,接着释放临时 HDC,最后才是释放位图句柄。相对于文字,也许代码对于程序员来说可能更为亲切些:

```
SelectObject(hdcBmp,hOldSel);     //将原来的对象和临时 HDC 相关联
DeleteDC(hdcBmp);                 //删掉临时 HDC
DeleteObject(hBmp);               //释放位图资源
```

也许有人厌倦这种框框条条,想连同位图句柄一并通过 DeleteDC 删掉,那么会有什么结果呢?结果谁也不知道,因为这将是一个未定义的错误,也许会正常,也许会异常。但无论哪种结果,都已经毫无例外地埋下了定时炸弹。

2.3 用缓存消除贴图闪烁

知道了如何绘制位图以后,可能很多读者就迫不及待进行试验了。一张位图还好,如果是两张甚至多张,问题就出现了:感觉画面会闪烁。这也是没办法的事,因为位图的绘制需要 CPU 的时间,如果图片多了,这间隔也就相应拉长,从而造成了闪烁。如果想避免闪烁,只有一种方法,就是使用缓存。将所有乱七八糟的图片全部先绘制到缓存中,最后将缓存一次性绘制到目标 HDC。

2.3.1 使用缓存

缓存的创建其实和之前的绘制位图非常相像。最大的不同是:绘制位图通过 LoadBitmap 或 SHLoadDIBitmap 来获取位图的句柄;而创建缓存则是通过 CreateCompatibleBitmap。CreateCompatibleBitmap 的作用是创建一个和输入 HDC 相适应的位图,如果成功则返回其句柄。该函数的声明如下:

```
HBITMAP CreateCompatibleBitmap(
    HDC hdc,
    int nWidth,
    int nHeight
);
```

hdc 是输入的 HDC 句柄形参;nWidth 和 nHeight 毫无疑问是宽度和高度,也就是需要创建的位图的大小。

正如前面所说,缓存的创建和绘制绘图有很高的重复性,所以不再纠缠于细节,直接看看

第 2 章 绘 图

使用缓存来消除闪烁的代码：

```
hdcMem = CreateCompatibleDC(hdc);                              //创建和当前 HDC 相适应的缓存 HDC
hMemBmp = CreateCompatibleBitmap(hdc, size.cx,size.cy);        //创建 BMP 位图
hOldSel = SelectObject(hdcMem,hMemBmp);                        //将创建的 BMP 位图和缓存 HDC 联系起来
BitBlt(hdcMem,0,0,size.cx / 2,size.cy / 2,hBmpA,0,0,SRCCOPY);  //将第 1 幅 BMP 图绘制到缓存中
BitBlt(hdcMem, size.cx / 2,size.cy / 2, size.cx / 2,size.cy / 2,hBmpB,0,0,SRCCOPY);
                                                               //将第 2 幅 BMP 图绘制到缓存中
BitBlt(hdc,0,0,size.cx,size.cy, hdcMem,0,0,SRCCOPY);           //将缓存 HDC 直接绘制到目标 HDC 中
SelectObject(hdcMem, hOldSel);                                 //恢复原有的对象
DeleteObject(hMemBmp);                                         //删掉创建的位图
DeleteDC(hdcMem);                                              //删除缓存 HDC
```

因为缓存 HDC 并不会立刻在显示设备上显示，所以不管往缓存 HDC 绘制的时间间隔多大，对于视觉而言都无关紧要。而最后绘制到目标 DC，也仅仅是绘制一次缓存 HDC，自然就不会产生闪烁了。

2.3.2. CMemDC 封装简化

虽然创建缓存 HDC 并不复杂，但维护其相关变量却比较麻烦。为了这个缓存 HDC，需要维护一个 HDC、一个创建的 hBmp 以及保存旧上下文的 hOldSel。如果在程序中需要绘制位图，那么这个操作同样也需要维护上述 3 个变量。如果数目不断递增，先不要说维护，单单就起名字而言，也是件头疼的事情。因此还是老方法，将创建缓存 HDC 的操作封装为一个 CMemDC 类，如下所示。在下载资料中也有相应的源代码。

```
//////////////////////////////////////////////////////////////////
//MemDC.h : interface for the CCommon class.
//////////////////////////////////////////////////////////////////
# pragma once
# include "stdafx.h"
class CMemDC
{
public：
    //-----------------------------------------------------------
    //Description：
    //    创建缓存 HDC。如果该函数成功，则必须调用 Delete 释放资源
    //Parameters：
    //    hdc ：[in] 当前存在的 HDC
    //    pSize ：[in] 创建的缓存 DC 的大小。如果为 NULL，则采用当前屏幕大小
```

```cpp
    //------------------------------------------------------------
    BOOL Create(HDC hdc, const SIZE * pSize);
    //------------------------------------------------------------
    //Description:
    //    删除缓存 HDC,释放资源
    //------------------------------------------------------------
    BOOL Delete(void);
    //------------------------------------------------------------
    //Description:
    //    获取 HDC 句柄。注意,不必使用 ReleaseDC 释放该句柄
    //------------------------------------------------------------
    HDC GetDC(void) const;
    //------------------------------------------------------------
    //Description:
    //    获取缓存 HDC 的宽度
    //------------------------------------------------------------
    LONG GetWidth(void) const;
    //------------------------------------------------------------
    //Description:
    //    获取缓存 HDC 的高度
    //------------------------------------------------------------
    LONG GetHeight(void) const;
    //------------------------------------------------------------
    //Description:
    //    测试当前缓存 HDC 是否正常
    //------------------------------------------------------------
    BOOL IsOK(void) const;
    //------------------------------------------------------------
    //Description:
    //    重载 = 操作符
    //------------------------------------------------------------
    CMemDC& operator = (const CMemDC &rhs);
public:
    CMemDC(const CMemDC &rhs);
    CMemDC(void);
    ~CMemDC(void);
private:
```

```cpp
    //-------------------------------------------------------------
    //Description:
    //    复制对象的值
    //-------------------------------------------------------------
    BOOL Copy(const CMemDC &obj);
private:
    HDC m_hdcMem;
    HBITMAP m_hBitmap;
    HGDIOBJ m_hOldSel;
    SIZE m_Size;
};
//////////////////////////////////////////////////////////////////
//MemDC.cpp : interface for the CCommon class.
//////////////////////////////////////////////////////////////////
#include "MemDC.h"
CMemDC::CMemDC(void):
m_hdcMem(NULL),
m_hBitmap(NULL),
m_hOldSel(NULL)
{
    memset(&m_Size,0,sizeof(m_Size));
}

CMemDC::CMemDC(const CMemDC &rhs):
m_hdcMem(NULL),
m_hBitmap(NULL),
m_hOldSel(NULL)
{
    memset(&m_Size,0,sizeof(m_Size));
    Copy(rhs);
}

CMemDC::~CMemDC(void)
{
    if(IsOK()! = FALSE)
    {
        Delete();
    }
}

BOOL CMemDC::Create(HDC hdc, const SIZE * pSize)
```

```
{
    BOOL bResult = FALSE;
    __try
    {
        if(hdc == NULL || m_hdcMem != NULL)
        {
            __leave;
        }
        if(pSize != NULL)
        {
            m_Size = *pSize;
        }
        else
        {
            m_Size.cx = GetSystemMetrics(SM_CXSCREEN);
            m_Size.cy = GetSystemMetrics(SM_CYSCREEN);
        }
        //创建和当前 HDC 相适应的缓存 HDC
        m_hdcMem = CreateCompatibleDC(hdc);
        if(m_hdcMem == NULL)
        {
            __leave;
        }
        m_hBitmap = CreateCompatibleBitmap(hdc,m_Size.cx,m_Size.cy);
        if(m_hBitmap == NULL)
        {
            __leave;
        }
        m_hOldSel = SelectObject(m_hdcMem,m_hBitmap);  //将创建的位图句柄和缓存 HDC 相结合
        bResult = TRUE;
    }
    __finally
    {
        if(bResult == FALSE)
        {
            DeleteObject(m_hBitmap);
            m_hBitmap = NULL;
            DeleteDC(m_hdcMem);
            m_hdcMem = NULL;
```

```cpp
        }
    }
    return bResult;
}

BOOL CMemDC::Delete(void)
{
    if(m_hdcMem == NULL || m_hOldSel == NULL || m_hBitmap == NULL)
    {
        return FALSE;
    }
    //恢复原来的位图设置并释放相应的资源
    SelectObject(m_hdcMem,m_hOldSel);
    DeleteObject(m_hBitmap);
    DeleteDC(m_hdcMem);

    m_hdcMem = NULL;
    m_hOldSel = NULL;
    m_hBitmap = NULL;
    memset(&m_Size,0,sizeof(m_Size));
    return TRUE;
}

HDC CMemDC::GetDC(void) const
{
    return m_hdcMem;
}

LONG CMemDC::GetWidth(void) const
{
    return m_Size.cx;
}

LONG CMemDC::GetHeight(void) const
{
    return m_Size.cy;
}

BOOL CMemDC::IsOK(void) const
{
    return (m_hdcMem != NULL);
}

BOOL CMemDC::Copy(const CMemDC &obj)
```

```
{
    SIZE sizeDC = {obj.GetWidth(),obj.GetHeight()};
    if(Create(obj.GetDC(),&sizeDC))
    {
        return BitBlt(GetDC(),0,0,GetWidth(),GetHeight(),obj.GetDC(),0,0,SRCCOPY);
    }
    else
    {
        ASSERT(FALSE);
        return FALSE;
    }
}

CMemDC& CMemDC::operator = (const CMemDC &rhs)
{
    if(this = = &rhs)
    {
        goto EXIT;
    }
    if(IsOK() ! = FALSE)
    {
        Delete();
    }
    Copy(rhs);
EXIT:
    return *this;
}
```

以新落成的 CMemDC 类来重写 2.3.1 小节的程序,看看带来什么样的惊喜:

```
//创建缓存 HDC
CMemDC memDC;
memDC.Create(hdc,&size);
//将第 1 幅 BMP 图绘制到缓存中
BitBlt(memDC.GetDC(),0,0,size.cx,size.cy,hBmpA,0,0,SRCCOPY);
//将第 2 幅 BMP 图绘制到缓存中
BitBlt(memDC.GetDC(),0,0,size.cx,size.cy,hBmpB,0,0,SRCCOPY);
//将缓存 HDC 直接绘制到目标 HDC 中
BitBlt(hdc,0,0,size.cx,size.cy, memDC.GetDC(),0,0,SRCCOPY);
//删掉创建的位图
memDC.Delete();
```

是的，没错，9 行代码就少了 3 行。但比这更为重要的是：不再需要为 BMP 或 hOldSel 如何和缓存 HDC 相对应，删除时会不会误删等诸如此类的繁杂琐碎而伤脑筋了！

2.4 模拟 iPhone 左边滑动特效

用过 iPhone 的人应该都记得，iPhone 界面切换时有个很有意思的效果：当前窗口从左边移出，显示窗口从右边进入。这个比 Windows CE 一闪之后出现方框的形态更富有想象力。

这个效果的原理不是很复杂，但涉及一些基础的知识，如果你是 Windows CE 新手，可能理解起来有点吃力。不过没关系，一点点来吧！

2.4.1 原 理

如果试图在 Windows CE 环境下模拟 iPhone 的滑动效果，就必须要使用 2.3 节所提到的缓存 HDC。其实原理非常简单，说破了就一文不值。假定当前的窗口 HDC 和切换的窗口 HDC 组成两个屏幕大的缓存 HDC，然后从左到右依次绘制，那么映入眼帘的不就是平缓的滚动效果了吗？

用文字描述可能有点不太清楚，来看看图 2.4.1。

两个不同底色的图片代表的是不同的窗口，黑色的方框指代的是屏幕。当从左到右进行绘制时，如果绘制的帧数足够多，黑色方框中看到的就是平滑的滚动。

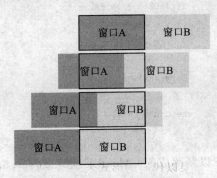

图 2.4.1　iPhone 效果原理

回顾一下，为什么这里需要两个窗口的 HDC 组合成一个大的缓存 HDC 呢？先绘制其中一个窗口的一部分，然后再绘制另一个窗口的另一部分，难道不行吗？如果试图采用这种方式，就会发现滑动过程中显示不停地闪烁，和 iPhone 的效果完全是天壤之别。为了避免这闪烁，不得不使用缓存 HDC。

2.4.2 实 现

原理说得也差不多了，接下来就以伪代码的形式体会一下程序的结构。

```
//获取两个窗口的 HDC
HDC hdcWnd1 = GetRealDC(hWnd1);
HDC hdcWnd2 = GetRealDC(hWnd2);
HDC hdcAll = CombineDC(hdcWnd1,hdcWnd2);   //将两个窗口 DC 组合成一个缓存 HDC
```

```
HDC hdcSource = GetDC(NULL);                    //源HDC,即真正绘制到屏幕上的HDC
//当绘制的起点等于HDC的一半时,意味着已经绘制到最后,直接跳出循环
for(DWORD dwPos = 0; dwPos < GetWidthForDC(hdcAll) / 2; + + dwPos)
{
    //将缓存HDC绘制到源HDC中,以实现平滑滚动的效果
    BltBit(hdc,0,0,ScreenWidth,ScreenHeight,hdcAll,dwPos,0,SRCCOPY);
}
```

程序的结构很简单,不是吗?

如果还想更进一步,则可以通过响应WM_MOUSEMOVE消息,根据其提供的坐标原点,再将上述代码的起始绘制原点更改一下,那么实现iPhone的拖动效果也不是难事。不过这是下一节的内容,请各位读者继续往后翻。☺

2.5　模拟iPhone手势滑动特效

将上一节的内容和鼠标消息相结合,在Windows CE中模拟iPhone的手势滑动特效就不再是梦。现在就一起来看看吧!

2.5.1　原　理

上一节已经讲解了特效的实现方式,这一节主要来看看如何将鼠标消息和特效相结合。大家都知道,iPhone的手势滑动效果是手指头按着屏幕,然后再拖动。千万不要以为这是废话(众人：norains这不是废话是啥?),因为只要鼠标在窗口中划过,就一定会产生WM_MOUSEMOVE消息。重点就来了,如果直接响应WM_MOUSEMOVE消息进行特效的绘制,很可能这时根本就没有按下鼠标。因此,在接收到WM_LBUTTONDOWN时,就必须设置一个标志bPush,表示鼠标已经按下。

如果以代码的形式来表示我们就能看到如下的程序流程：

```
void CMainWnd::OnLButtonDown(HWND hWnd, UINT wMsg, WPARAM wParam, LPARAM lParam)
{
    SetCapture(hWnd);
    m_GestureAction.bPush = TRUE;      //鼠标按下标志
    //当前按下的坐标
    m_GestureAction.lX = LOWORD(lParam);
    m_lLastX = LOWORD(lParam);
}
```

为什么这里需要调用SetCapture函数呢?因为窗口程序不一定全部是全屏,所以我们在拖动鼠标时,很可能超过了所在的窗口区域。为了在超过窗口区域时还能接收到鼠标消息,往

第2章 绘 图

往会在 WM_LBUTTONDOWN 消息中调用 SetCapture 函数。

当窗口接收到 WM_MOUSEMOVE 消息后,就检查 bPush 标识,看看是否之前已经按下了鼠标,如果该标志没有被设置,就啥都不干,直接返回;如果标志已经被设置,则必须开始进行相应的缓存绘制区域的计算。

这里有个小细节需要留意,就是坐标问题。因为鼠标在窗口范围以外移动窗口也能接收到鼠标消息,如何判断是在窗口范围以外就至关重要。如果是沿着坐标增长的方向移动,那倒也简单,只要判断坐标是否大于窗口的宽度即可。但如果是沿着坐标递减的方向,问题就比较麻烦了,因为一般都是使用 LONG 类型来保存坐标数值(norains:其实只是为了和 RECT、POINT 这些结构体兼容),当鼠标从坐标 0 再递减时,返回的鼠标坐标陡然变化到 65 535。

可能这样说大家有点糊涂,我们就以图 2.5.1 进行说明。

从图 2.5.1 中可以看出,当 X 往右延伸时,数值是不停变大的;而如果是超过原点(也就是超出窗口)往左,数值就会突然跳变到 65 535,然后随着距离不停地减小。同样的问题也出现在 Y 轴。

如果要计算两次接收到 WM_MOUSEMOVE 的坐标偏移,绝对不能简单化一,采用以当前坐标减去前一次坐标这种粗暴的方式。我们必须先判断这两次坐标是处于哪个区域,然后具体情况具体处理。在计算偏移量的过程中,自然也能够根据所得数值知道鼠标的移动方向。根据此思想,可以写出样例代码:

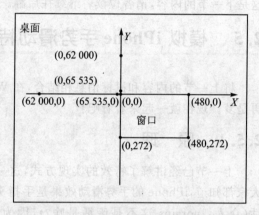

图 2.5.1 以 LONG 类型保存的窗口坐标

```
LONG lOffset = 0;
if(lCurX > LIMITE_MOUSE_POSITION && m_lLastX < LIMITE_MOUSE_POSITION)
{
    lOffset = (LIMITE_OUT_RANGE_MOUSE_POSITION - lCurX) + m_lLastX;
    m_bMoveLeft = TRUE;
}
else if(lCurX < LIMITE_MOUSE_POSITION && m_lLastX > LIMITE_MOUSE_POSITION)
{
    lOffset = (LIMITE_OUT_RANGE_MOUSE_POSITION - m_lLastX) + lCurX;
    m_bMoveLeft = FALSE;
}
else
{
```

```
        lOffset = lCurX - m_lLastX;
        m_bMoveLeft = lOffset > 0 ? FALSE : TRUE;
}
```

代码中的 m_bMoveLeft 标识着本次移动的方向,如果为 TRUE 则向左,否则向右。当知道了移动的方向,又知道偏移量,那么获取缓存 HDC 的绘制坐标就轻而易举了:

```
//将偏移量转换为绝对值
lOffset = abs(lOffset);
if(m_bMoveLeft ! = FALSE)
{
    m_ptBeginDraw.x + = lOffset;        //往左移动,故绘制起始坐标增加
}
else
{
    m_ptBeginDraw.x - = lOffset;        //往右移动,故绘制起始坐标减少
}
//确认数值范围
if(m_ptBeginDraw.x < 0)
{
    m_ptBeginDraw.x = 0;
}
else if(m_ptBeginDraw.x > WND_WIDTH)
{
    m_ptBeginDraw.x = WND_WIDTH;
}
```

获得了缓存 HDC 的绘制范围,剩下的绘制基本上就没有任何问题了。不过,这还并不意味着所有的事情已经完毕。想象一下,如果拖动到一半突然松手了,这时两个窗口都只显示了一部分,该怎么办？按照 iPhone 的风格,这时程序必须自动将这滑动的效果显示完毕。这一部分并不难,类似的代码在上一节中已经有过描述,在这里需要增加的只是根据 m_bMoveLeft 的数值来确定绘制的方向而已:

```
//绘制滑动效果
HDC hdc = GetDC(hWnd);
if(m_bMoveLeft = = FALSE)
{
    //往右移动
    for(LONG i = m_ptBeginDraw.x; m_ptBeginDraw.x > = 0; - - m_ptBeginDraw.x)
    {
        BitBlt(hdc,0,0,WND_WIDTH,WND_HEIGHT,m_MemDC.GetDC(),m_ptBeginDraw.x,m_ptBeginDraw.
```

```
                y,SRCCOPY);
        }
        m_ptBeginDraw.x = 0;
    }
    else
    {
        //往左移动
        for(LONG i = m_ptBeginDraw.x;
            m_ptBeginDraw.x <= WND_WIDTH;
            ++m_ptBeginDraw.x)
        {
            BitBlt(hdc,0,0,WND_WIDTH,WND_HEIGHT,m_MemDC.GetDC(),m_ptBeginDraw.x,
                m_ptBeginDraw.y,SRCCOPY);
        }
        m_ptBeginDraw.x = WND_WIDTH;
    }
    ReleaseDC(hWnd,hdc);
}
```

2.5.2 实 现

之前的讲解都是代码片段，为了使读者能够一览全貌，norains 在此将上述代码封装为 CMainWnd 类，如下所示。在下载资料中也有相应的源代码：

```
///////////////////////////////////////////////////////
//Main.h
///////////////////////////////////////////////////////
#include "WndBase.h"
#include "MemDC.h"
class CMainWnd:
    public CWndBase
{
public:
    virtual BOOL CreateEx(HWND hWndParent,
                         const TSTRING &strWndClass,
                         const TSTRING &strWndName,
                         DWORD dwStyle,
                         BOOL bMsgThrdInside = FALSE);
    virtual LRESULT WndProc(HWND hWnd, UINT wMsg, WPARAM wParam, LPARAM lParam);
public:
    CMainWnd();
```

```cpp
    virtual ~CMainWnd();
protected:
    //---------------------------------------------------------------
    //Description:
    //     On WM_PAINT
    //---------------------------------------------------------------
    void OnPaint(HWND hWnd, UINT wMsg, WPARAM wParam, LPARAM lParam);

    //---------------------------------------------------------------
    //Description:
    //     On WM_MOUSEMOVE
    //---------------------------------------------------------------
    void OnMouseMove(HWND hWnd, UINT wMsg, WPARAM wParam, LPARAM lParam);

    //---------------------------------------------------------------
    //Description:
    //     On WM_LBUTTONDOWN
    //---------------------------------------------------------------
    void OnLButtonDown(HWND hWnd, UINT wMsg, WPARAM wParam, LPARAM lParam);

    //---------------------------------------------------------------
    //Description:
    //     On WM_LBUTTONUP
    //---------------------------------------------------------------
    void OnLButtonUp(HWND hWnd, UINT wMsg, WPARAM wParam, LPARAM lParam);

    //---------------------------------------------------------------
    //Description:
    //     绘制位图到缓存 HDC 中
    //---------------------------------------------------------------
    static void DrawBmp(HDC hdc,int iXDest,DWORD dwIDBmp);
private:
    CMemDC m_MemDC;
    POINT m_ptBeginDraw;
    BOOL m_bMoveLeft;
    LONG m_lLastX;
    struct GestureAction
    {
        BOOL bPush;
        LONG lX;
    };
```

第 2 章 绘 图

```cpp
    GestureAction m_GestureAction;
};
//////////////////////////////////////////////////////
//Main.cpp
//////////////////////////////////////////////////////
#include "MainWnd.h"
#include "resource.h"
#define WND_WIDTH       480
#define WND_HEIGHT      272
#define LIMITE_MOUSE_POSITION   32767       //超过该数值,认为鼠标已经移动到窗口之外
#define LIMITE_OUT_RANGE_MOUSE_POSITION  65535      //超出窗口的时候的最大值
CMainWnd::CMainWnd():
m_bMoveLeft(FALSE),
m_lLastX(0)
{
    memset(&m_GestureAction,0,sizeof(m_GestureAction));
}
CMainWnd::~CMainWnd()
{}
BOOL CMainWnd::CreateEx(HWND hWndParent,
                        const TSTRING &strWndClass,
                        const TSTRING &strWndName,
                        DWORD dwStyle,
                        BOOL bMsgThrdInside)
{
    if(CWndBase::CreateEx(hWndParent,
                        strWndClass,
                        strWndName,
                        dwStyle,
                        bMsgThrdInside) == FALSE)
    {
        return FALSE;
    }
    //将窗口置于中间
    MoveWindow(GetWindow(),
            (GetSystemMetrics(SM_CXSCREEN) - WND_WIDTH) / 2,
            (GetSystemMetrics(SM_CYSCREEN) - WND_HEIGHT) / 2,
            WND_WIDTH,
            WND_HEIGHT,
```

```
                FALSE);
    HDC hdc = GetDC(NULL);                                  //创建缓存 HDC
    SIZE sizeMemDC = {WND_WIDTH * 2,WND_HEIGHT};
    m_MemDC.Create(hdc,&sizeMemDC);

    DrawBmp(m_MemDC.GetDC(),0,IDB_BITMAP1);                 //绘制 bmp1
    DrawBmp(m_MemDC.GetDC(),WND_WIDTH,IDB_BITMAP2);         //绘制 bmp2
    ReleaseDC(NULL,hdc);                                    //释放临时的 HDC
    memset(&m_ptBeginDraw,0,sizeof(m_ptBeginDraw));         //绘制的区域
    return TRUE;
}
LRESULT CMainWnd::WndProc(HWND hWnd, UINT wMsg, WPARAM wParam, LPARAM lParam)
{
    switch(wMsg)
    {
        case WM_DESTROY:
        {
            m_MemDC.Delete();
            break;
        }
        case WM_PAINT:
        {
            OnPaint(hWnd, wMsg, wParam, lParam);
            break;
        }
        case WM_MOUSEMOVE:
        {
            OnMouseMove(hWnd, wMsg, wParam, lParam);
            break;
        }
        case WM_LBUTTONDOWN:
        {
            OnLButtonDown(hWnd, wMsg, wParam, lParam);
            break;
        }
        case WM_LBUTTONUP:
        {
            OnLButtonUp(hWnd, wMsg, wParam, lParam);
            break;
        }
```

```
        return CWndBase::WndProc(hWnd, wMsg, wParam, lParam);
}

void CMainWnd::OnPaint(HWND hWnd, UINT wMsg, WPARAM wParam, LPARAM lParam)
{
    PAINTSTRUCT ps;
    HDC hdc = BeginPaint(hWnd,&ps);
    BitBlt(hdc,0,0,WND_WIDTH,WND_HEIGHT,m_MemDC.GetDC(),m_ptBeginDraw.x,m_ptBeginDraw.y,SRCCOPY);
    EndPaint(hWnd,&ps);
}

void CMainWnd::DrawBmp(HDC hdc,int iXDest,DWORD dwIDBmp)
{
#if _WIN32_WCE == 0x600
    HBITMAP hBmp = LoadBitmap(reinterpret_cast<HINSTANCE>(GetCurrentProcessId()),
                        MAKEINTRESOURCE(dwIDBmp));
#else
    HBITMAP hBmp = LoadBitmap(GetModuleHandle(NULL),MAKEINTRESOURCE(dwIDBmp));
#endif
    HDC hdcBmp = CreateCompatibleDC(hdc);;
    HGDIOBJ hOldSel = SelectObject(hdcBmp,hBmp);;
    BitBlt(hdc,iXDest,0,WND_WIDTH,WND_HEIGHT,hdcBmp,0,0,SRCCOPY);
    SelectObject(hdcBmp,hOldSel);
    DeleteDC(hdcBmp);
    DeleteObject(hBmp);
}
void CMainWnd::OnMouseMove(HWND hWnd, UINT wMsg, WPARAM wParam, LPARAM lParam)
{
    if(m_GestureAction.bPush == FALSE)
    {
        return ;
    }
    LONG lCurX = LOWORD(lParam);
    LONG lOffset = 0;
    if(lCurX > LIMITE_MOUSE_POSITION && m_lLastX < LIMITE_MOUSE_POSITION)
    {
        lOffset = (LIMITE_OUT_RANGE_MOUSE_POSITION - lCurX) + m_lLastX;
        m_bMoveLeft = TRUE;
    }
    else if(lCurX < LIMITE_MOUSE_POSITION && m_lLastX > LIMITE_MOUSE_POSITION)
```

```cpp
    {
        lOffset = (LIMITE_OUT_RANGE_MOUSE_POSITION - m_lLastX) + lCurX;
        m_bMoveLeft = FALSE;
    }
    else
    {
        lOffset = lCurX - m_lLastX;
        m_bMoveLeft = lOffset > 0 ? FALSE : TRUE;
    }
    lOffset = abs(lOffset);
    if(m_bMoveLeft != FALSE)
    {
        m_ptBeginDraw.x += lOffset;
    }
    else
    {
        m_ptBeginDraw.x -= lOffset;
    }
    //校正数值
    if(m_ptBeginDraw.x < 0)
    {
        m_ptBeginDraw.x = 0;
    }
    else if(m_ptBeginDraw.x > WND_WIDTH)
    {
        m_ptBeginDraw.x = WND_WIDTH;
    }
    //绘制到目标 DC
    HDC hdc = GetDC(hWnd);
    BitBlt(hdc,0,0,WND_WIDTH,WND_HEIGHT,m_MemDC.GetDC(),
           m_ptBeginDraw.x,m_ptBeginDraw.y,SRCCOPY);
    ReleaseDC(hWnd,hdc);
    m_lLastX = lCurX;
}
void CMainWnd::OnLButtonDown(HWND hWnd, UINT wMsg, WPARAM wParam, LPARAM lParam)
{
    SetCapture(hWnd);
    m_GestureAction.bPush = TRUE;
    m_GestureAction.lX = LOWORD(lParam);
```

第2章 绘图

```cpp
    m_lLastX = LOWORD(lParam);
}
void CMainWnd::OnLButtonUp(HWND hWnd, UINT wMsg, WPARAM wParam, LPARAM lParam)
{
    ReleaseCapture();
    if(m_GestureAction.bPush == FALSE)
    {
        return;
    }
    //绘制滑动效果
    HDC hdc = GetDC(hWnd);
    if(m_bMoveLeft == FALSE)
    {
        //往右移动
        for(LONG i = m_ptBeginDraw.x; m_ptBeginDraw.x >= 0; --m_ptBeginDraw.x)
        {
            BitBlt(hdc,0,0,WND_WIDTH,WND_HEIGHT,
                m_MemDC.GetDC(),m_ptBeginDraw.x,m_ptBeginDraw.y,SRCCOPY);
        }
        m_ptBeginDraw.x = 0;
    }
    else
    {
        //往左移动
        for(LONG i = m_ptBeginDraw.x;
            m_ptBeginDraw.x <= WND_WIDTH;
            ++m_ptBeginDraw.x)
        {
            BitBlt(hdc,0,0,WND_WIDTH,WND_HEIGHT,
                m_MemDC.GetDC(),m_ptBeginDraw.x,m_ptBeginDraw.y,SRCCOPY);
        }
        m_ptBeginDraw.x = WND_WIDTH;
    }
    ReleaseDC(hWnd,hdc);
    m_GestureAction.bPush = FALSE;
    m_GestureAction.lX = 0;
}
```

CMainWnd继承之前所封装过的CWndBase类,所以其调用也非常类似:

```
        int WINAPI WinMain(   HINSTANCE   hInstance,
                               HINSTANCE   hPrevInstance,
                               LPTSTR      lpCmdLine,
                               int         nCmdShow)
{
    CMainWnd wnd;
    wnd.Create(NULL,TEXT("MAIN_WND_CLS"),TEXT("MAIN_WND_NAME"));
    wnd.ShowWindow(TRUE);
    //消息循环
    MSG msg;
    while(GetMessage(&msg,NULL,0,0))
    {
        TranslateMessage(&msg);
        DispatchMessage(&msg);
    }
    return 0;
}
```

2.6 绘制 JPEG

相对于绘制 BMP 来说,JPEG 就比较困难了,因为 API 没有现成的函数来支持该格式。如果想绘制 JPEG,就必须要使用 DirectDraw。

2.6.1 函数调用流程

DirectDraw 实际采用的还是 COM 技术,所以在做任何动作之前,必须先调用 CoInitializeEx 来进行初始化。说起来 COM 技术确实还有点尴尬,微软现在一直在主推.net,似乎 COM 已经处于被遗忘的角落。可偏偏有不少的应用,却又少不了 COM 这一主角。于是乎,一方面是不可或缺,另一方面则是资料缺失,好生郁闷☹ 不过没事,下面就以伪代码来说明函数的调用流程,如果读者实在迫不及待了,可以略过这流程,直接翻到后面真正的 CImager 大餐。

首先,要通过 CoCreateInstance 函数来创建一个 ImageFactory(直接翻译为图片工厂,但 norains 觉得这称呼太别扭,还是直接用英文):

```
CoInitializeEx(NULL, COINIT_MULTITHREADED);
CoCreateInstance(CLSID_ImagingFactory,
                 NULL,
                 CLSCTX_INPROC_SERVER,
```

第 2 章 绘 图

```
                IID_IImagingFactory,
                (void**)&ms_pImagingFactory);
```

之后许多操作都是从 ImageFactory 直接衍生出来的。不过这个可以先暂时放一放,因为接下来要读取图片文件,然后将其转换为对应的 Stream。步骤无非是先获得文件的大小,然后根据该大小来分配一个全局的内存区域,再对这区域进行转换操作:

```
__try
{
    //打开文件
    hFile = CreateFile(strFile.c_str(),
                       GENERIC_READ,
                       0,
                       NULL,
                       OPEN_EXISTING,
                       0,
                       NULL);
    if (hFile == INVALID_HANDLE_VALUE)
    {
        __leave;
    }
    //获取文件大小
    DWORD dwFileSize = GetFileSize(hFile, NULL);
    if (dwFileSize == 0)
    {
        __leave;
    }
    //分配全局内存区域
    hGlobal = GlobalAlloc(GMEM_MOVEABLE, dwFileSize);
    if (hGlobal == NULL)
    {
        __leave;
    }
    //锁住当前内存区域
    LPVOID pvData = GlobalLock(hGlobal);
    if (pvData == NULL)
    {
        __leave;
    }
    //读取文件内容
```

```
        DWORD dwBytesRead = 0;
        if(ReadFile(hFile, pvData, dwFileSize, &dwBytesRead, NULL) = = FALSE)
        {
            __leave;
        }
        //根据内存区域的内容来创建 Stream
        if (FAILED(CreateStreamOnHGlobal(hGlobal, TRUE, & m_pStream)))
        {
            __leave;
        }
    }
    __finally
    {
        //关闭文件
        if (hFile ! = INVALID_HANDLE_VALUE)
        {
            CloseHandle(hFile);
        }
        //解除锁定
        if(hGlobal ! = NULL)
        {
            GlobalUnlock(hGlobal);
        }
    }
```

Stream 有了，ImageFactory 也有了，那么就可以结合这两者创建合适的 Decoder（解码器）。不过同样的代码并不一定在所有平台上都能成功运行，因为不同平台具备的解码器不一定相同。现在来看看创建的代码：

```
//创建 Decoder
if (FAILED(ms_pImagingFactory - >CreateImageDecoder(m_pStream, DecoderInitFlagNone,
                                                   &m_pImageDecoder)))
{
    __leave;
}
//将 Stream 指针移动到起始位置
LARGE_INTEGER liMove = {0,0};
if(FAILED(m_pStream - >Seek(liMove, STREAM_SEEK_SET, NULL )))
{
    __leave;
```

```
}
//在这里必须要调用 TerminateDecoder 进行 Decoder 的关闭,否则接下来的初始化函数会调用失败
m_pImageDecoder->TerminateDecoder();

//初始化 Decoder
if(FAILED(m_pImageDecoder->InitDecoder(m_pStream, DecoderInitFlagBuiltIn1st)))
{
    __leave;
}
```

如果使用的平台恰好能支持所打开的文件,那么就能进行下一步的绘制。绘制采用的是 IImage 的 Draw 函数:

```
m_pImage->Draw(hdcDest, &rcDst, prcSource);    //调用 IImage::Draw 进行绘制
```

当绘制完毕,也就意味着之前分配的相关资源都必须要进行释放:

```
//释放 Decoder
if(m_pImageDecoder != NULL)
{
    m_pImageDecoder->TerminateDecoder();
    m_pImageDecoder->Release();
    m_pImageDecoder = NULL;
}
//释放 Stream
if(m_pStream != NULL)
{
    m_pStream->Release();
    m_pStream = NULL;
}
//释放 ImageFactory
if(ms_pImagingFactory != NULL)
{
    ms_pImagingFactory->Release();
}
//释放 COM
CoUninitialize();
```

2.6.2　显示源文件特定区域

在 2.6.1 小节中只是简单提到了绘制是采用 IImage::Draw,本小节就重点看看这函数。IImage::Draw 的声明为:

第2章 绘图

```
HRESULT Draw(HDC hdc,const RECT * dstRect,OPTIONAL const RECT * srcRect);
```

结合之前的调用代码，可以很清楚地知道：hdc 是目标 HDC，用来显示的；dstRect 是绘制在目标 HDC 的区域；srcRect 则是定义了源文件的绘制区域，如果该形参赋值为 NULL，则是绘制整个源文件。

比如，一张 JPG 图片的大小为 800×480，如果只是想绘制中间的一小部分，则绘制部分的代码可以如下：

```
RECT rcSource = {200,100,600,300};
m_pImage->Draw(hdcDest, &rcDst, &rcSource);
```

如果该代码在所测试的平台上一切正常，那么恭喜你！但很有可能的是，在一些平台中如果 rcSource 不为 NULL，则直接绘制失败。遇到这种情况，难道就要听天由命？非也，可以曲线救国嘛！

不过，这曲线救国又涉及之前的缓存 HDC。首先创建一个和源图片大小相同的缓存 HDC，然后将源图片直接绘制到该缓存中，最后就在该缓存上进行相应的绘制。为什么这时可以绘制相应的区域了呢？虽然很多平台对于 DirectDraw 支持可能不够完善，但对于 API 的 StretchBlt 和 TransparentBlt 的实现却不成问题。

当所用的平台不支持 IImage::Draw 的指定区域绘制时，就借助一下缓存 HDC：

```
//创建一个和源文件大小一致的缓存 HDC
CMemDC memDC;
memDC.Create(hdcDest,sizeImg);
//将整个源文件原封不动绘制到缓存 HDC 中
RECT rcMemDC = {0,0,sizeImg.cx,sizeImg.cy};
m_pImage->Draw(memDC.GetDC(), &rcMemDC, NULL);
//绘制缓存 HDC 的某区域到目标 HDC 中
RECT rcSource = {200,100,600,300};
StretchBlt(hdcDest,
           rcDst.left,
           rcDst.top,
           rcDst.right - rcDst.left,
           rcDst.bottom - rcDst.top,
           memDC.GetDC(),
           rcSource.left,
           rcSource.top,
           rcSource.right - rcSource.left,
           rcSource.bottom - rcSource.top,
           SRCCOPY);
```

第2章 绘图

2.6.3 CImager 封装简化

调用 DirectShow 来绘制图片,估计没有多少人会觉得这是一件轻松的事情,仅初始化就让人费神。如果绘制多张图片都一如既往地采用 DirectShow 的方式,精神崩溃也许都不是神话。所以还是老样子,将这一切的繁琐全部隐藏在类的袈裟之下吧!于是,CImager 火热出炉了。在下载资料中也有相关的源代码。

```cpp
//////////////////////////////////////////////////////////
//Imager.h: interface for the CImager class.
//////////////////////////////////////////////////////////
# pragma once
# include "stdafx.h"
# include "imaging.h"
# include <vector>
class CImager
{
public:
    //------------------------------------------------
    //Description:
    //    关闭并释放资源
    //------------------------------------------------
    void Close();

    //------------------------------------------------
    //Description:
    //    获取图片的高度
    //------------------------------------------------
    UINT GetHeight() const;

    //------------------------------------------------
    //Description:
    //    获取图片的宽度
    //------------------------------------------------
    UINT GetWidth() const;

    //------------------------------------------------
    //Description:
    //    打开图片文件
    //Parameters:
    //    strFileName:[in]文件的路径
    //------------------------------------------------
```

```
    BOOL Open(const TSTRING &strFileName);
    //--------------------------------------------------------------
    //Description:
    //      获取输入帧的显示延时。一般来说,该函数只针对于 GIF。如果是其他
    //      类型图片,则可能会调用失败
    //Parameters:
    //      nIndexFrame :[in]帧的序号,起始帧是 0
    //      dwDelay :[out]延迟的时间
    //--------------------------------------------------------------
    BOOL GetFrameDelay(UINT nIndexFrame,DWORD &dwDelay) const;

    //--------------------------------------------------------------
    //Description:
    //      获取帧的总数
    //--------------------------------------------------------------
    UINT GetFrameCount() const;

    //--------------------------------------------------------------
    //Description:
    //      设置当前活动帧,对于 GIF 图片有效
    //Parameters:
    //      nIndexFrame :[in]设置的帧序号。第一帧为 0
    //--------------------------------------------------------------
    BOOL SelectActiveFrame(UINT nIndexFrame);

    //--------------------------------------------------------------
    //Description:
    //      绘制到目标 HDC
    //Parameters:
    //      hdc :[in]目标 HDC
    //      rcDst :[in]目标区域.
    //      prcSource :[in]源文件绘制区域。如果为 NULL,绘制整个区域
    //--------------------------------------------------------------
    BOOL Draw(HDC hdcDest,const RECT &rcDst,const RECT * prcSource = NULL) const;

    //--------------------------------------------------------------
    //Description:
    //      查看当前状态是否正常
    //--------------------------------------------------------------
    BOOL IsReady() const;

public:
```

```cpp
    CImager();
    virtual ~CImager();
protected:
    //------------------------------------------------------------------
    //Description:
    //    根据文件创建相应的Stream
    //------------------------------------------------------------------
    static IStream * CImager::CreateStreamFromFile(const TSTRING &strFile,
                                                   DWORD * pdwSize = NULL);
    //------------------------------------------------------------------
    //Description:
    //    开始解码
    //------------------------------------------------------------------
    BOOL BeginDecode();

    //------------------------------------------------------------------
    //Description:
    //    结束解码
    //------------------------------------------------------------------
    BOOL EndDecode();

private:
    ImageInfo m_ImageInfo;
    IImage * m_pImage;
    IImageDecoder * m_pImageDecoder;
    IBitmapImage * m_pBitmapImage;
    IImageSink * m_pImageSink;
    IBasicBitmapOps * m_pBasicBitmapOps;
    static IImagingFactory * ms_pImagingFactory;
    PropertyItem * m_ppiFrameDelay;
    std::vector<GUID> m_vtDimensionID;
    BOOL m_bIsReady;
    IStream * m_pStream;
    UINT m_nFrameCount;//Count Number of frames in the image
};
//////////////////////////////////////////////////////////////////////
//Image.cpp: implementation of the CImager class.
//////////////////////////////////////////////////////////////////////
#include "objbase.h"
#include "initguid.h"
#include "Imager.h"
```

```cpp
#pragma comment (lib,"Ole32.lib")
#pragma comment (lib,"Strmiids.lib")
//-----------------------------------------------------------
//静态成员变量
IImagingFactory *CImager::ms_pImagingFactory = NULL;
//-----------------------------------------------------------
CImager::CImager():
m_pImage(NULL),
m_pImageDecoder(NULL),
m_ppiFrameDelay(NULL),
m_pBitmapImage(NULL),
m_pImageSink(NULL),
m_pBasicBitmapOps(NULL),
m_bIsReady(FALSE),
m_nFrameCount(0),
m_pStream(NULL)
{
    memset(&m_ImageInfo,0,sizeof(m_ImageInfo));
    CoInitializeEx(NULL, COINIT_MULTITHREADED);
    CoCreateInstance(CLSID_ImagingFactory,
NULL,
CLSCTX_INPROC_SERVER,
IID_IImagingFactory,
(void**)&ms_pImagingFactory);
}
CImager::~CImager()
{
    ms_pImagingFactory->Release();

    CoUninitialize();
}
BOOL CImager::Open(const TSTRING &strFileName)
{
    BOOL bResult = FALSE;
    __try
    {
        if(ms_pImagingFactory == NULL)
        {
            __leave;
```

```cpp
    }
    m_pStream = CreateStreamFromFile(strFileName);
    if(m_pStream == NULL)
    {
        __leave;
    }
    if (FAILED(ms_pImagingFactory->CreateImageDecoder(m_pStream, DecoderInitFlagNone,
                                        &m_pImageDecoder)))
    {
        __leave;
    }
    //初始化解码器
    LARGE_INTEGER liMove = {0,0};
    if(FAILED(m_pStream->Seek(liMove, STREAM_SEEK_SET, NULL )))
    {
        __leave;
    }
    //必须在这里调用TerminateDecoder函数,否则随后的InitDecoder调用会失败
    m_pImageDecoder->TerminateDecoder();
    if(FAILED(m_pImageDecoder->InitDecoder(m_pStream, DecoderInitFlagBuiltIn1st)))
    {
        __leave;
    }
    //获取延时
    UINT nSize = 0;
    m_pImageDecoder->GetPropertyItemSize(PropertyTagFrameDelay, &nSize);
    m_ppiFrameDelay = reinterpret_cast<PropertyItem *>(malloc(nSize));
    if(m_ppiFrameDelay == NULL)
    {
        __leave;
    }
    m_pImageDecoder->GetPropertyItem(PropertyTagFrameDelay, nSize, m_ppiFrameDelay);
    //获取图片信息
    m_pImageDecoder->GetImageInfo(&m_ImageInfo);
    //获得帧数
    UINT nDimensionsCount = 0;
    if(FAILED(m_pImageDecoder->GetFrameDimensionsCount(&nDimensionsCount)))
    {
```

```
                __leave;
            }
            if(nDimensionsCount != 0)
            {
                m_vtDimensionID.resize(nDimensionsCount);
            }
            if(FAILED(m_pImageDecoder->GetFrameDimensionsList(&m_vtDimensionID[0],
                                                        nDimensionsCount)))
            {
                __leave;
            }
            if(FAILED(m_pImageDecoder->GetFrameCount(&m_vtDimensionID[0], &m_nFrameCount)))
            {
                __leave;
            }
            SelectActiveFrame(0);          //设置第一帧为活动帧
            bResult = TRUE;
        }
        __finally
        {
            if(bResult == FALSE)
            {
                Close();
            }
        }
        m_bIsReady = bResult;
        return bResult;
    }
    UINT CImager::GetWidth() const
    {
            return m_ImageInfo.Width;
    }
    UINT CImager::GetHeight() const
    {
        return m_ImageInfo.Height;
    }
    void CImager::Close()
    {
```

```cpp
        EndDecode();
        if(m_pImageDecoder != NULL)
        {
            m_pImageDecoder->TerminateDecoder();
            m_pImageDecoder->Release();
            m_pImageDecoder = NULL;
        }
        if(m_pStream != NULL)
        {
            m_pStream->Release();
            m_pStream = NULL;
        }
        if(m_ppiFrameDelay != NULL)
        {
            free(m_ppiFrameDelay);
            m_ppiFrameDelay = NULL;
        }
        m_nFrameCount = 0;
        m_vtDimensionID.swap(std::vector<GUID>());
        memset(&m_ImageInfo,0,sizeof(m_ImageInfo));
        m_bIsReady = FALSE;
}
IStream * CImager::CreateStreamFromFile(const TSTRING &strFile,DWORD * pdwSize)
{
    IStream * pStream = NULL;
    HGLOBAL hGlobal = NULL;
    HANDLE hFile = INVALID_HANDLE_VALUE;
    __try
    {
        hFile = CreateFile(strFile.c_str(), GENERIC_READ, 0, NULL, OPEN_EXISTING, 0, NULL);
        if (hFile == INVALID_HANDLE_VALUE)
        {
            __leave;
        }
        DWORD dwFileSize = GetFileSize(hFile, NULL);
        if (dwFileSize == 0)
        {
            __leave;
        }
```

```cpp
            hGlobal = GlobalAlloc(GMEM_MOVEABLE, dwFileSize);
            if (hGlobal == NULL)
            {
                __leave;
            }
            LPVOID pvData = GlobalLock(hGlobal);
            if (pvData == NULL)
            {
                __leave;
            }
            DWORD dwBytesRead = 0;
            if(ReadFile(hFile, pvData, dwFileSize, &dwBytesRead, NULL) == FALSE)
            {
                __leave;
            }
            if (FAILED(CreateStreamOnHGlobal(hGlobal, TRUE, &pStream)))
            {
                __leave;
            }
            if(pdwSize != NULL)
            {
                *pdwSize = dwFileSize;
            }
        }
        __finally
        {
            if (hFile != INVALID_HANDLE_VALUE)
            {
                CloseHandle(hFile);
            }
            if(hGlobal != NULL)
            {
                GlobalUnlock(hGlobal);
            }
        }
        return pStream;
}
BOOL CImager::GetFrameDelay(UINT nIndexFrame,DWORD &dwDelay) const
{
```

```cpp
        if(nIndexFrame >= m_nFrameCount)
        {
            return FALSE;
        }
        dwDelay = reinterpret_cast<DWORD *>(m_ppiFrameDelay->value)[nIndexFrame] * 10;
        return TRUE;
    }
    UINT CImager::GetFrameCount() const
    {
        return m_nFrameCount;
    }
    BOOL CImager::SelectActiveFrame(UINT nIndexFrame)
    {
        EndDecode();
        if(nIndexFrame >= m_nFrameCount)
        {
            return FALSE;
        }
        if(m_vtDimensionID.empty() != FALSE)
        {
            return FALSE;
        }
        if(m_pImageDecoder == NULL)
        {
            return FALSE;
        }
        if(FAILED(m_pImageDecoder->SelectActiveFrame(&m_vtDimensionID[0],nIndexFrame)))
        {
            return FALSE;
        }
        BeginDecode();
        return TRUE;
    }
    BOOL CImager::Draw(HDC hdcDest,const RECT &rcDst,const RECT * prcSource) const
    {
        if(m_pImage == NULL)
        {
            return FALSE;
        }
```

```cpp
        return SUCCEEDED(m_pImage->Draw(hdcDest, &rcDst, prcSource));
}
BOOL CImager::BeginDecode()
{
    BOOL bRes = FALSE;
    __try
    {
        if(ms_pImagingFactory == NULL)
        {
            __leave;
        }
        if(FAILED(ms_pImagingFactory->CreateNewBitmap(m_ImageInfo.Width,
                                                     m_ImageInfo.Height,
                                                     PixelFormatDontCare,
                                                     &m_pBitmapImage)))
        {
            __leave;
        }
        if(FAILED(m_pBitmapImage->QueryInterface(IID_IImageSink,(void**)&m_pImageSink)))
        {
            __leave;
        }
        if(FAILED(m_pImageDecoder->BeginDecode(m_pImageSink, NULL)))
        {
            __leave;
        }
        if(FAILED(m_pImageDecoder->Decode()))
        {
            __leave;
        }
        if(FAILED(m_pBitmapImage->QueryInterface(IID_IBasicBitmapOps,
                                                 (void**)&m_pBasicBitmapOps)))
        {
            __leave;
        }
        if(FAILED(m_pBasicBitmapOps->QueryInterface(IID_IImage, (void**)&m_pImage)))
        {
            __leave;
        }
```

```cpp
            bRes = TRUE;
        }
        __finally
        {}
        return bRes;
    }
    BOOL CImager::EndDecode()
    {
        if(m_pImageDecoder != NULL)
        {
            m_pImageDecoder->EndDecode(S_OK);
        }
        if(m_pImage != NULL)
        {
            m_pImage->Release();
            m_pImage = NULL;
        }
        if(m_pBasicBitmapOps != NULL)
        {
            m_pBasicBitmapOps->Release();
            m_pBasicBitmapOps = NULL;
        }
        if(m_pImageSink != NULL)
        {
            m_pImageSink->Release();
            m_pImageSink = NULL;
        }
        if(m_pBitmapImage != NULL)
        {
            m_pBitmapImage->Release();
            m_pBitmapImage = NULL;
        }
        return TRUE;
    }
    BOOL CImager::IsReady() const
    {
        return m_bIsReady;
    }
```

有了CImager,简单绘制图片不再是梦,请看CImager的威力:

```
CImager img;
img.Open(TEXT("\\NAND\\PHOTO\\3.JPG"));        //打开 JPG 文件
img.Draw(hdc,rcDraw);                           //绘制图片
img.Close();                                    //关闭,释放资源
```

简简单单的几行代码就实现了 JPG 图片的绘制,这是不是比一本正经按 DirectDraw 流程来进行更具备诱惑力呢？

2.7 绘制 GIF

和 JPG 一样悲剧,Windows CE 也没有任何 API 支持 GIF 格式;喜剧的是,GIF 可以通过 DirectDraw 来进行绘制,并且其过程和绘制 JPG 是一模一样的。也就是说,之前所封装的 CImager 类也可以用来打开 GIF 图档;换句话来说,下面这段代码也是完全可以正常运行的:

```
CImager img;
img.Open(TEXT("\\NAND\\PHOTO\\3.GIF"));//打开 GIF 文件
img.Draw(hdc,rcDraw);//绘制图片
img.Close();//关闭,释放资源
```

不过,这似乎欠缺了点什么？没错,这段代码没有将 GIF 的特点,也就是"动态"表现出来,而只是一幅静止的图片。其实 CImager 已经为绘制 GIF 做了充足的准备。细心的读者们应该会发现,在 2.6.3 小节中,CImager 还有如下几个函数没有用上：SelectActiveFrame、GetFrameDelay 和 GetFrameCount。这 3 个函数的作用分别是设置当前活动帧、获取帧的延迟时间和获取帧的总数。将这 3 个函数结合起来,不就可以绘制动态的 GIF 图了吗？

首先,创建一个线程,用来动态显示：

```
//创建动态显示线程
HANDLE hd = CreateThread(NULL,0,RefreshProc,this,0,NULL);
CloseHandle(hd);
```

接着,就在线程中做该做的事：

```
//打开 GIF 文件
CImager img;
img.Open(TEXT("\\NAND\\PHOTO\\setup_animation1.gif"));
//第 1 帧为 0
int iIndex = 0;
while(TRUE)
{
    img.SelectActiveFrame(iIndex);              //设置当前帧
```

第 2 章 绘 图

```
        img.Draw(hdc,rcDraw);                //绘制到目标 HDC
        //获取当前帧需要延时的时间,并调用 Sleep 进入休眠
        DWORD dwSleep = 0;
        img.GetFrameDelay(iIndex,dwSleep);
        Sleep(dwSleep);
        //递增当前帧的序号。如果大于最大数值,则重新从 0 开始
        ++ iIndex;
        if(iIndex >= img.GetFrameCount())
        {
            iIndex = 0;
        }
    }
    img.Close();
```

同样也是那么简单,GIF 活起来了！完整的源代码共享在下载资料中。

到本节为止,已经将三大格式 BMP、JPG 和 GIF 成功地进行了绘制。除了 BMP 是采用 API 函数以外,剩下的两个都无一例外地采用了 DirectDraw 方式。其实 BMP 也可以采用 DirectDraw 来进行绘制,只不过速度比 API 方式要稍稍慢一点,有兴趣的读者可以用 CImager 类来绘制一下试试。

2.8 将 HDC 保存为 BMP

直到目前为止,都是读取一个图像文件,然后绘制到 HDC 中。那么,可不可以逆转过来,将一个 HDC 保存为图像文件呢？确切地说,在只知道 HDC 句柄的情况下,是无法保存其内容的。但可以剑走偏锋,将 HDC 的内容写到一个缓存中,然后再保存该缓存的内容即可。

听起来很简单,却又像是很复杂,不是么？没关系,现在一步一步来。

2.8.1 BMP 文件头信息

首先,需要一个 HDC 的句柄。就像前面几节一直说的可以有多种方法,比如 GetDC、GetWindowDC 甚至是 CreateDC。无论用什么方法,只要能弄到一个 HDC 句柄就行了。

有了 HDC 的句柄,接下来所需要做的是：知道这 HDC 的大小,也就是宽度和长度。也许有读者觉得,只要简单地调用 GetDeviceCaps,然后将参数给予 HORZRES 或 VERTRES 不就行了么？所以很自然,可能会写下这两行代码：

```
int iWidth = GetDeviceCaps(hdc,HORZRES);
int iHeight = GetDeviceCaps(hdc,VERTRES);
```

但实际的结果却出人意料,返回值是屏幕的大小,而不是实际的 HDC 大小。所以这时就

必须要变通。HDC 其实包含了很多对象，比如：PEN（钢笔）、BRUSH（画刷）、PAL（调色板）、FONT（字体）和 BITMAP（位图）。而 HDC 的大小，只和 BITMAP 有关，所以只要能知道 BITMAP 的大小，也就知道了 HDC 的大小。因此获取大小的代码可以如下：

```
//获取 HDC 中的 BITMAP 对象
HGDIOBJ hObj = GetCurrentObject(hdc,OBJ_BITMAP);
//获取 BTIMAP 信息
BITMAP bitmap = {0};
GetObject(hObj,sizeof(BITMAP),&bitmap);
//BITMAP 的宽度和高度也就是 HDC 的宽度和高度
sizeDC.cx    = bitmap.bmWidth ;
sizeDC.cy    = bitmap.bmHeight;
```

只不过这方法还是具有局限性的，如果该 HDC 不是通过 CreateCompatibleBitmap 来进行创建的，即使 GetCurrentObject 函数能够正确返回响应的 BITMAP 对象，但 GetObject 还是会调用失败。如果遇到这种情形，就只能手工设置宽度和高度了。

为什么要知道大小呢？因为要用它来创建缓存。而这缓存，说白了，其实就是一个 BMP 格式的数据结构而已。

为了创建这个关键的缓存，必须调用 CreateDIBSection 函数，而该函数形参又用到 BITMAPINFOHEADER，所以一切就先从填充该结构体开始。

该结构体定义如下：

```
typedef struct tagBITMAPINFO
{
  BITMAPINFOHEADER bmiHeader;
  RGBQUAD bmiColors[1];
} BITMAPINFO;
```

结构体里面还有一个 BITMAPINFOHEADER，其定义如下：

```
typedef struct tagBITMAPINFOHEADER
{
  DWORD biSize;
  LONG biWidth;
  LONG biHeight;
  WORD biPlanes;
  WORD biBitCount
  DWORD biCompression;
  DWORD biSizeImage;
  LONG biXPelsPerMeter;
```

```
        LONG biYPelsPerMeter;
    DWORD biClrUsed;
    DWORD biClrImportant;
} BITMAPINFOHEADER;
```

这么多变量,是不是有点头晕?大可不必紧张,其实只需要填充其中几个,其他统统置为0即可。

```
BITMAPINFO bmpInfo = {0};
bmpInfo.bmiHeader.biSize = sizeof(BITMAPINFOHEADER);
bmpInfo.bmiHeader.biWidth = iWidth;
bmpInfo.bmiHeader.biHeight = iHeight;
bmpInfo.bmiHeader.biPlanes = 1;
bmpInfo.bmiHeader.biBitCount = 24;
```

对于 BMP 而言,最简单的自然是 24 位位图,这就是为什么 biPlanes 和 biBitCount 分别设置为 1 和 24 的原因。

2.8.2 将 HDC 保存到内存

填充完 BITMAPINFO 结构,还是不能马上调用 CreateDIBSection,因为形参中还有一个 HDC。虽然可以直接采用已知的 HDC 句柄,但接下来还要将创建的 HBITMAP 和 HDC 相连接,所以还是先创建一个缓存 DC:

```
HDC hdcMem = CreateCompatibleDC(hdc);
```

一切准备就绪之后,就调用 CreateDIBSection:

```
BYTE *pData = NULL;
hBmp = CreateDIBSection(hdcMem,
                        &bmpInfo,
                        DIB_RGB_COLORS,
                        reinterpret_cast<VOID **>(&pData),
                        NULL,
                        0);
```

pData 是分配的一个内存空间,将来用来存储 HDC 的内容,只不过现在一切都是空的。如果将这数据保存出来,会发现一团漆黑。

将 HBITMAP 和 HDC 结合:

```
hOldObj = SelectObject(hdcMem, hBmp);
```

至此为止,前期工作已经准备就绪,只需要将 HDC 的内容用 BitBlt 绘制到缓存中即可:

```
BitBlt(hdcMem,
       0,
       0,
       iWidth,
       iHeight,
       hdc,
       0,
       0,
       SRCCOPY);
```

这里其实还有一个小技巧，如果是想绘制 HDC 的某个区域，只需要用 StretchBlt 替代即可：

```
StretchBlt(hdcMem,
           0,
           0,
           iWidth,
           iHeight,
           hdc,
           rcDC.left,
           rcDC.top,
           rcDC.right - rcDC.left + 1,
           rcDC.bottom - rcDC.top + 1,
           SRCCOPY);
```

喜欢追根究底的你，也许会发现，在调用该函数之后，pData 所指向的内存缓冲区已经改变。是的，没错，这些改变的数据就是所需要的。接下来所需要做的仅仅是将这数据保存到缓存中即可：

```
LONG lAlignRowSize = Align(bmpInfo.bmiHeader.biWidth * bmpInfo.bmiHeader.biBitCount,32) / 8;
LONG lAlignSize = bmpInfo.bmiHeader.biHeight * lAlignRowSize;
vtBuf.resize(lAlignSize);
memcpy(&vtBuf[0],pData,vtBuf.size());
```

看到这里的读者会有疑问，为什么会有 lAlignSize 的出现？其实这涉及 BMP 的行数据对齐的问题。不过里面的奥秘，还是留待下一节进行说明。

2.8.3 保存文件

BMP 文件格式其实很简单，最开始是文件头信息，然后是图片信息，接下来是数据。我们只需要按照这格式，顺序将数据写入即可。

第 2 章 绘 图

文件头信息和图片信息,微软已经定义好了相应的结构体。

① BMP 信息:

```
typedef struct tagBITMAPINFOHEADER
{
  DWORD biSize;
  LONG  biWidth;
  LONG  biHeight;
  WORD  biPlanes;
  WORD  biBitCount
  DWORD biCompression;
  DWORD biSizeImage;
  LONG  biXPelsPerMeter;
  LONG  biYPelsPerMeter;
  DWORD biClrUsed;
  DWORD biClrImportant;
} BITMAPINFOHEADER;
```

② 文件头信息:

```
typedef struct tagBITMAPFILEHEADER
{
  WORD  bfType;
  DWORD bfSize;
  WORD  bfReserved1;
  WORD  bfReserved2;
  DWORD bfOffBits;
} BITMAPFILEHEADER;
```

首先填充这两个结构体数值:

```
BITMAPINFOHEADER bmInfoHeader = {0};
bmInfoHeader.biSize = sizeof(BITMAPINFOHEADER);
bmInfoHeader.biWidth = iWidth;
bmInfoHeader.biHeight = iHeight;
bmInfoHeader.biPlanes = 1;
bmInfoHeader.biBitCount = 24;

LONG lAlignRowSize = Align(sizeImg.cx * bmInfoHeader.biBitCount,32) / 8;
LONG lAlignSize = sizeImg.cy * lAlignRowSize;

BITMAPFILEHEADER bmFileHeader = {0};
```

```
bmFileHeader.bfType = 0x4d42;    //BMP
bmFileHeader.bfOffBits = sizeof(BITMAPFILEHEADER) + sizeof(BITMAPINFOHEADER);
bmFileHeader.bfSize = bmFileHeader.bfOffBits + lAlignSize;
```

仔细看代码的读者们可能会觉得奇怪,为什么需要计算 lAlignRowSize 的数值,又为什么文件大小的变量 bmFileHeader. bfSize 取值是 bmFileHeader. bfOffBits+lAlignSize? 难道简单点,bmInfoHeader. biWidth * bmInfoHeader. biHeight) * bmInfoHeader. biBitCount/8 这样不行吗?

这个就要从 BMP 格式开始说起。BMP 文件格式要求,每一行的数据要在 4 字节处对齐。也就是说,如果每行数据长度不是 4 字节的整数倍,就需要在后面补 0,以使其成为 4 字节的整数倍。简单点说,1 字节有 8 位,4 字节就是 4×8=32,也就是数据每一行的数据能够被 32 整除。

以传入的宽度为 1、高度为 2 的图片为例,因为该 BMP 为 24 位,所以可以很简单地计算第 1 行的真正位数是:24(位图位数)×1(宽)×1(高)=24。

很明显,24 不可能被 32 整除,所以需要手工填充数据,令该行的位数能被 32 整除。填充后的数据存储如图 2.8.1 所示。

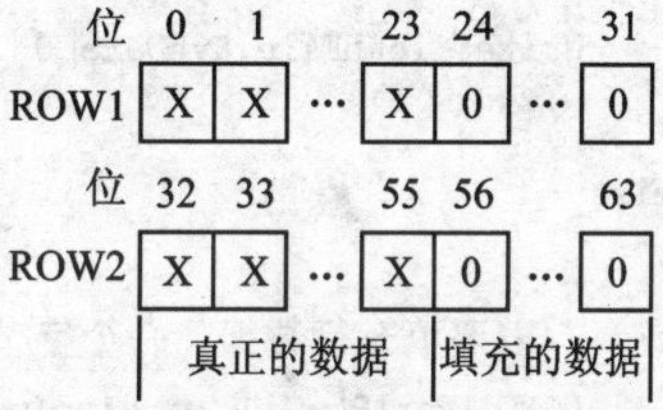

从图 2.8.1 可以看到,不管是第 1 行还是第 2 行,因为无法被 32 整除,所以都填充了相应的数据位。

在之前的代码片段中,数据的对齐用到的是 Align 函数,它的实现非常简单:

图 2.8.1 BMP 数据位对齐

```
LONG Align(LONG val,LONG align)
{
    return ((val + align - 1) & (~(align - 1)));
}
```

val 是需要校准的数值,align 是校准的标准值,返回的则是已经对齐好的数值。

回过头看看上一节保存 HDC 到缓存的这段代码:

```
LONG lAlignRowSize = Align(bmpInfo.bmiHeader.biWidth * bmpInfo.bmiHeader.biBitCount,32) / 8;
LONG lAlignSize = bmpInfo.bmiHeader.biHeight * lAlignRowSize;
vtBuf.resize(lAlignSize);
memcpy(&vtBuf[0],pData,vtBuf.size());
```

经过刚刚的解释,相信有不少读者已经明白为什么这里获取的数据大小是 lAlignSize。即使原来行数据大小原来可能不是位对齐的,但 HDC 既然已经能够正常显示,那么也就意味系统已经将该行末尾的数据进行了填充。如果还是按照 bmpInfo. bmiHeader. biWidth * bmpInfo. bmiHeader. biHeight * 3 的大小来获取 HDC 的内容,那么肯定会遗漏最后的一大段数据,因此在这里才使用对齐后的大小。

接下来的事情,估计大家都轻车熟路了。创建文件,然后写入数据,保存,完毕。

```cpp
HANDLE hFile = CreateFile(strFile.c_str(),
                          GENERIC_WRITE,
                          0,
                          NULL,
                          CREATE_ALWAYS,
                          FILE_ATTRIBUTE_NORMAL,
                          NULL);
DWORD dwWrite = 0;
WriteFile(hFile,&bmFileHeader,sizeof(BITMAPFILEHEADER),&dwWrite,NULL);
WriteFile(hFile,&bmInfoHeader, sizeof(BITMAPINFOHEADER),&dwWrite,NULL);
//检测输入的数据是否已经对齐
if(lAlignSize == vtData.size())
{
    WriteFile(hFile,&vtData[0], vtData.size(),&dwWrite,NULL);
}
else
{
    //需要填充行数据。一个字节为8位,所以这里需要除以8
    LONG lRealRowSize = sizeImg.cx * bmInfoHeader.biBitCount / 8;
    std::vector<BYTE> vtFill(lAlignRowSize - lRealRowSize);
    for(int i = 0; i < sizeImg.cy; ++i)
    {
        //每写一行,就填充一次数据
        WriteFile(hFile,&vtData[i * lRealRowSize], lRealRowSize,&dwWrite,NULL);
        WriteFile(hFile,&vtFill[0], vtFill.size(),&dwWrite,NULL);
    }
}
CloseHandle(hFile);
```

2.8.4 WriteBmp 完整源码

综合如上所说的要点,接下来就是重头戏,来看看 WriteBmp 函数的全貌。

```cpp
//获取 HDC 的数据
BOOL GetHDCData(HDC hdc,const RECT &rcDC,std::vector<BYTE> &vtBuf)
{
    BOOL bRes = FALSE;
```

```cpp
HBITMAP hBmp = NULL;
HDC hdcMem = NULL;
__try
{
    //初始化 BMP 信息
    BITMAPINFO bmpInfo = {0};
    bmpInfo.bmiHeader.biSize = sizeof(BITMAPINFOHEADER);
    bmpInfo.bmiHeader.biWidth = rcDC.right - rcDC.left;
    bmpInfo.bmiHeader.biHeight = rcDC.bottom - rcDC.top;
    bmpInfo.bmiHeader.biPlanes = 1;
    bmpInfo.bmiHeader.biBitCount = 24;
    //创建一个和输入 HDC 相适应的临时 HDC 用来获取当前数据
    hdcMem = CreateCompatibleDC(hdc);
    if(hdcMem == NULL)
    {
        __leave;
    }
    //从临时 DC 中获取数据
    BYTE *pData = NULL;
    hBmp = CreateDIBSection(hdcMem,&bmpInfo,DIB_RGB_COLORS,
                        reinterpret_cast<VOID **>(&pData),
                        NULL,0);
    if(hBmp == NULL)
    {
        __leave;
    }
    HGDIOBJ hOldObj = SelectObject(hdcMem, hBmp);
    //绘制到临时 HDC 中
    SIZE sizeImg = {bmpInfo.bmiHeader.biWidth,bmpInfo.bmiHeader.biHeight};
    SIZE sizeDC = {rcDC.right - rcDC.left,rcDC.bottom - rcDC.top};
    StretchBlt(hdcMem,0,0,sizeImg.cx,sizeImg.cy,hdc,
            rcDC.left,rcDC.top,sizeDC.cx,sizeDC.cy,SRCCOPY);
    LONG lAlignRowSize = Align(bmpInfo.bmiHeader.biWidth *
                bmpInfo.bmiHeader.biBitCount,32) / 8;
    LONG lAlignSize = bmpInfo.bmiHeader.biHeight * lAlignRowSize;
    vtBuf.resize(lAlignSize);
    memcpy(&vtBuf[0],pData,vtBuf.size());
    SelectObject(hdcMem, hOldObj);
    bRes = TRUE;
```

```cpp
    }
    __finally
    {
        if(hBmp ! = NULL)
        {
            DeleteObject(hBmp);
        }
        if(hdcMem ! = NULL)
        {
            DeleteDC(hdcMem);
        }
    }
    return bRes;
}
//保存 HDC 为 BMP 图档
BOOL WriteBmp(const TSTRING &strFile,HDC hdc,const RECT &rcDC)
{
    //获取 HDC 的数据
    std::vector<BYTE> vtData;
    if(GetHDCData(hdc,rcDC,vtData) = = FALSE)
    {
        return FALSE;
    }
    SIZE sizeImg = {rcDC.right - rcDC.left,rcDC.bottom - rcDC.top};
    //创建 BMP 文件头
    BITMAPINFOHEADER bmInfoHeader = {0};
    bmInfoHeader.biSize = sizeof(BITMAPINFOHEADER);
    bmInfoHeader.biWidth = sizeImg.cx;
    bmInfoHeader.biHeight = sizeImg.cy;
    bmInfoHeader.biPlanes = 1;
    bmInfoHeader.biBitCount = 24;

    BITMAPFILEHEADER bmFileHeader = {0};
    bmFileHeader.bfType = 0x4d42;  //bmp
    bmFileHeader.bfOffBits = sizeof(BITMAPFILEHEADER) + sizeof(BITMAPINFOHEADER);
    bmFileHeader.bfSize = bmFileHeader.bfOffBits
                    + ((bmInfoHeader.biWidth * bmInfoHeader.biHeight) * 3);  ///3 = (24 / 8)

    //打开文件进行保存
    HANDLE hFile = CreateFile(strFile.c_str(),GENERIC_WRITE,0,NULL,
                        CREATE_ALWAYS,FILE_ATTRIBUTE_NORMAL,NULL);
```

```
    if(hFile = = INVALID_HANDLE_VALUE)
    {
        return FALSE;
    }
    //保存数据到文件中
    DWORD dwWrite = 0;
    WriteFile(hFile,&bmFileHeader,sizeof(BITMAPFILEHEADER),&dwWrite,NULL);
    WriteFile(hFile,&bmInfoHeader, sizeof(BITMAPINFOHEADER),&dwWrite,NULL);
    //检测输入的数据是否已经对齐
    if(lAlignSize = = vtData.size())
    {
        WriteFile(hFile,&vtData[0], vtData.size(),&dwWrite,NULL);
    }
    else
    {
        //需要填充行数据。一个字节为8位,所以这里需要除以8
        LONG lRealRowSize = sizeImg.cx * bmInfoHeader.biBitCount / 8;
        std::vector<BYTE> vtFill(lAlignRowSize - lRealRowSize);
        for(int i = 0; i < sizeImg.cy; + + i)
        {
            //每写一行,就填充一次数据
            WriteFile(hFile,&vtData[i * lRealRowSize], lRealRowSize,&dwWrite,NULL);
            WriteFile(hFile,&vtFill[0], vtFill.size(),&dwWrite,NULL);
        }
    }
    CloseHandle(hFile);
    return TRUE;
}
```

比如,想保存一个 HDC,只需要简单地调用:

```
HDC hdc = GetDC(NULL);
RECT rcDC = {0,0,100,100};
WriteBmp(TEXT("\\NAND\\DCSavePart.bmp"),hdc,rcDC);
ReleaseDC(NULL,hdc);
```

2.9 截 屏

WriteBmp 还能做到一个很有意思的功能,就是截取屏幕。因为对于屏幕来说,其实也是

第 2 章 绘 图

一个 HDC，只要获取屏幕的 HDC 句柄，剩下的就没有什么难度了。这次获取屏幕采用的是 CreateDC 函数，因为获取的函数变更了，释放资源也不再是 ReleaseDC，而改为 DeleteDC。现在就来看看这一小巧的截屏代码吧：

```
HDC hdc = CreateDC(_T("DISPLAY"), NULL, NULL, NULL);
RECT rcSave = {0,0,GetDeviceCaps(hdc,HORZRES),GetDeviceCaps(hdc,VERTRES)};
WriteBmp(TEXT("\\NAND\\ScreenCapture.BMP"),hdc,rcSave);
DeleteDC(hdc);
```

如果读者觉得还是 GetDC 亲切，其实它也可以完成截屏任务。在 MSDN 中，关于该函数的形参有这么一段话：If this value is NULL, GetDC retrieves the device context for the entire screen。也就是说，如果传入的窗口句柄为 NULL，那么获得的将是整个屏幕的句柄。所以，如果是采用 GetDC，那么代码可以改头换面如下：

```
HDC hdc = GetDC(NULL);
RECT rcSave = {0,0,GetDeviceCaps(hdc,HORZRES),GetDeviceCaps(hdc,VERTRES)};
WriteBmp(TEXT("\\NAND\\ScreenCapture.BMP"),hdc,rcSave);
ReleaseDC(NULL,hdc);
```

2.10 半透明效果

在 Windows XP 中实现半透明效果并不是件难事，仅需要调用 SetLayeredWindowAttributes 函数即可。如果同样的效果也想在 Windows CE 中重现，怎么办呢？Windows CE 中没有 SetLayeredWindowAttributes 函数，这就必须要动动脑筋了。

Windows CE 5.0 开始已经支持 AlphaBlend，该函数的作用是将两个 HDC 根据一定的比例混合，也就是类似于半透明的效果。联想到上一节截屏的方法，那时候不是可以获取当前屏幕的 HDC 吗？将这两者相结合，不就可以实现程序的窗口半透明效果？

猜测是没有任何作用的，做个实验看看吧。

首先，在创建窗口之前，先声明一个缓存 HDC，用来保存当前屏幕的信息：

```
CMemDC m_MemDCDisp;         //缓存 HDC
HDC hdcDisplay = CreateDC(_T("DISPLAY"), NULL, NULL, NULL);     //创建当前屏幕的 HDC
//获取当前屏幕大小
SIZE sizeMemDC = {GetSystemMetrics(SM_CXSCREEN),GetSystemMetrics(SM_CYSCREEN)};
//根据当前屏幕大小创建缓存 HDC
BOOL bRes = m_MemDCDisp.Create(hdcDisplay,&sizeMemDC);
//将当前屏幕绘制到缓存 HDC
BitBlt(m_MemDCDisp.GetDC(),0,0,sizeMemDC.cx,sizeMemDC.cy,hdcDisplay,0,0,SRCCOPY);
```

```
DeleteDC(hdcDisplay);
```

紧接着,当窗口接收到 WM_PAINT 消息时,再创建一个临时缓存 HDC。然后计算当前窗口所在的位置,再根据该位置将屏幕缓存 HDC 的内容绘制到临时缓存 HDC 中:

```
//获取窗口位置
RECT rcWnd = {0};
GetWindowRect(hWnd,&rcWnd);
//创建临时缓存 HDC
SIZE sizeMemDC = {rcWnd.right - rcWnd.left,rcWnd.bottom - rcWnd.top};
CMemDC memDC;
memDC.Create(hdc,&sizeMemDC);
//绘制当前位置的图像到临时缓存中
BitBlt(memDC.GetDC(),0,0,sizeMemDC.cx,sizeMemDC.cy,m_MemDCDisp.GetDC(),
    rcWnd.left,rcWnd.top,SRCCOPY);
```

再下一步就简单多了,读取背景图片,然后将背景图片通过 AlphaBlend 函数混合到临时缓存 HDC 中:

```
//绘制背景图片
#if _WIN32_WCE == 0x600
    HBITMAP hBmp = LoadBitmap(reinterpret_cast<HINSTANCE>(GetCurrentProcessId()),
                    MAKEINTRESOURCE(IDB_BITMAP1));
#else
    HBITMAP hBmp = LoadBitmap(GetModuleHandle(NULL),MAKEINTRESOURCE(IDB_BITMAP1));
#endif

HDC hdcBmp = CreateCompatibleDC(hdc);
HGDIOBJ hOldSel = SelectObject(hdcBmp,hBmp);
//将背景图片和临时缓存的内容相混合
BLENDFUNCTION blendFunction = {0,0,180,0};
::AlphaBlend(memDC.GetDC(),0,0,sizeMemDC.cx,sizeMemDC.cy,hdcBmp,
        0,0,WND_WIDTH,WND_HEIGHT,blendFunction);
SelectObject(hdcBmp,hOldSel);
DeleteDC(hdcBmp);
```

最后将临时缓存 HDC 的内容绘制到目标 HDC 中:

```
BitBlt(hdc,0,0,sizeMemDC.cx,sizeMemDC.cy,memDC.GetDC(),0,0,SRCCOPY);
```

编译,运行,结果如图 2.10.1 所示。

当然,有可能一些读者测试该代码段时并不愉快,因为他们在设备上调用 AlphaBlend 时是失败的。如果不幸遇到这情况,也不必慌张,因为很可能所测试的系统没有将 AlphaBlend

第2章 绘图

特性包含进去。解决方式很简单,定制系统时,选择如图 2.10.2 所示的特性即可。

图 2.10.1　程序窗口半透明效果

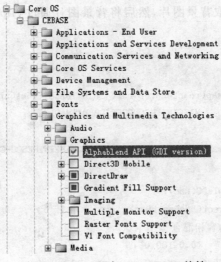

图 2.10.2　添加 AlphaBlend 特性

第 3 章

多媒体

本章主要讲解采用 API 方式进行录音,以及采用 DirectShow 进行音频和视频的播放,最后再根据封装的 CMedia 实现歌词的同步显示。

3.1 播放 WAV

大千世界无奇不有,声音格式自然也是多种多样,Windows CE 面对如此多的品种,如果只是凭借自己的的能力,自然是有心无力(norains:这也就是为什么 Windows 要安装众多解码器的原因)。不过,如果仅仅是播放 WAV 文件,Windows CE 则是分外高兴,因为 API 函数对该格式已有非常完美的支持。

Windows CE 播放 WAV 非常简单,简单到只需要调用 sndPlaySound 即可。而该函数,只有两个形参,其声明为:

```
BOOL sndPlaySound(LPCTSTR lpszSoundName,UINT fuSound);
```

lpszSoundName 是文件名,fuSound 是播放的标志。如果想播放 WAV 音频文件,一句代码就解决:

```
sndPlaySound(TEXT("\\NAND\\RECORD.WAV"),SND_FILENAME);
```

3.2 录 音

播放 WAV 出人意料的简单,那么录制为 WAV 格式是否也如此呢?很可惜,录音是块硬骨头,不好啃。

3.2.1 WAV 格式

在开始进行录音之前,先来看看 WAV 文件格式的构成。简单来说,WAV 文件是由 4 大块组成,从文件起始位置开始算起,分别是 RIFF WAVE、Format、Fact 和 Data,详细内容可如图 3.2.1 所示。

第 3 章 多媒体

其中除了 Fact 外,其他 3 个 Chunk 是必须的。每个块都有各自的 ID 作为标识,均为 4 字节,并且都位于块的最开始位置。紧跟 ID 之后的,便是 Size。需要留意的是,这个 Size 的数值是去掉 ID 和 Size 这两个标志所占的字节后剩下的。

(1) RIFF WAVE

接着来看看每个块的具体信息。首先是 RIFF WAVE,其结构如表 3.2.1 所列。

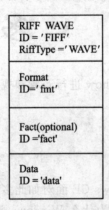

表 3.2.1 RIFF WAVE 结构

标 志	所占字节数	具体内容
ID	4	'RIFF'
Size	4	FileSize－8
Type	4	'WAVE'

图 3.2.1 WAV 文件构成

以 'RIFF' 作为标志;然后紧跟着为 Size 字段,该 Size 是整个 wav 文件大小减去 ID 和 Size 所占用的字节数,即 Size = FileLen－8;接着是 Type 字段,为 'WAVE',表示是 WAV 文件。

为了与该块结构对应,定义一个 RIFF_FILEHEADER 结构体:

```
struct RIFF_FILEHEADER
{
    DWORD     dwRiff;              //文件头类型
    DWORD     dwSize;              //文件头大小
    DWORD     dwWave;              //WAVE 类型
};
```

(2) Format

紧跟着 RIFF WAVE 的是 Format,其结构如表 3.2.2 所列。

表 3.2.2 Format 结构

标 志	所占字节数	具体内容
ID	4	'fmt'
Size	4	数值为 16 或 18。如果是 18,意味着带有附加信息
FormatTag	2	编码方式,一般为 0x0001

续表 3.2.2

标 志	所占字节数	具体内容
Channels	2	声道数目,1 为单声道;2 为双声道
SamplesPerSec	4	采样频率
AvgBytesPerSec	4	每秒所需字节数
BlockAlign	2	数据块对齐单位(每个采样需要的字节数)
BitsPerSample	2	每个采样需要的位数
OptionFlag	2	附加信息

Format 块以 'fmt' 作为标志。一般情况下 Size 为 16,此时没有最后的附加信息。如果为 18,则多了最后 2 字节的附加信息,而这附加信息一般是一些软件做标识用的。

相应的结构体可以定义如下:

```
struct RIFF_CHUNKHEADER
{
    DWORD   dwCKID;         //当前 CHUNK 文件头的类型
    DWORD   dwSize;         //当前 CHUNK 文件头的大小
};
```

为什么这里不直接将剩下的标志也一并声明了呢?因为 Windows CE 已经有了类似的结构体 WAVEFORMATEX:

```
typedef struct tWAVEFORMATEX
{
    WORD    wFormatTag;         //格式类型
    WORD    nChannels;          //通道的数量,比如,单声道、双声道
    DWORD   nSamplesPerSec;     //采样率
    DWORD   nAvgBytesPerSec;    //平均每秒的比特数
    WORD    nBlockAlign;        //数据块大小
    WORD    wBitsPerSample;     //采样的比特率
    WORD    cbSize;             //额外信息的大小
} WAVEFORMATEX, * PWAVEFORMATEX,
    NEAR * NPWAVEFORMATEX, FAR * LPWAVEFORMATEX;
```

RIFF_CHUNKHEADER 和 WAVEFORMATEX 这两个结构体组合便成了 Format 块的数值。

(3) Fact

在 Format 之后便是可选的 Fact,结构如表 3.2.3 所列。

Fact 字段是可选的,一般来说这些都是生成 WAV 的软件用来注明自己特殊的信息。不过接下来的代码中没有用到 Fact 块,所以没有列出相对应的结构体结构。

(4) Data

最后便是 Data,结构算是比较简单,如表 3.2.4 所列。

表 3.2.3　Fact 结构

标　志	所占字节数	具体内容
ID	4	'fact'
Size	4	4
Data	4	

表 3.2.4　Data 结构

标　志	所占字节数	具体内容
ID	4	'data'
Size	4	Data 的大小
Data	4	

Data 字段才是真正存储声音信息的地方,其 Data 标志后的所有数据均是声音信息。因为该结构只有两个标志,所以对应的结构体可以选择之前定义过的 RIFF_CHUNKHEADER。

3.2.2　前期准备

WAV 格式了解得差不多,也该干正事了,开始准备录音。不过结合 WAV 格式,先想一个现实问题。通过前面的讲述都知道,声音数据是在文件信息之后的,而文件信息有一些字段是标识文件大小或数据多寡的。很显然,这个数值的大小,必须在录音完毕后通过计算声音数据的多寡才能确定下来。那么,问题就来了,是不是要先录制完毕、计算出数据多寡后才开始写文件头?不过这非常不现实,因为录音的数据都是保存在存储器上的,如果最后才写文件头信息,那不是要先将已经保存到存储器上的数据再读到内存中,再与文件头信息相结合,最后一并从头到尾写入到存储器?如果文件很小,也许不会有什么异样。但如果文件很大,那么在这上面花费的内存和时间就非常可观了。

为了解决这问题,可以投机取巧一把。因为文件头信息所占的内存大小是固定的,只是里面的数值不同而已,故可以先不理会标志大小的数值,先将文件头信息写入存储器,接着再将录制的声音数据不停地在其后追加。当录音完毕,计算出声音数据的真正大小,再重新刷新一次文件头信息即可。

书写文件头信息的功能可以用一个 WriteFileHeader 函数完成,该函数主要流程如下:

```
//Format 块数据
RIFF_CHUNKHEADER WaveHeader;
WaveHeader.dwCKID = RIFF_FORMAT;
WaveHeader.dwSize = sizeof(WAVEFORMATEX) + WaveFormatEx.cbSize;

//Data 块
RIFF_CHUNKHEADER DataHeader;
DataHeader.dwCKID = RIFF_CHANNEL;
```

```cpp
DataHeader.dwSize = dwDataSize;
//文件头
RIFF_FILEHEADER FileHeader;
FileHeader.dwRiff = RIFF_FILE;
FileHeader.dwSize = sizeof(WaveHeader) + WaveHeader.dwSize +
    sizeof(DataHeader) + DataHeader.dwSize;
FileHeader.dwWave = RIFF_WAVE;
SetFilePointer(hFile,0,0,FILE_BEGIN);        //设置文件指针到开始位置
DWORD dwWrite = 0;
//写 RIFF WAVE 块
WriteFile(hFile, &FileHeader, sizeof(FileHeader), &dwWrite, NULL);
//写 Format 块的标志和大小
WriteFile(hFile, &WaveHeader, sizeof(WaveHeader), &dwWrite, NULL);
//写 Format 块的余下各标志
WriteFile(hFile, &WaveFormatEx, WaveHeader.dwSize, &dwWrite, NULL);
//写 Data 块
WriteFile(hFile, &DataHeader, sizeof(DataHeader), &dwWrite, NULL);
```

WriteFileHeader 在 waveInOpen 函数之前开始调用:

```cpp
//创建文件
m_hFile = CreateFile(strFile.c_str(), GENERIC_WRITE | GENERIC_READ, NULL,NULL,
                    CREATE_ALWAYS, FILE_ATTRIBUTE_NORMAL, NULL);
WriteFileHeader(m_hFile,m_WaveFormatEx,0);    //写文件头信息
//打开设备开始录音
waveInOpen(&m_hWaveIn,WAVE_MAPPER,
           &m_WaveFormatEx,reinterpret_cast<DWORD>(WaveInProc),
           reinterpret_cast<DWORD>(this),CALLBACK_FUNCTION);
```

waveInOpen 是开始录音的函数，传入的 WaveInProc 形参是一个回调函数，用来处理录音过程中接收到的消息。不过这回调函数还是留到下一节消息处理再进行讨论，目前主要还是看看录音的前期准备。

调用 waveInOpen 之后，一切还没结束，还需要给系统添加录制的缓存。这录制的缓存说白了其实就是一段分配好的内存块，声音数据都会存储到该内存块中。为了避免录制时内存块已满而导致的录制中断，从而造成声音不连贯，在这里需要采用双缓存的方式。

```cpp
//初始化第 1 个录制缓存
m_WaveHdr1.lpData = &m_vtBuf1[0];
m_WaveHdr1.dwBufferLength = m_vtBuf1.size();
```

```
m_WaveHdr1.dwBytesRecorded = 0;
m_WaveHdr1.dwUser = 0;
m_WaveHdr1.dwFlags = 0;
m_WaveHdr1.dwLoops = 1;
m_WaveHdr1.lpNext = NULL;
m_WaveHdr1.reserved = 0;
waveInPrepareHeader(m_hWaveIn,&m_WaveHdr1,sizeof(m_WaveHdr1));

//初始化第2个录制缓存
m_WaveHdr2.lpData = &m_vtBuf2[0];
m_WaveHdr2.dwBufferLength = m_vtBuf2.size();
m_WaveHdr2.dwBytesRecorded = 0;
m_WaveHdr2.dwUser = 0;
m_WaveHdr2.dwFlags = 0;
m_WaveHdr2.dwLoops = 1;
m_WaveHdr2.lpNext = NULL;
m_WaveHdr2.reserved = 0;
waveInPrepareHeader(m_hWaveIn,&m_WaveHdr2,sizeof(m_WaveHdr2));

//将录制缓存增加到系统中
waveInAddBuffer (m_hWaveIn, &m_WaveHdr1, sizeof(m_WaveHdr1));
waveInAddBuffer (m_hWaveIn, &m_WaveHdr2, sizeof(m_WaveHdr2));
```

至此，准备工作已经就绪，剩下的就是调用 waveInStart 开始进行录音：

```
waveInStart(m_hWaveIn);
```

3.2.3 消息处理

当录音开始之后，之前设置的 WaveInProc 回调函数就逐渐开始接收到消息了。接到的消息有 3 个，分别是：WIM_OPEN、WIM_CLOSE 和 WIM_DATA。前面 2 个分别是设备打开和关闭时接收到的，如果没有什么具体要求，这两个消息可以忽略。而最后的 WIM_DATA 才是重中之重，能不能正常录音就要看接收到该消息是如何处理的。

WIM_DATA 消息是在缓存已经消耗完毕时由系统发送。当接收到该消息时，意味着缓存已经充满了声音数据，首要任务就是将这些数据保存到文件中。一旦保存完毕，该缓存就没有任何价值，但不可能又再分配一个新的缓存，所以最聪明的做法是：将这已经没有价值的缓存再次提交给系统，让它变废为宝，循环利用，低碳环保（norains：扯远了⋯）。

于是，这循环利用的代码蹦出来了：

```
//传回的形参其实是 WAVEHDR 结构,故转换之
WAVEHDR * pWaveHdr = reinterpret_cast<WAVEHDR *>(dwParam1);
```

```
//将录制的声音数据保存到文件中
DWORD dwWrite = 0;
if(WriteFile(m_hFile,pWaveHdr->lpData,pWaveHdr->dwBytesRecorded,&dwWrite,NULL)==FALSE)
{
    //如果存储器满无法写入文件,则停止录音
    waveInClose(m_hWaveIn);
    return;
}
m_dwSizeData += dwWrite;        //m_dwSizeData 变量用来保存当前声音数据的大小
//再次提交该缓存,以进行循环利用
waveInAddBuffer(m_hWaveIn,pWaveHdr,sizeof(WAVEHDR));
```

因为录音是多线程运行的,完全不必要担心在代码中进行如上操作时会导致录音的中断。不过也不能完全乐观,因为如上的操作必须在另一块缓存耗尽之前完成,否则当系统检查到缓存不足,会停止录音直到补上新的缓存,从而造成最后录制的 WAV 文件的声音断断续续。如果出现该问题,解决方式也很简单,只要加大缓存即可。

3.2.4 保存文件

如果想结束录音,保存最后文件,这时就必须调用 waveInStop 函数。当然并不是单单调用该函数那么简单,还有一大堆资源需要清理。复位设备、删除缓冲区、刷新文件头信息等操作,都需要程序员亲力亲为:

```
//停止录音设备
waveInStop(m_hWaveIn);
waveInReset(m_hWaveIn);
//删除录音缓存
waveInUnprepareHeader(m_hWaveIn, &m_WaveHdr1, sizeof(WAVEHDR));
waveInUnprepareHeader(m_hWaveIn, &m_WaveHdr2, sizeof(WAVEHDR));
//关闭录音设备
waveInClose(m_hWaveIn);
//更新文件头信息
WriteFileHeader(m_hFile,m_WaveFormatEx,m_dwSizeData);
```

3.2.5 CRecord 封装简化

录音的大致流程如前面所讲,但在实际使用中,还有一些要点需要注意,比如如何停止录音、如何设置录制的格式等。为了方便读者能够将代码应用到实际的工程中,在此将录音的流程封装为一个 CRecord 类,如下所示。在下载资料中也有相应的源代码。

```cpp
/////////////////////////////////////////////////////
//Record.h
/////////////////////////////////////////////////////
#pragma once
#include "stdafx.h"
#include <vector>
namespace Record
{
    enum Channel
    {
        CH_SINGLE,
        CH_DOUBLE,
    };
    enum SamplesPerSec
    {
        SPS_11025,
        SPS_22050,
        SPS_44100,
    };
    enum BitsPerSample
    {
        BPS_8,
        BPS_16,
    };
    struct RecordFormat
    {
        Channel channel;
        SamplesPerSec samplesPerSec;
        BitsPerSample bitsPerSample;
    };
};
class CRecord
{
public:
    //-------------------------------------------------------------
    //Description:
    //    开始录音
    //Parameters:
    //    strFile : [in] 保存的文件路径
```

```cpp
    //-------------------------------------------------------------------
    BOOL Start(const TSTRING &strFile);

    //-------------------------------------------------------------------
    //Description:
    //    设置的录音格式
    //Parameters:
    //    RecordFormat : [in]设置的格式
    //-------------------------------------------------------------------
    void SetFormat(const Record::RecordFormat &RecordFormat);

    //-------------------------------------------------------------------
    //Description:
    //    停止录音
    //-------------------------------------------------------------------
    BOOL Stop();

    //-------------------------------------------------------------------
    //Description:
    //    设置录音缓存的大小。该函数必须在 Start 之前调用
    //Parameters:
    //    dwSize : [in] The new size of buffer
    //-------------------------------------------------------------------
    void SetBufSize(DWORD dwSize);

    //-------------------------------------------------------------------
    //Description:
    //    确认是否正在录音
    //-------------------------------------------------------------------
    BOOL IsRecording();

public:
    CRecord();
    virtual ~CRecord();
protected:
    //-------------------------------------------------------------------
    //Description:
    //    释放资源
    //-------------------------------------------------------------------
    void ReleaseResource();
private:
    //-------------------------------------------------------------------
```

```cpp
//Description:
//    转换为 WAVEFORMATEX 格式
//Parameters:
//    RecordFormat : [in] 转换的数值
//------------------------------------------------------------
static WAVEFORMATEX ConvertToWaveFormatEx(const Record::RecordFormat
                                         &RecordFormat);
//------------------------------------------------------------
//Description:
//    waveInOpen 的回调函数
//------------------------------------------------------------
static void WaveInProc(HWAVEIN hWi,UINT uMsg, DWORD dwInstance,
                       DWORD dwParam1, DWORD dwParam2);
//------------------------------------------------------------
//Description:
//    写文件头
//Parameters:
//    hFile : [in] 打开的文件句柄
//    WaveFormatEx : [in] WAVEFORMATEX 信息
//    dwDataSize : [in] 声音数据的大小
//------------------------------------------------------------
static BOOL WriteFileHeader(HANDLE hFile,const WAVEFORMATEX &WaveFormatEx,
                            DWORD dwDataSize);
//------------------------------------------------------------
//Description:
//    处理 WIM_OPEN 消息
//------------------------------------------------------------
void OnWimOpen(DWORD dwParam1,DWORD dwParam2);
//------------------------------------------------------------
//Description:
//    处理 WIM_DATA 消息
//------------------------------------------------------------
void OnWimData(DWORD dwParam1,DWORD dwParam2);
//------------------------------------------------------------
//Description:
//    处理 WIM_CLOSE 消息
//------------------------------------------------------------
void OnWimClose(DWORD dwParam1,DWORD dwParam2);
```

```cpp
    //-----------------------------------------------------------------
    //Description:
    //     将当前的数据对齐,以避免CPU数据未对齐错误
    //Parameters:
    //     WaveFormatEx : [in] 当前 WAVEFORMATEX 数值
    //     dwSize : [in] 当前缓存的大小
    //-----------------------------------------------------------------
    static DWORD ConvertAlignBufSize(const WAVEFORMATEX &WaveFormatEx,DWORD dwSize);
private:
    //内部使用的结构
    struct RIFF_FILEHEADER
    {
        DWORD    dwRiff;        //文件头类型
        DWORD    dwSize;        //文件头大小
        DWORD    dwWave;        //WAVE 类型
    };
    //ChunkHeader
    struct RIFF_CHUNKHEADER
    {
        DWORD    dwCKID;        //当前 CHUNK 的类型
        DWORD    dwSize;        //当前 CHUNK 的大小
    };
private:
    std::vector<char> m_vtBuf1;
    std::vector<char> m_vtBuf2;
    WAVEHDR m_WaveHdr1;
    WAVEHDR m_WaveHdr2;
    DWORD m_dwSizeBuf;
    DWORD m_dwSizeData;
    DWORD m_dwSaveBufAfterStop;
    WAVEFORMATEX m_WaveFormatEx;
    HWAVEIN m_hWaveIn;
    HANDLE m_hFile;
    HANDLE m_hEventNotify;
    BOOL m_bStopRecord;
    BOOL m_bIsRecording;
};
////////////////////////////////////////////////////
//Record.cpp
////////////////////////////////////////////////////
```

第3章 多媒体

```cpp
#include "Record.h"
//------------------------------------------------------------
//Default value
const DWORD DEFAULT_BUFFER_SIZE                              = 16 * 1024;
const Record::RecordFormat DEFAULT_RECORD_FORMAT             =
                    {Record::CH_SINGLE,Record::SPS_11025,Record::BPS_8};
const DWORD MAX_BUFFER_COUNT
#define RIFF_FILE       mmioFOURCC('R','I','F','F')
#define RIFF_WAVE       mmioFOURCC('W','A','V','E')
#define RIFF_FORMAT     mmioFOURCC('f','m','t',' ')
#define RIFF_CHANNEL    mmioFOURCC('d','a','t','a')
//------------------------------------------------------------

CRecord::CRecord():
m_dwSizeBuf(DEFAULT_BUFFER_SIZE),
m_WaveFormatEx(ConvertToWaveFormatEx(DEFAULT_RECORD_FORMAT)),
m_hWaveIn(NULL),
m_hFile(INVALID_HANDLE_VALUE),
m_dwSizeData(0),
m_hEventNotify(CreateEvent(NULL,FALSE,FALSE,NULL)),
m_bStopRecord(FALSE),
m_dwSaveBufAfterStop(0),
m_bIsRecording(FALSE)
{
}
CRecord::~CRecord()
{
    CloseHandle(m_hEventNotify);
}
BOOL CRecord::Start(const TSTRING &strFile)
{
    if(m_bIsRecording != FALSE)
    {
        return FALSE;
    }
    BOOL bRes = FALSE;
    __try
    {
```

```cpp
//分配缓存
DWORD dwAlign = ConvertAlignBufSize(m_WaveFormatEx,m_dwSizeBuf);
if(m_vtBuf1.size() != dwAlign)
{
    m_vtBuf1.resize(dwAlign);
}
if(m_vtBuf2.size() != dwAlign)
{
    m_vtBuf2.resize(dwAlign);
}
//创建文件
m_hFile = CreateFile(strFile.c_str(), GENERIC_WRITE | GENERIC_READ, NULL,
                     NULL,CREATE_ALWAYS, FILE_ATTRIBUTE_NORMAL, NULL);
if(m_hFile == INVALID_HANDLE_VALUE)
{
    __leave;
}
//写文件头
if(WriteFileHeader(m_hFile,m_WaveFormatEx,0) == FALSE)
{
    __leave;
}
//打开录音设备
if (waveInOpen(&m_hWaveIn,WAVE_MAPPER,&m_WaveFormatEx,
            reinterpret_cast<DWORD>(WaveInProc),
            reinterpret_cast<DWORD>(this),CALLBACK_FUNCTION)
            != MMSYSERR_NOERROR )
{
    __leave;
}
//wave 文件头
m_WaveHdr1.lpData = &m_vtBuf1[0];
m_WaveHdr1.dwBufferLength = m_vtBuf1.size();
m_WaveHdr1.dwBytesRecorded = 0;
m_WaveHdr1.dwUser = 0;
m_WaveHdr1.dwFlags = 0;
m_WaveHdr1.dwLoops = 1;
m_WaveHdr1.lpNext = NULL;
m_WaveHdr1.reserved = 0;
```

```cpp
            waveInPrepareHeader(m_hWaveIn,&m_WaveHdr1,sizeof(m_WaveHdr1));

            m_WaveHdr2.lpData = &m_vtBuf2[0];
            m_WaveHdr2.dwBufferLength = m_vtBuf2.size();
            m_WaveHdr2.dwBytesRecorded = 0;
            m_WaveHdr2.dwUser = 0;
            m_WaveHdr2.dwFlags = 0;
            m_WaveHdr2.dwLoops = 1;
            m_WaveHdr2.lpNext = NULL;
            m_WaveHdr2.reserved = 0;
            waveInPrepareHeader(m_hWaveIn,&m_WaveHdr2,sizeof(m_WaveHdr2));
            //加入缓存
            waveInAddBuffer (m_hWaveIn, &m_WaveHdr1, sizeof(m_WaveHdr1));
            waveInAddBuffer (m_hWaveIn, &m_WaveHdr2, sizeof(m_WaveHdr2));
            //复位标志
            m_bStopRecord = FALSE;
            m_dwSaveBufAfterStop = 0;
            //开始录音
            if(waveInStart(m_hWaveIn) ! = MMSYSERR_NOERROR)
            {
                __leave;
            }
            bRes = TRUE;
        }
        __finally
        {
            if(bRes = = FALSE)
            {
                ReleaseResource();
            }
            else
            {
                m_bIsRecording = TRUE;
            }
        }
        return bRes;
}

void CRecord::SetFormat(const Record::RecordFormat &RecordFormat)
{
    m_WaveFormatEx = ConvertToWaveFormatEx(RecordFormat);
```

```cpp
}
WAVEFORMATEX CRecord::ConvertToWaveFormatEx(const Record::RecordFormat &RecordFormat)
{
    WAVEFORMATEX WaveFormatEx = {0};
    WaveFormatEx.wFormatTag = WAVE_FORMAT_PCM;
    WaveFormatEx.cbSize = 0;        //如果当前格式为PCM,则该参数会被忽略
    switch(RecordFormat.channel)
    {
        case Record::CH_SINGLE:
            WaveFormatEx.nChannels = 1;
            break;
        case Record::CH_DOUBLE:
            WaveFormatEx.nChannels = 2;
            break;
    }
    switch(RecordFormat.samplesPerSec)
    {
        case Record::SPS_11025:
            WaveFormatEx.nSamplesPerSec = 11025;
            break;
        case Record::SPS_22050:
            WaveFormatEx.nSamplesPerSec = 22050;
            break;
        case Record::SPS_44100:
            WaveFormatEx.nSamplesPerSec = 44100;
            break;
    }
    switch(RecordFormat.bitsPerSample)
    {
        case Record::BPS_8:
            WaveFormatEx.wBitsPerSample = 8;
            break;
        case Record::BPS_16:
            WaveFormatEx.wBitsPerSample = 16;
            break;
    }
    WaveFormatEx.nBlockAlign = WaveFormatEx.nChannels * WaveFormatEx.wBitsPerSample / 8;
    WaveFormatEx.nAvgBytesPerSec = WaveFormatEx.nBlockAlign * WaveFormatEx.nSamplesPerSec;
    return WaveFormatEx;
```

```cpp
}

void CRecord::WaveInProc(HWAVEIN hWi,UINT uMsg,DWORD dwInstance,DWORD dwParam1,DWORD dwParam2)
{
    CRecord *pObj = reinterpret_cast<CRecord *>(dwInstance);
    if(pObj == NULL)
    {
        return ;
    }
    switch(uMsg)
    {
        case WIM_CLOSE:
            pObj->OnWimClose(dwParam1,dwParam2);
            break;
        case WIM_DATA:
            pObj->OnWimData(dwParam1,dwParam2);
            break;
        case WIM_OPEN:
            pObj->OnWimOpen(dwParam1,dwParam2);
            break;
    }
}
BOOL CRecord::WriteFileHeader(HANDLE hFile,const WAVEFORMATEX &WaveFormatEx,
                              DWORD dwDataSize)
{
    BOOL bRes = FALSE;
    __try
    {
        if(hFile == INVALID_HANDLE_VALUE )
        {
            __leave;
        }
        //填充结构
        RIFF_CHUNKHEADER WaveHeader;
        WaveHeader.dwCKID = RIFF_FORMAT;
        WaveHeader.dwSize = sizeof(WAVEFORMATEX) + WaveFormatEx.cbSize;
        //DataHeade包含了声音数据
        RIFF_CHUNKHEADER DataHeader;
        DataHeader.dwCKID = RIFF_CHANNEL;
```

```
            DataHeader.dwSize = dwDataSize;
            //The FileHeader
            RIFF_FILEHEADER FileHeader;
            FileHeader.dwRiff = RIFF_FILE;
            FileHeader.dwSize = sizeof(WaveHeader) + WaveHeader.dwSize
                            + sizeof(DataHeader) + DataHeader.dwSize;
            FileHeader.dwWave = RIFF_WAVE;
            SetFilePointer(hFile,0,0,FILE_BEGIN);        //将文件指针设置到开始位置
            DWORD dwWrite = 0;
            //写 RIFF
            if(WriteFile(hFile, &FileHeader, sizeof(FileHeader), &dwWrite, NULL) = = FALSE)
            {
                __leave;
            }
            //写声音文件头
            if(WriteFile(hFile, &WaveHeader, sizeof(WaveHeader), &dwWrite, NULL) = = FALSE)
            {
                __leave;
            }
            //写声音格式
            if(WriteFile(hFile, &WaveFormatEx, WaveHeader.dwSize, &dwWrite, NULL)
                    = = FALSE)
            {
                __leave;
            }
            //写声音数据头
            if (! WriteFile(hFile, &DataHeader, sizeof(DataHeader), &dwWrite, NULL))
            {
                __leave;
            }
            bRes = TRUE;
        }
        __finally
        {}
        return bRes;
}
void CRecord::OnWimOpen(DWORD dwParam1,DWORD dwParam2)
{
    ResetEvent(m_hEventNotify);
```

```cpp
    m_dwSizeData = 0;
}
void CRecord::OnWimData(DWORD dwParam1,DWORD dwParam2)
{
    WAVEHDR * pWaveHdr = reinterpret_cast<WAVEHDR *>(dwParam1);
    if(pWaveHdr = = NULL)
    {
        ASSERT(FALSE);
        waveInClose(m_hWaveIn);
        return;
    }
    //将数据保存到文件中
    DWORD dwWrite = 0;
    if(WriteFile(m_hFile,pWaveHdr->lpData,pWaveHdr->dwBytesRecorded,&dwWrite,NULL)
            = = FALSE)
    {
        ASSERT(FALSE);
        waveInClose(m_hWaveIn);
        return;
    }
    m_dwSizeData + = dwWrite;        //保存数据的大小
    if(m_bStopRecord = = FALSE)
    {
        //循环利用,将已经保存数据的缓存再次提交给系统
        waveInAddBuffer (m_hWaveIn,pWaveHdr,sizeof (WAVEHDR)) ;
    }
    else
    {
        + + m_dwSaveBufAfterStop;
        if(m_dwSaveBufAfterStop > = MAX_BUFFER_COUNT)
        {
            SetEvent(m_hEventNotify);
        }
    }
}
void CRecord::OnWimClose(DWORD dwParam1,DWORD dwParam2)
{
    SetEvent(m_hEventNotify);
}
```

```cpp
BOOL CRecord::Stop()
{
    if(m_bIsRecording == FALSE || m_bStopRecord != FALSE)
    {
        return FALSE;
    }

    m_bStopRecord = TRUE;       //在等待之前,设置停止标志
    WaitForSingleObject(m_hEventNotify,INFINITE);       //等待 OnWimData 函数发送过来的通知事件
    //停止录音
    waveInStop(m_hWaveIn);
    waveInReset(m_hWaveIn);
    //卸载文件头
    waveInUnprepareHeader(m_hWaveIn, &m_WaveHdr1, sizeof(WAVEHDR));
    waveInUnprepareHeader(m_hWaveIn, &m_WaveHdr2, sizeof(WAVEHDR));
    waveInClose(m_hWaveIn);     //关闭录音设备
    WaitForSingleObject(m_hEventNotify,INFINITE);       //等待 OnWimClose 函数发送过来的事件
    WriteFileHeader(m_hFile,m_WaveFormatEx,m_dwSizeData); //更新真正的数据大小

    ReleaseResource();          //释放资源
    m_bIsRecording = FALSE;
    return TRUE;
}
void CRecord::SetBufSize(DWORD dwSize)
{
    m_dwSizeBuf = dwSize;
}
DWORD CRecord::ConvertAlignBufSize(const WAVEFORMATEX &WaveFormatEx,DWORD dwSize)
{
    if(dwSize <= WaveFormatEx.nBlockAlign)
    {
        return WaveFormatEx.nBlockAlign;
    }
    else
    {
        return dwSize - dwSize % WaveFormatEx.nBlockAlign;
    }
}
BOOL CRecord::IsRecording()
```

```
    return m_bIsRecording;
}
void CRecord::ReleaseResource()
{
    m_vtBuf1.swap(std::vector<char>());
    m_vtBuf2.swap(std::vector<char>());
    CloseHandle(m_hFile);
    m_hFile = INVALID_HANDLE_VALUE;
}
```

使用 CRecord 类,将声音保存为 WAV 极其简单:

```
CRecord m_Record;
m_Record.Start(TEXT("\\NAND\\RECORD.WAV"));
```

至于停止录音,也是简单到调用一个 Stop 函数即可:

```
m_Record.Stop();
```

3.2.6 CRecord 实现细节

追求完美的读者可能会觉得,为什么 waveInUnprepareHeader 的调用不放在 WIM_CLOSE 消息的响应函数 OnWimClose 中?想法是不错,但实际是不可行的。因为在回调函数中调用 waveInUnprepareHeader 会导致死锁,从而使程序崩溃。所以在处理 WIM_DATA 消息时,很巧妙地没有调用 waveInUnprepareHeader 来卸载,而是直接把已经录制完毕并且其数据已经写到文件中的缓存作为新录制缓冲区添加。这样既可避免了死锁,又减少了分配内存的花销,可谓一箭双雕。

细心的读者还可能会发现,在 Stop 函数里调用 waveInClose 之前还调用了 waveInReset,这算不算多此一举呢?查阅文档得知,如果在调用 waveInClose 之前,通过 waveInAddBuffer 添加的缓存没有返回释放,则 waveInClose 将调用失败,从另一个角度来说,此时系统将不会回调 WIM_CLOSE 消息。而调用 waveInReset 会导致 WIM_DATA 消息的发送,响应函数 OnWimData 这时可以根据 m_bStopRecord 标志来决定不调用 waveInAddBuffer 添加新的缓存,也就不存在之前所说的调用 waveInClose 时缓存没有正确释放的问题。这就是为什么需要在 waveInClose 函数之前调用 waveInReset 的原因。

3.3 DirectShow

WAV 的播放可以简单地通过 sndPlaySound 来进行,那么 mp3 是否也可以依样画葫芦呢？或许大家都想写下这行代码：

```
sndPlaySound(TEXT("\\NAND\\RECORD.mp3"),SND_FILENAME);
```

可惜实际结局是惨痛的，该函数不支持 mp3 的播放。甚至在 API 函数集群里，也没有任何可以播放 mp3 的函数。这时 COM 技术的身影又浮现于眼前，不过这次使用的是 DirectShow 技术。

3.3.1　播放音频文件

无论是 mp3，还是别的各种各样的音频格式，对于 DirectShow 的基本调用流程而言，都是一致的。唯一的区别，仅仅是返回解码器的实例不一样，而这仅有的区别却往往又淹没于同样的调用流程之中。

本节接下来所描述的调用方式，不仅针对 mp3，只要是系统 DirectShow 支持的音频格式，都能一视同仁进行播放。

不知道读者对于之前显示 JPG 的代码是否有印象？那时在调用之前必须先和 CoInitializeEx 打个招呼，那现在的 DirectShow 呢？答案是，无论名字怎么变，本质上还是 COM 技术，如果想使用 DirectShow，还是得先给 CoInitializeEx 报个到。相对应，如果离开闪人了，也得和 CoUninitialize 说一声。

打完招呼，就要开始干实事。首先要创建一个 GraphBuilder（图像建造者，norains 觉得这翻译有点奇怪，还是直接英文吧～）：

```
//创建 GraphBuilder
CoCreateInstance(CLSID_FilterGraph, NULL,
                 CLSCTX_INPROC_SERVER, IID_IGraphBuilder,(void * *)&m_pGB);
```

这 GraphBuilder 可是老大，能不能播放指定的文件，就靠它发话了。作为老大，自然一马当先，看看指定的文件合不合口味：

```
//打开指定的文件
if(SUCCEEDED(m_pGB->RenderFile(TEXT("\\ABC.mp3"), NULL)) = = FALSE)
{
    return FALSE;    //文件打开失败
}
```

如果老大满意了，觉得这文件还不错，就该请出小弟干活了。这几个小弟分别是 IMediaControl、IMediaEventEx、IMediaSeeking 和 IBasicAudio，其身怀的绝技如表 3.3.1 所列。

表 3.3.1 Audio Interface 功能

函 数	功 能
IMediaControl	暂停,停止,播放
IMediaEventEx	获取通知事件
IMediaSeeking	获取或设置播放进度,设置播放速率,获取总时长等
IBasicAudio	设置声音大小,设置左右音量平衡

请小弟出山的代码如下:

```
m_pGB->QueryInterface(IID_IMediaControl, (void **)&m_pMC);    //IMediaControl
m_pGB->QueryInterface(IID_IMediaEventEx, (void **)&m_pME);    //IMediaEventEx
m_pGB->QueryInterface(IID_IMediaSeeking, (void **)&m_pMS);    //IMediaSeeking
m_pGB->QueryInterface(IID_IBasicAudio, (void **)&m_pBA);      //IBasicAudio
```

一般来说,老大点头答应了,作为小弟的基本上没有出山失败的。如果万一还真不小心遇上出山失败的小弟,只能自认倒霉,好好去查查底层的 filter 了。

小弟成功请出来了,它们就能向各位读者亮出自己的绝技了,首先请 IMediaControl 出场:

```
m_pMC->Run();        //播放
m_pMC->Pause();      //暂停
m_pMC->Stop();       //停止
```

IMediaControl 的绝技简单明了,播放、暂停、停止就是它的拿手活。那么 IBasicAudio 又有什么什么绝活呢? 一起来看看:

```
m_pBA->get_Volume(lVolume);      //获取当前音量
m_pBA->get_Balance(lBalance);    //获取当前声音平衡量
m_pBA->put_Volume(lVolume);      //设置当前音量
m_pBA->put_Balance(lBalance);    //设置当前声音平衡量
```

不过这里需要注意的是,对于 Volume,数值范围是 -10 000~0,声音最大是 0。而 Balance 则是 -1 000~10 000,为 0 时是左右平衡。

秀完了 IMediaControl,就轮到 IMediaSeeking 上场了:

```
m_pMS->GetDuration(llDuration);                              //获取当前文件的总时间
m_pMS->GetAvailable(llAvailableEarliest, llAvailableLatest); //获取当前文件可以设置的
                                                             //最小和最大时间
m_pMS->SetRate(dRate);                                       //设置播放的速率
m_pMS->GetRate(&dRate);                                      //获取播放的速率
```

```
m_pMS->GetCurrentPosition(pllPos);                    //获取当前播放时间
//设置当前播放时间点
m_pMS->SetPositions(&llPos,AM_SEEKING_AbsolutePositioning,
                    NULL,AM_SEEKING_NoPositioning);
```

看到这里,可能很多读者觉得有点不对劲了,似乎还少了点什么。比如说,有没有办法在播放结束后就能立刻得到通知呢?别急,IMediaEventEx 小弟不是还没出来么!不过 IMediaEventEx 小弟就没有前面 3 个那么单纯直接了。

首先要为 IMediaEventEx 小弟准备展示的舞台,也就是给它设置一个通知窗口:

```
//设置通知窗口
m_pME->SetNotifyWindow((OAHWND)hWnd,MYMSG_NOTIFY, lInstanceData);
```

MYMSG_NOTIFY 是自定义的消息,只要不和现有的消息重复即可;而 lInstanceData 则是伴随着 MYMSG_NOTIFY、以 lParam 形式传递过来的数值。通俗的说,如果窗口的消息处理函数为 WndProc,为了捕获 DirectShow 发送的通知消息,可以添加如下代码:

```
LRESULT WndProc(HWND hWnd, UINT wMsg, WPARAM wParam, LPARAM lParam)
{
    switch(wMsg)
    {
        case MYMSG_NOTIFY:
        {
            //接收到 DirectShow 发送过来的通知消息
        }
        ...
    }
    ...
}
```

当接收到通知消息时,就是 IMediaEventEx 小弟展示其本领的时候:

```
LONG evCode, evParam1, evParam2;
m_pME->GetEvent(&evCode, &evParam1, &evParam2, 0);     //获取事件相关信息
m_pME->FreeEventParams(evCode, evParam1, evParam2);    //释放事件形参
```

其实直到这里,也没怎么看得出来 IMediaEventEx 的作用。但只要注意 evCode 的值,一切就恍然大悟了:收到 EC_COMPLETE,意味着当前文件播放结束;收到 EC_SHUTTING_DOWN 意味着 filter 要开始关闭;诸如此类。由此,IMediaEventEx 除了主动设置通知窗口以外,其他都是被动接收到消息然后才开始反应,这是它和其余 3 个小弟最大的不同。

当一切都要结束的时候,就要开始资源的释放了。小弟们的次序可以颠倒,但老大一定要

第3章 多媒体

最后释放：

```
m_pMC->Release();
m_pME->SetNotifyWindow(NULL,NULL,NULL);
m_pME->Release();
m_pMS->Release();
m_pBA->Release();
m_pGB->Release();
```

综上所述，如果只是简单地播放 mp3 文件，那么可以有如下代码：

```
IGraphBuilder *m_Pgb = NULL;
IMediaControl *m_pMC = NULL;

//创建 GraphBuilder
CoCreateInstance(CLSID_FilterGraph, NULL, CLSCTX_INPROC_SERVER,
                 IID_IGraphBuilder,(void **)&m_pGB);
m_pGB->RenderFile(TEXT("\\test.mp3"), NULL);              //打开播放文件
m_pGB->QueryInterface(IID_IMediaControl, (void **)&m_pMC); //创建 IMediaControl
m_pMC->Run();                                             //开始播放

//不再使用 DirectShow,释放资源
m_pMC->Release();
m_pGB->Release();
```

3.3.2 播放视频文件

在上一节中成功播放了音频文件，那么对于视频文件呢？是不是也一样的流程？先暂时搁下这个问题，来看看视频文件。简单来说，视频文件其实无非就是声音和图像相结合。声音，也就是音频，可以用上一节的几个小弟解决；而对于视频，仅仅是在之前小弟的基础上增加两个帮手而已，它俩分别是 IVideoWindow 和 IBasicVideo。还是和之前一样，先看看它俩的绝招，如表 3.3.2 所列。

表 3.3.2　Video Interface

函　数	功　能
IBasicVideo	获取视频大小，获取比特率
IVideoWindow	设置播放的窗口，判断是否视频，设置全屏

请这两个小弟出山的方式和之前并无不同：

```
m_pGB->QueryInterface(IID_IBasicVideo, (void **)&m_pBV);   //IBasicVideo
m_pGB->QueryInterface(IID_IVideoWindow, (void **)&m_pVW);  //IVideoWindow
```

之前的小弟都表演过各自的拿手绝活，自然也不能放过这两个新帮手，所以，先让 IBasicVideo 秀一把：

```
m_pBV->get_BitRate(&prop.lBitRate);            //获取比特率
m_pBV->GetVideoSize(&prop.lWidth,&prop.lHeight);   //获取视频大小
```

接下来就是 IVideoWindow 小弟的出场了，相对而言，它的绝活还真不少：

```
//设置全屏模式。OATRUE 为全屏，OAFALSE 为正常模式
m_pVW->put_FullScreenMode(OATRUE);
//设置视屏在窗口播放的位置
m_pVW->put_Left(0);
m_pVW->put_Top(0);
m_pVW->put_Width(800);
m_pVW->put_Height(480);
m_pVW->put_MessageDrain((OAHWND)hWnd);    //设置接收消息的窗口
m_pVW->put_Visible(OAFALSE);              //设置视频是否可见
m_pVW->put_Owner((OAHWND)hWnd);           //设置播放的窗口
//设置播放窗口的类型
m_pVW->put_WindowStyle(WS_CHILD | WS_CLIPSIBLINGS | WS_CLIPCHILDREN);
```

绝活介绍完了，最后再来看看以一种最简单的方式播放一个视频：

```
IGraphBuilder * m_Pgb = NULL;
IMediaControl * m_pMC = NULL;
//创建 GraphBuilder
CoCreateInstance(CLSID_FilterGraph, NULL, CLSCTX_INPROC_SERVER,
                 IID_IGraphBuilder,(void * *)&m_pGB);
m_pGB->RenderFile(TEXT("\\test.avi"), NULL);              //打开播放文件
m_pGB->QueryInterface(IID_IMediaControl, (void * *)&m_pMC);   //创建 IMediaControl
m_pGB->QueryInterface(IID_IVideoWindow, (void * *)&m_pVW);    //创建 IVideoWindow
m_pVW->put_Owner((OAHWND)hWnd);            //设置播放的窗口
m_pVW->put_FullScreenMode(OATRUE);         //设置全屏模式
m_pVW->put_Visible(OATRUE);                //设置视频可见
m_pMC->Run();                              //开始播放
//不再使用 DirectShow,释放资源
m_pMC->Release();
m_pGB->Release();
```

3.3.3 CMedia 封装简化

既然音频和视频的播放都是大同小异，为什么不采用一种简单的方式来应付呢？所以这

第 3 章 多媒体

时候，CMedia 横空出世了。在下载资料中也有相应的源代码。

```cpp
//////////////////////////////////////////////////////////////
//Media.h : interface for the CMedia class.
//////////////////////////////////////////////////////////////
#pragma once
#include "stdafx.h"
#include <streams.h>
#include <mmsystem.h>
#include "wndbase.h"
namespace Media
{
    //声音的数值
    const long MAX_VOLUME = 0;
    const long MIN_VOLUME = -10000;
    //平衡量数值
    const long MAX_BALANCE = 10000;
    const long MIN_BALANCE = -10000;
    enum Mode
    {
        MODE_FIT,                   //保持视频原比例大小填充整个窗口
        MODE_STRETCH,               //拉伸视频至填满整个窗口
        MODE_FULLSCREEN,            //全屏播放
        MODE_NATIVE                 //按视屏大小播放
    };
    struct Property
    {
        LONG lVolume;               //声音
        LONG lBalance;              //声音平衡量
        LONG lWidth;                //视频宽度
        LONG lHeight;               //视屏高度
        LONG lBitRate;              //比特率
        LONGLONG llDuration;        //总播放时间
        LONGLONG llAvailableEarliest;  //可以设置的最小时间点
        LONGLONG llAvailableLatest;    //可以设置的最大时间点
    };
};
class CMedia
{
public:
```

```
//---------------------------------------------------------------
//Description:
//      获取当前播放模式
//---------------------------------------------------------------
Media::Mode GetMode() const;
//---------------------------------------------------------------
//Description:
//      设置当前播放时间
//Parameters:
//      llPos:[in]设置的时间点
//---------------------------------------------------------------
BOOL SetPosition(LONGLONG llPos) const;

//---------------------------------------------------------------
//Description:
//      获取当前播放的时间点
//Parameters:
//      pllPos:[out]用来保存当前时间点
//---------------------------------------------------------------
BOOL GetPosition(LONGLONG *pllPos) const;

//---------------------------------------------------------------
//Description:
//      获取播放速率
//Parameters:
//      dRate:[out] 存储当前速率
//---------------------------------------------------------------
BOOL GetRate(double &dRate) const;

//---------------------------------------------------------------
//Description:
//      设置播放速率
//Parameters
//      dRate:[in] 新的播放速率值
//---------------------------------------------------------------
BOOL SetRate(double dRate) const;

//---------------------------------------------------------------
//Description:
//      获取通知时间
//---------------------------------------------------------------
BOOL GetEvent(LONG *plEvCode, LONG *plParam1, LONG *plParam2) const;
```

```
//-------------------------------------------------------------------
//Description:
//     注册通知窗口。播放过程中,该窗口会接收到相应信息
//Parameters:
//     hWnd:[in] 接收消息的窗口句柄
//     wMsg:[in] 有通知时会发送该消息
//     lInstanceData:[in] 伴随着消息发送的数值
//-------------------------------------------------------------------
BOOL SetNotifyWindow(HWND hWnd, UINT wMsg,long lInstanceData);

//-------------------------------------------------------------------
//Description:
//     设置 DirectShow 的声音,在调用该函数前,必须先调用 Open 函数
//Parameters:
//     lVolume:[in] 声音大小,范围为 -10 000~0
//     lBalance:[in] 音量的平衡值,默认为 0,范围为 -10 000~10 000
//-------------------------------------------------------------------
BOOL SetVolume(LONG lVolume, LONG lBalance = 0) const;

//-------------------------------------------------------------------
//Description:
//     设置播放的模式,该函数应该 SetVideoWindow 之后调用
//-------------------------------------------------------------------
BOOL SetMode(Media::Mode mode);

//-------------------------------------------------------------------
//Description:
//     获取媒体文件的属性,在调用该函数前,必须先调用 Open 函数
//Parameters:
//     prop:[out] 存储属性变量
//-------------------------------------------------------------------
BOOL GetProperty(Media::Property &prop) const;

//-------------------------------------------------------------------
//Description:
//     关闭,并释放资源
//-------------------------------------------------------------------
void Close();

//-------------------------------------------------------------------
//Description:
//     确认是否为视频文件
//Parameters:
```

```
//            TRUE：视频文件      FALSE：费视频文件
//-------------------------------------------------------------
BOOL IsVisibility() const;

//-------------------------------------------------------------
//Description：
//      设置播放的窗口
//Parameters：
//      pWndVideo：[in]新的播放串口      pDispArea：[in]播放的区域
//-------------------------------------------------------------
BOOL SetVideoWindow(CWndBase *pWndVideo,const RECT *pDispArea = NULL);

//-------------------------------------------------------------
//Description：
//      打开媒体文件,如果成功打开,需要调用Close释放资源
//Parameters：
//      strFile：[in] The file path to open
//-------------------------------------------------------------
BOOL Open(const TSTRING &strFile);

//-------------------------------------------------------------
//Description：
//      停止播放
//-------------------------------------------------------------
BOOL Stop() const;

//-------------------------------------------------------------
//Description：
//      暂停
//-------------------------------------------------------------
BOOL Pause() const;

//-------------------------------------------------------------
//Description：
//      播放
//-------------------------------------------------------------
BOOL Play() const;

//-------------------------------------------------------------
//Description：
//      构造和析构函数
//-------------------------------------------------------------
CMedia();
```

```cpp
    virtual ~CMedia();
private:
    IGraphBuilder  * m_pGB;
    IMediaControl  * m_pMC;
    IMediaEventEx  * m_pME;
    IVideoWindow   * m_pVW;
    IBasicAudio    * m_pBA;
    IBasicVideo    * m_pBV;
    IMediaSeeking  * m_pMS;
    TSTRING m_strFile;
    CWndBase * m_pWndVideo;
    RECT m_rcDispArea;
    Media::Mode m_Mode;
};

//////////////////////////////////////////////////////////////////////
//Media.cpp: implementation of the CMedia class.
//////////////////////////////////////////////////////////////////////
#include "Media.h"
#include "objbase.h"
#pragma comment (lib,"Ole32.lib")
#pragma comment (lib,"Strmiids.lib")
CMedia::CMedia():
m_pGB(NULL),
m_pMC(NULL),
m_pME(NULL),
m_pVW(NULL),
m_pBA(NULL),
m_pBV(NULL),
m_pMS(NULL),
m_Mode(Media::MODE_NATIVE),
m_pWndVideo(NULL)
{
    CoInitializeEx(NULL, COINIT_MULTITHREADED);
    memset(&m_rcDispArea,0,sizeof(m_rcDispArea));
}
CMedia::~CMedia()
{
    CoUninitialize();
```

```cpp
}
BOOL CMedia::Play() const
{
    if(m_pMC = = NULL)
    {
        return FALSE;
    }
    return SUCCEEDED(m_pMC->Run());        //开始播放媒体文件
}
BOOL CMedia::Pause() const
{
    if(m_pMC = = NULL)
    {
        return FALSE;
    }
    return SUCCEEDED(m_pMC->Pause());
}
BOOL CMedia::Stop() const
{
    if(m_pMC = = NULL || m_pMS = = NULL)
    {
        return FALSE;
    }
    HRESULT hr;
    hr = m_pMC->Stop();
    SetPosition(0);
    return SUCCEEDED(hr);
}
BOOL CMedia::Open(const TSTRING &strFile)
{
    BOOL bResult = FALSE;
    m_strFile = strFile;
    __try
    {
        //Check the file existing
        HANDLE hdFile = CreateFile(m_strFile.c_str(),GENERIC_READ,FILE_SHARE_READ,
                           NULL,OPEN_EXISTING,NULL,NULL);
        if(hdFile = = INVALID_HANDLE_VALUE)
        {
```

```cpp
        __leave;        //文件不存在
    }
    else
    {
        CloseHandle(hdFile);
    }
    //获得 GraphBuilder
    if(SUCCEEDED(CoCreateInstance(CLSID_FilterGraph, NULL, CLSCTX_INPROC_SERVER,
                    IID_IGraphBuilder, (void **)&m_pGB)) == FALSE)
    {
        __leave;
    }
    //确认文件是否能够被播放
    if(SUCCEEDED(m_pGB->RenderFile(m_strFile.c_str(), NULL)) == FALSE)
    {
        __leave;
    }
    //获取 DirectShow 相应的接口
    if(SUCCEEDED(m_pGB->QueryInterface(IID_IMediaControl, (void **)&m_pMC))
            == FALSE)
    {
        __leave;
    }
    if(SUCCEEDED(m_pGB->QueryInterface(IID_IMediaEventEx, (void **)&m_pME))
            == FALSE)
    {
        __leave;
    }
    if(SUCCEEDED(m_pGB->QueryInterface(IID_IMediaSeeking, (void **)&m_pMS))
            == FALSE)
    {
        __leave;
    }
    //获取视频控制接口,不过这些接口对纯音频文件无效
    if(SUCCEEDED(m_pGB->QueryInterface(IID_IVideoWindow, (void **)&m_pVW))
            == FALSE)
    {
        __leave;
    }
```

```
        if(SUCCEEDED(m_pGB->QueryInterface(IID_IBasicVideo,(void * *)&m_pBV))
                    ==FALSE)
        {
            __leave;
        }
        if(IsVisibility()==FALSE)
        {
            //这是音频文件,不需要视频的filter
            if(m_pVW!=NULL)
            {
                m_pVW->put_Visible(OAFALSE);
                m_pVW->put_Owner(NULL);
            }
            if(m_pBV!=NULL)
            {
                m_pBV->Release();
                m_pBV=NULL;
            }
            if(m_pVW!=NULL)
            {
                m_pVW->Release();
                m_pVW=NULL;
            }
        }
        //获取音频控制接口
        if(SUCCEEDED(m_pGB->QueryInterface(IID_IBasicAudio,(void * *)&m_pBA))
                    ==FALSE)
        {
            __leave;
        }
        SetMode(m_Mode);    //设置播放模式
        bResult=TRUE;
    }
    __finally
    {
        if(bResult==FALSE)
        {
            //Release the resource
            Close();
```

```
        }
        return bResult;
}
BOOL CMedia::SetVideoWindow(CWndBase * pWndVideo,const RECT * pDispArea)
{
    m_pWndVideo = pWndVideo;
    memset(&m_rcDispArea,0,sizeof(0));
    if(m_pWndVideo = = NULL)
    {
        ASSERT(FALSE);
        return FALSE;
    }
    if(pDispArea ! = NULL)
    {
        m_rcDispArea = * pDispArea;
    }
    else
    {
        GetWindowRect(m_pWndVideo- >GetWindow(),&m_rcDispArea);
        m_rcDispArea.right = m_rcDispArea.right - m_rcDispArea.left;
        m_rcDispArea.bottom = m_rcDispArea.bottom - m_rcDispArea.top;
        m_rcDispArea.left = 0;
        m_rcDispArea.top = 0;
    }
    if(m_pVW = = NULL)
    {
        return FALSE;
    }
    //如果不设置 WS_CLIPCHILDREN 属性,父窗口可能会不停地刷新子窗口所在的区域,
    //从而导致无法正常播放视频
    HWND hWndParent = m_pWndVideo- >GetWindow();
    while(hWndParent ! = NULL)
    {
        ::SetWindowLong(hWndParent,GWL_STYLE,
                GetWindowLong(hWndParent,GWL_STYLE) | WS_CLIPCHILDREN);
        hWndParent = GetParent(hWndParent);
    }
    if(FAILED(m_pVW- >put_Owner(
```

```cpp
                        reinterpret_cast<OAHWND>(m_pWndVideo->GetWindow())))) 
    {
        return FALSE;
    }
    if(FAILED(m_pVW->put_WindowStyle(WS_CHILD |
                                    WS_CLIPSIBLINGS | WS_CLIPCHILDREN)))
    {
        return FALSE;
    }
    return SetMode(m_Mode);        //设置播放模式
}
BOOL CMedia::IsVisibility() const
{
    if (m_pVW == NULL)
    {
        return FALSE;      //无视频接口,意味着当前文件不是视频文件
    }
    if (m_pBV == NULL)
    {
        return FALSE;           //无音频接口,意味着当前文件无音频
    }
    //如果当前文件仅仅是音频文件,则调用 get_Visible 会失败
    //同样,如果不支持该视频文件编码,调用 get_Visible 也会失败
    long lVisible = 0;
    return SUCCEEDED(m_pVW->get_Visible(&lVisible));
}
void CMedia::Close()
{
    if(m_pVW != NULL)
    {
        m_pVW->put_Visible(OAFALSE);
        m_pVW->put_Owner(NULL);
    }
    if(m_pMC != NULL)
    {
        m_pMC->Release();
        m_pMC = NULL;
    }
    if(m_pME != NULL)
```

```cpp
        {
            m_pME->SetNotifyWindow(NULL,NULL,NULL);
            m_pME->Release();
            m_pME = NULL;
        }
        if(m_pMS != NULL)
        {
            m_pMS->Release();
            m_pMS = NULL;
        }
        if(m_pBV != NULL)
        {
            m_pBV->Release();
            m_pBV = NULL;
        }
        if(m_pBA != NULL)
        {
            m_pBA->Release();
            m_pBA = NULL;
        }
        if(m_pVW != NULL)
        {
            m_pVW->Release();
            m_pVW = NULL;
        }
        if(m_pGB != NULL)
        {
            m_pGB->Release();
            m_pGB = NULL;
        }
        m_strFile.swap(TSTRING());
}
BOOL CMedia::GetProperty(Media::Property &prop) const
{
    if(m_pBA == NULL && m_pBV == NULL && m_pMS == NULL)
    {
        return FALSE;
    }
    //获取音频的属性
```

```cpp
    if(m_pBA ! = NULL)
    {
        m_pBA->get_Volume(&prop.lVolume);
        m_pBA->get_Balance(&prop.lBalance);
    }
    //获取视频属性
    if(IsVisibility() = = TRUE && m_pBV ! = NULL)
    {
        m_pBV->get_BitRate(&prop.lBitRate);
        m_pBV->GetVideoSize(&prop.lWidth,&prop.lHeight);
    }
    //获取搜索属性
    if(m_pMS ! = NULL)
    {
        m_pMS->GetDuration(&prop.llDuration);
        m_pMS->GetAvailable(&prop.llAvailableEarliest,&prop.llAvailableLatest);
    }
    return TRUE;
}
BOOL CMedia::SetMode(Media::Mode mode)
{
    if(m_pVW = = NULL)
    {
        return FALSE;
    }
    if(m_pWndVideo = = NULL)
    {
        m_pVW->put_Left(0);
        m_pVW->put_Top(0);
        m_pVW->put_Width(0);
        m_pVW->put_Height(0);
        return FALSE;
    }
    m_Mode = mode;

    if(mode = = Media::MODE_FULLSCREEN)
    {
        m_pVW->put_FullScreenMode(OATRUE);
    }
```

```cpp
        else
        {
            m_pVW->put_FullScreenMode(OAFALSE);      //回复到正常模式
            LONG lWndWidth = m_rcDispArea.right - m_rcDispArea.left;
            LONG lWndHeight = m_rcDispArea.bottom - m_rcDispArea.top;
            //获取媒体的相关属性
            Media::Property prop = {0};
            GetProperty(prop);

            if(mode == Media::MODE_FIT || mode == Media::MODE_NATIVE)
            {
                LONG lDispLeft,lDispTop,lDispWidth,lDispHeight;
                if(mode == Media::MODE_NATIVE && lWndWidth >= prop.lWidth &&
                   lWndHeight >= prop.lHeight)
                {
                    lDispLeft = (lWndWidth - prop.lWidth) / 2 + m_rcDispArea.left;
                    lDispTop = (lWndHeight - prop.lHeight) / 2 + m_rcDispArea.top;
                    lDispWidth = prop.lWidth ;
                    lDispHeight = prop.lHeight ;
                }
                else
                {
                    if(prop.lWidth * lWndHeight > lWndWidth * prop.lHeight)
                    {
                        lDispWidth = lWndWidth;
                        lDispHeight = static_cast<LONG>(static_cast<float>(prop.lHeight *
                                      lWndWidth) / static_cast<float>(prop.lWidth));
                        lDispLeft = m_rcDispArea.left;
                        lDispTop = (lWndHeight - lDispHeight) / 2 + m_rcDispArea.top;
                    }
                    else if(prop.lWidth * lWndHeight < lWndWidth * prop.lHeight)
                    {
                        lDispHeight = lWndHeight;
                        lDispWidth = static_cast<LONG>(static_cast<float>(prop.lWidth *
                                     lWndHeight) /static_cast<float>(prop.lHeight));
                        lDispLeft = (lWndWidth - lDispWidth) / 2 + m_rcDispArea.left;
                        lDispTop = m_rcDispArea.top;
                    }
                    else
                    {
```

```cpp
                    lDispWidth = lWndWidth;
                    lDispHeight = lWndHeight;
                    lDispLeft = m_rcDispArea.left;
                    lDispTop = m_rcDispArea.top;
                }
            }
            m_pVW->put_Left(lDispLeft);
            m_pVW->put_Top(lDispTop);
            m_pVW->put_Width(lDispWidth);
            m_pVW->put_Height(lDispHeight);
        }
        else if(mode == Media::MODE_STRETCH)
        {
            m_pVW->put_Left(m_rcDispArea.left);
            m_pVW->put_Top(m_rcDispArea.top);
            m_pVW->put_Width(lWndWidth);
            m_pVW->put_Height(lWndHeight);
        }
    }
    return TRUE;
}
BOOL CMedia::SetVolume(LONG lVolume, LONG lBalance) const
{
    if(m_pBA == NULL)
    {
        return FALSE;
    }
    if(lVolume < Media::MIN_VOLUME && lVolume > Media::MAX_VOLUME &&
            lBalance < Media::MIN_BALANCE && lBalance > Media::MAX_BALANCE)
    {
        return FALSE;
    }
    m_pBA->put_Volume(lVolume);
    m_pBA->put_Balance(lBalance);
    return TRUE;
}
BOOL CMedia::SetNotifyWindow(HWND hWnd, UINT wMsg, long lInstanceData)
{
    if(m_pME == NULL)
```

```
        {
            return FALSE;
        }
        HRESULT hr;
        hr = m_pME->SetNotifyWindow((OAHWND)hWnd,wMsg,lInstanceData);
        if(FAILED(hr))
        {
            return FALSE;
        }
        if(IsVisibility() == TRUE && m_pVW != NULL)
        {
            hr = m_pVW->put_MessageDrain((OAHWND)hWnd);
        }
        return SUCCEEDED(hr);
}
BOOL CMedia::GetEvent(LONG *plEvCode, LONG *plParam1, LONG *plParam2) const
{
        if(m_pME == NULL)
        {
            return FALSE;
        }
        LONG evCode, evParam1, evParam2;
        if(SUCCEEDED(m_pME->GetEvent(&evCode, &evParam1, &evParam2, 0)) == TRUE)
        {
            *plEvCode = evCode;
            *plParam1 = evParam1;
            *plParam2 = evParam2;
            m_pME->FreeEventParams(evCode, evParam1, evParam2);    //释放事件形参
        }
        else
        {
            return FALSE;
        }
        return TRUE;
}
BOOL CMedia::SetRate(double dRate) const
{
        if(m_pMS == NULL)
        {
```

```cpp
        return FALSE;
    }
    return SUCCEEDED(m_pMS->SetRate(dRate));
}
BOOL CMedia::GetRate(double &dRate) const
{
    if(m_pMS == NULL)
    {
        return FALSE;
    }
    return SUCCEEDED(m_pMS->GetRate(&dRate));
}
BOOL CMedia::GetPosition(LONGLONG * pllPos) const
{
    if(m_pMS == NULL)
    {
        return FALSE;
    }
    return SUCCEEDED(m_pMS->GetCurrentPosition(pllPos));
}
BOOL CMedia::SetPosition(LONGLONG llPos) const
{
    if(m_pMS == NULL)
    {
        return FALSE;
    }
    return SUCCEEDED(m_pMS->SetPositions(&llPos,AM_SEEKING_AbsolutePositioning,
                    NULL,AM_SEEKING_NoPositioning));
}
Media::Mode CMedia::GetMode() const
{
    return m_Mode;
}
```

有了 CMedia,自然不能让它闲着。现在就来看看它带来的便利性,以播放一个视频文件为例:

```cpp
CMedia m_Media;
m_Media.Open(TEXT("\\NAND\\Test.avi"));        //打开视频文件
m_Media.SetVideoWindow(pWndMain);              //设置播放的视频窗口
```

```
m_Media.Stop();                      //停止播放
m_Media.Close();                     //关闭,释放资源
```

3.3.4 CMedia 与播放格式

有个很有意思的问题：CMedia 能播放什么样的格式？它可能任何文件都无法播放,也可能是百无禁忌,秒杀大部分视频。为什么同样的源代码,却能得到如此截然不同的结果呢？

先简单地看一下图 3.3.1 所示的 DirectShow 的最基础框架。

其实详尽的完整框图不仅止于此,但那些多余的部分对现在的主题并无过多的帮助,故在此不表示。首先看一下框图最中间的"系统"。这个最好理解,也没什么可说的,就是 Windows CE 系统。其次是调用者,即播放器,也就是文中的 CMedia,它通过一定的协议,向系统咨询媒体文件的播放。最后是 filter,其实际是解码器,能不能播放,播放的效果如何,都取决于该部分。而这 3 部分之中,只有相邻的是可见的。比如播放器只知道系统,filter 也只知道系统,而播放器和 filter 两者是无法互相知晓的。

图 3.3.1　DirectShow 架构

那为什么同样的 CMedia 在不同的系统下播放的情况完全不同呢？以一个非常简单的例子说明。

学校要举行校际比赛,需要找一个跑步跑得快的学生。体育老师走到班级 A 门口问："有谁跑步跑得快的？"没人回答。然后体育老师走到班级 B 门口问："有谁跑步跑得快的？"这时候小明站出来了。

对于这个例子,体育老师就相当于调用者,问话内容就是协议,不同的班级就相当于不同的系统,小明那就想当然的是 filter。

体育老师(调用者)还是原来的体育老师,问话的内容(协议)也是相同的,但在不同的班级(系统),得到的结果是不同的(一个能满足要求,另一个则否)。

具体到本小节最前面的情况,就很容易解释了。虽然是同样的 CMedia 代码,但在不同的系统里,因为所具备的 filter 不同,所以播放情形就迥然不同。

那系统的差异性是如何造成的呢？其实在系统编译情况下已经决定了。在定制系统时,系统工程师有没有选择相应的 filter,决定了你后期播放器的兼容程度。当然,这些 filter 在 Windows CE 下是很少的,更多依赖的是 BSP 厂家的功力。

最后说一下,这个和网络上流行的 TCP/MP 播放器是不同的。TCP/MP 并不是采用标准的 directshow,而是自己有解码库,是采用自己的库来解码的,完全不依赖于系统。这样有好处也有坏处：好处是播放的格式固定,在这个系统能解码,那么在另外一个系统自然也能工作正常；坏处是,很多 BSP 厂家都会根据自己的硬件来做 filter,以加快解码速度,而这些 filter 无法为其所用,造成同样的硬件平台,用 TCP/MP 播放会比用 directshow 播放更为不流畅。

3.4 同步显示歌词原理

很多读者对同步显示歌词很感兴趣,其实确切的说,这并不是一件很困难的事情。本节探究的歌词显示类似于 MTV 的形式,同屏显示双行歌词。当任意一行歌词的显示超过限定的时间,则自动切换。

总体上来说,关键点有两个:一是获取当前曲目的时间;二是歌词的存储和获取。

首先来看第 1 点。如果要显示歌词,首要必须知道当前播放的位置。如果采用之前封装好的 CMedia 类,那么获取当前时间则是一件非常简单的事情:

```
m_Media.GetPosition(pllPos);
```

返回的是一个 LONG LONG 类型,单位为 100 ns,足够用来表示文件的播放长度。

位置已经获取,接下来需要做的是歌词应该如何处理。一般 MP3 的歌词文件后缀名为 LRC,可以直接用记事本打开,里面的内容类似于如此:

[00:00.18]死了都要爱
[00:03.64]不淋漓尽致不痛快
[00:07.54]感情多深只有这样
[00:12.30]才足够表白
[00:14.62]死了都要爱
[00:18.01]不哭到微笑不痛快

简单来说,也就是"时间标签"+"显示内容"。

以双行显示为例,当通过 GetPosition 函数获取的时间为"00:11:12"的时候,那么在屏幕上显示的歌词应该是:"感情多深只有这样"和"才足够表白",或是"才足够表白"和"死了都要爱"。那么接下来最为重要的是,获取的歌词该如何存储才能最快地显示出来。

回头看一下歌词文件的时间标签,为了和 CMedia 的 GetPosition 获取的数值单位一致,需要对时间标签的数值做转换。如果时间文本为"00:18.01",那么转换为以 100 ns 为单位的 LONG LONG 类型数据则是:

```
(LONGLONG)(00 * 60 + 18) * (10 * 1000 * 1000) + (LONGLONG)01 * 10 * 1000;
```

为了能做到最快捷的获取,声明一个结构体 TIMETAB:

```
typedef struct
{
    LONGLONG llTime;
    DWORD dwIndex;
}TIMETAB, * PTIMETAB;
```

llTime 表示歌词文件里的时间，dwIndex 是字符串序列的序号。因为字符串为 TSTRING 类型，存储于 vector 当中，所以可以通过序号获取：

```
std::vector<TSTRING> vtLyric;
```

首先根据获取的标签数量，动态分配声明一个 vector：

```
std::vector< TIMETAB > vtTmeTab(m_iPartAmount);
```

然后存储相关数据：

```
TIMETAB timeTab = {ConvertTime(strTime),& vtLyric [index]};
vtTmeTab.push_back(timeTab);
```

使用时，可根据序号获取相应的歌词：

```
TSTRING strLyric = vtLyric [vtTimeTab[0].dwIndex];
```

这时只要显示 strLyric 指向的字符串即可。

回头看看为什么在 TIMETAB 不是直接以 TSTRING 存储相应的歌词，而是以 dwIndex 为索引进而在 vtLyric 中获取。因为实际情形是，可能有多个时间标签对应于一句歌词，例如：

```
[02:27.07][00:49.61]还可以呼吸 心跳也还规律
[02:32.85][00:55.87]只除了寂寞
[02:34.55][00:57.68]它还不肯马上就平息
```

假设"还可以呼吸　心跳也还规律"在 vtLyric 中存储的索引为 3，则 TIMETAB 数组在"02:27.07"和"00:49.61"时间段都可以指向 3。这对内存的节约是非常明显的，而在嵌入式设备中，这样的节约又极为重要。所以将存储和索引分离，是一个非常重要的方式。

最后就是如何控制显示了。简单点可以设想，一句歌词，最短的切换时间不应该少于 1 s。所以可以建立一个线程，在该线程中，每隔 1 s 获取一次当前歌曲的时间，然后再查找索引，判断是否更新歌词列。

一个简单的行之有效的查找算法可以如下，其中 m_iPartCurIndex 为当前的索引号，llCurTime 为当前调用 GetCurrentPosition 获取的时间：

```
while(TRUE)
{
    if(vtTmeTab [m_iPartCurIndex].llTime < llCurTime)
    {
        break;
    }
    m_iPartCurIndex - -;
```

```
        if(m_iPartCurIndex < 0)
        {
            m_iPartCurIndex = 0;
            break;
        }
    }
    while(TRUE)
    {
        if(vtTmeTab[m_iPartCurIndex + 1].llTime > llCurTime)
        {
            break;
        }
        m_iPartCurIndex ++;
        if(m_iPartCurIndex >= m_iPartAmount)
        {
            m_iPartCurIndex = m_iPartAmount - 1;
            break;
        }
    }
```

最后获得的 m_iPartCurIndex 即为应该显示的歌词索引。

这里需要注意的是，llCurTime 必须通过 GetCurrentPosition 进行获取，而不能以如下的方式进行累加：

```
while(TRUE)
{
  ...
  Sleep(1000)
  ...
  llCurTime += 1000;
}
```

因为 Sleep 每次休眠的时间不一定精确，随着歌曲的播放，误差会变得越来越大。

最后，就是歌词的绘制问题，在此就不再赘述。

3.5 文字滚动原理

如果需要实现文字的滚动，有两个关键点必须要征服：一是如何准确计算文本的长度和宽度；二是如何定时刷新窗口。

第3章 多媒体

首先是计算文本的长度。其实要做到这点也并非难事,因为 Windows CE 有一个现成的 GetTextExtentPoint 函数:

```
BOOL GetTextExtentPoint(HDC hdc, LPCTSTR lpString, int cbString, LPSIZE lpSize);
```

需要注意的是 lpString 形参的解释:The string does not need to be zero-terminated because cbString specifies the length of the string. 翻译为中文的大概意思是:字符串不需要以 0 为结尾,因为可以在 cbString 形参定义字符串的长度。那么,如果以 0 为结尾又如何呢?该函数会不会自动计算? cbString 也没有正式表明如果该值为 −1 则自动计算。也许你现在的环境依次设置可能会计算出正确的长度,但并不代表以后 Windows CE 的版本甚至是不同 CPU 环境下也有相同的表现。所以建议,调用该函数尽可能采用在 cbString 传入字符串个数的方式。

先看看两段代码:

```
#define STRING_A    TEXT("无换行")
SIZE size1 = {0};
GetTextExtentPoint(hdc, STRING_A,_tcslen(STRING_A),&size1);

#define STRING_B    TEXT("有换行\n\r 第二行")
SIZE size2 = {0};
GetTextExtentPoint(hdc, STRING_B,_tcslen(STRING_B),&size2);
```

直觉告诉我们,计算出来的 size2.cy 应该大于 size1.cy,因为第 2 个代码段有换行。但事实却是无情的,最后结果是两者相等。

也就是说,GetTextExtentPoint 是将"TEXT("有换行\n\r 第二行")"这个字符串当成一行来计算。所以,如果想编写一段上移或下移的代码,根本无法直接通过该函数获取其所需的高度。但换个角度想,虽然 GetTextExtentPoint 获取的仅是一行的高度,但却可以自行判断有多少行,然后再用行数相乘每行的高度不就是所需要的总高度了吗?因为每个换行都是有"\n"标志,而 STL 的 string 有 count 函数,两者结合,很容易就能算出行的总数:

```
TSTRING strVal = TEXT("有换行\n\r 第二行");
DWORD dwLine = std::count(strVal.begin(),strVal.end(),'\n') + 1;
```

接下来的另一个难点就是采用什么方式刷新文字。不必说,最基本的自然是首先创建一个线程,然后在该线程中刷新文字。但采用什么方式来刷新呢?熟悉 WIN32 编码的读者都不会陌生,可以调用 DrawText 来绘制文本,因为该函数的 lpRect 形参能够定义绘制的坐标。一个很自然的想法是:线程中不停调整坐标,然后再强制窗口重绘。换句话说,代码会这样:

```
m_rcDraw.left += 1;                      //右移一像素
InvalidateRect(m_hWnd,NULL,FALSE)        //强制重绘
```

在 WM_PAINT 响应消息中加入如下代码：

```
DrawText(hdc,pszText,-1,&m_rcDraw,uFormat);
```

很简单，也很方便，是不是？但其实这样做有一个问题被忽略了，就是调用 DrawText 耗费的时间。一段不过 20 个字的字符串，调用该函数耗费的时间是调用 BitBlt 的 3 倍，更不用说绘制一个文本文件的内容了。

再换另外一个角度来想，既然调用 BitBlt 的速度远远比 DrawText 快，那么为何不先创建一个缓存 HDC，然后在这缓存 HDC 中调用 DrawText 初始化文本，最后在使用时再将该缓存 HDC 绘制到目标 HDC 中去呢？

接下来的问题自然而然就出来了，这缓存 HDC 应该在哪里创建？大小如何确定？前面已经提到，如何计算显示文本的总宽度和总高度，现在这两个数值就能派上用场了。因为缓存 HDC 主要是存储文本，所以该大小完全可以用文本的总宽度和总高度。因此，在计算完毕文本所需要的区域大小后，就可以马上创建缓存 HDC：

```
//创建缓存 DC
CMemDC memDC;
SIZE size = {m_iTxtInfoWidth,m_iTxtInfoHeight};
memDC.Create(hdc,&size);
DrawText(memDC.GetDC(),pszText,-1,&m_rcDraw,uFormat);
```

接下来只需要在 WM_PAINT 的处理函数中将该 DC 按坐标绘制出来即可：

```
BitBlt(memDC.GetDC(),m_rcDraw.left,m_rcDraw.top,m_iTxtInfoWidth,
    m_iTxtInfoHeight,m_DCTxtInfo.GetDC(),0,0,SRCCOPY);
```

只要解决这两个关键问题，文字的滚动实现就非常简单了。

3.6　DirectShow 声音的渐变

不知道读者有没有用过现在市场上的 GPS 导航仪？如果用过的话，会发现一个很有意思的做法。一般大伙开车的时候，喜欢一边听音乐，一边导航。那这两者是如何配合的呢？当导航软件没有进行目标指示时，播放器就在不停播放音乐；但导航软件需要播报道路指示时，播放器就会将音乐声音逐渐减小，等播报完毕再逐渐增大。

很多读者在这里就觉得很好奇了，这是如何做到的呢？因为如果是调节系统音量，那么无论是导航或是播放器，声音都会一起变小。是不是这个产品用了什么特殊的做法？其实无论是原理还是方法，都是非常简单。

回想一下，之前的 CMedia 类是不是可以调节音量？这个音量调节的是系统音量吗？错，DirectShow 调节的是它自己内部的音量，和系统音量无关。当然，也不能说一点关系也没有，

第3章 多媒体

因为这时 DirectShow 音量变化范围是其本身最小值到当前系统音量。

是不是看出什么倪端了？没错，市面上实现声音渐变的产品，其实调节的是 DirectShow 音量。因为导航语音用的是系统音源，播放器调节 DirectShow 音量对它没有任何影响，所以才能实现导航、音乐两不误。

本节最后，稍微献丑，写一个简单的声音逐渐变化函数：

```
void ChangeDShowVolEffect(BOOL bInc)
{
    //调节最小的音量。因为低于某些值可能实际设备已经无法听到，所以在这里设置一个最小值
    const LONG MIN_VOLUME = Media::MIN_VOLUME +
                (Media::MAX_VOLUME - Media::MIN_VOLUME) / 5 * 3;
    const LONG MAX_VOLUME = Media::MAX_VOLUME;        //调节的最大音量
    //每次改变的大小值
    const LONG STEP_MAX = 500;
    const LONG STEP_CHANGE_VOLUME = (MAX_VOLUME - MIN_VOLUME) /
                                    STEP_MAX;

    if(bInc ! = FALSE)
    {
        //声音渐大
        for(int i = 0; i <= STEP_MAX; ++i)
        {
            m_Media->SetVolume(MIN_VOLUME + i * STEP_CHANGE_VOLUME);
        }
    }
    else
    {
        //声音渐小
        for(int i = 0; i <= STEP_MAX; ++i)
        {
            m_Media->SetVolume(MAX_VOLUME - i * STEP_CHANGE_VOLUME);
        }
    }
}
```

第 4 章 输入法开发

本章主要讲解如何写一个简单的输入法,以及如何运用微软自带的手写识别库来完成繁体的手写识别。

4.1 输入法结构

输入法其实也是 COM 技术的产物,但这次和之前的图像浏览和音视频播放截然不同。之前的是应用程序如何去调用相应的 COM,而这次则是彻头彻尾写一个真正的 COM 组件。如果以层级划分,之前的算是最上层的应用,而本章则是相对更底层。

COM 组件本质上是 DLL 文件(norains:DLL 可用的场合真多,又是驱动,又是控制面板,就连 COM 都归属于它,都成了万金油了),所以创建输入法可以采用 DLL 工程。不过,既然是 COM,必然有其特殊的地方,这个 DLL 文件必须导出 4 个函数,分别是:DllRegisterServer、DllUnregisterServer、DllCanUnloadNow 和 DllGetClassObject。其功能如表 4.1.1 所列。

表 4.1.1　COM 接口函数

函　数	功　能
DllRegisterServer	注册当前 COM 组件
DllUnregisterServer	注销当前 COM 组件
DllCanUnloadNow	获取当前组件是否能被卸载
DllGetClassObject	获取类的指针

这 4 个函数是 COM 组件的特征。对于输入法来说,首先调用 DllRegisterServer 注册当前的 COM 组件;接着当用户单击 explorer 右下角的输入法面板选择该输入法时,系统则自动调用 DllGetClassObject 获取相应的类对象指针。这时获取的类对象指针一般是 IClassFactory 的实现,因为 IClassFactory 是个具备纯虚函数的抽象类,因此这里获取的实际是 IClassFactory 的子类指针。接着,系统再根据获得的 IClassFactory 指针调用相应的 CreateInstance 函数,创建并获得 IInputMethod2 对象指针。当然,因为 IInputMethod2 也是个虚基类,所以这里获得的也是 IInputMethod2 的子类实现。最后,IInputMethod2 对象创建相应的显示窗口,这才成了我们所见到的输入法界面。

文字描述可能会让人有点模糊,可以看看图 4.1.1。

图 4.1.1 中的 SIP 英文全称是 Soft Input Panel,翻译为中文则是软键盘。如果系统中有

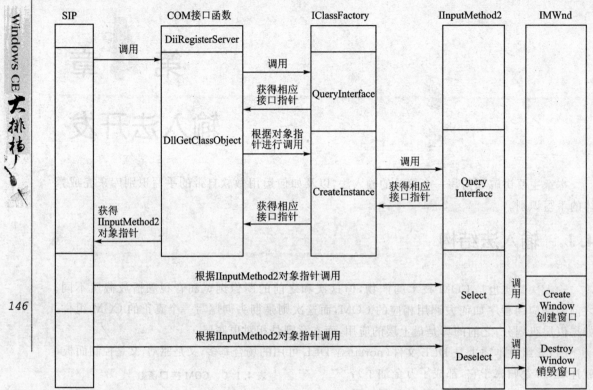

图 4.1.1　输入法调用流程

新的输入法，对于 SIP 而言，它只需要一个 IInputMethod2 的指针。甚至我们可以简单化地认为，图中所有操作目的只有一个：让 SIP 获取 IInputMethod2 的指针。之后的所有功能操作，比如显示、隐藏等，都是通过 IInputMethod2 指针进行。

有些看图比较仔细的读者可能会觉得奇怪，不是已经获得了相应的指针才调用 QueryInterface 的吗？为什么还要从 QueryInterface 返回接口指针？其实这里返回的是基类指针地址。对 C++了解得比较深的读者可能又会发问了，基类在内存中的存储结构不是在派生类之前吗，直接用派生类的地址不就可以了？这个在只有一个基类的情况下是成立的。可对于输入法而言，不仅只有一个基类，所以才需要 QueryInterface 进行查询转换。

4.2　COM 接口函数实现

一个完整的 COM 组件，需要实现 4 个完整的接口。接下来就是来看看如何实现这 4 个让人又爱又恨的接口。不过在开始实现之前，先来简单了解一下 CLSID 的相关知识。

Windows CE 系统究竟存在多少个 COM 组件？估计没几个人能说得清。但相对于数量，可能更关心的是系统如何标志这些 COM 组件。采用像人名一样的方式？比如王 XX、肖 XX？那肯定是不行的。人名都会有重复，何况是不同公司出品的 COM 组件。为了唯一标志当前 COM 组件，采用了 GUID。

GUID 全名是 Globally Unique Identifier（全球唯一标识符），也称作 UUID（Universally Unique IDentifier）。GUID 是通过特定算法产生的一个二进制长度为 128 位的数字，在空间上和时间上具有唯一性，能够保证同一时间不同地方产生的数字不同。当然这还有个前提，就是在公元 3400 年以前产生。那如果 3400 年之后呢？谁也不知道，或许那时已经有更好的方式替代 GUID 了吧。GUID 还有一个最大的好处，它可以完全由算法自动生成，不需要一个权威机构来管理。想象一下，如果每次想使用一个 GUID，就要和权威机构打招呼，是一件多么痛苦的事情！

那 CLSID 又是什么呢？其实 CLSID 就是 GUID，只是名字变更了，本质还是一样的。微软将系统中所有的 CLSID 信息，全部放到注册表[HKEY_CLASSES_ROOT\CLSID]路径之下。如果打开 Remote Register Editor，可以看到当前设备的 CLSID 信息，如图 4.2.1 所示。

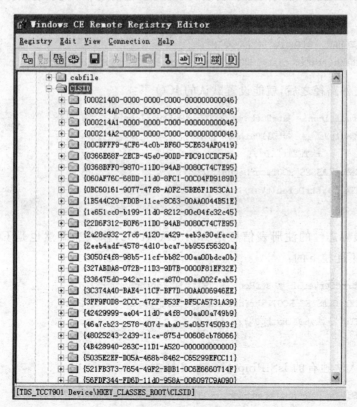

图 4.2.1　CLSID 信息

第4章 输入法开发

问题又来了,这么多 CLSID 信息,Windows CE 如何知道哪个是输入法的呢? 微软采用了一个最简单的方式,如果该 CLSID 有一个名为 IsSIPInputMethod 的 Sub Key,并且其默认值为1,那么它就是输入法。

对于 DllRegisterServer 这个注册 COM 组件的函数来说,其实它功能非常简单,只需要在[HKEY_CLASSES_ROOT\CLSID]路径写下相应的数值即可。

首先,需要创建相应的 Root Key:

```
CReg reg;
TSTRING strRoot = TEXT("CLSID\\") + strCLSIDMyInputMethod;
reg.Create(HKEY_CLASSES_ROOT,strRoot);
reg.SetSZ(TEXT(""),strFriendlyName);
reg.Close();
```

接着获取当前 DLL 所在的路径。这里需要注意的是,GetModuleFileName 函数的第1个形参的数值直接取自于 DllMain 传入的第1个形参,这里不能简单地使用 GetModuleHandle(NULL)进行获取,因为它得到的是加载该 DLL 的进程的句柄,而不是该 DLL 的真正实例句柄:

```
std::vector<TCHAR> vtDllPath(MAX_PATH);
GetModuleFileName(static_cast<HMODULE>(g_hModule),&vtDllPath[0],vtDllPath.size());
```

获得 DLL 文件路径之后,就能设置默认的 ICO 了:

```
TSTRING strDefaultIcon = strRoot + TEXT("\\DefaultIcon");
TSTRING strDefaultVal = &vtDllPath[0];
strDefaultVal += + TEXT(",0");
reg.Create(HKEY_CLASSES_ROOT,strDefaultIcon);
reg.SetSZ(TEXT(""),strDefaultVal);
reg.Close();
```

COM 组件最标志性的注册表信息是 InprocServer32,输入法既然也是 COM 组件,这个 Sub Key 自然是不能拉下的:

```
TSTRING strInprocServer32 = strRoot + TEXT("\\InprocServer32");
reg.Create(HKEY_CLASSES_ROOT,strInprocServer32);
reg.SetSZ(TEXT(""),&vtDllPath[0]);
reg.Close();
```

最后则是输入法独有的 IsSIPInputMethod 标志:

```
TSTRING strIsSIPInputMethod = strRoot + TEXT("\\IsSIPInputMethod");
reg.Create(HKEY_CLASSES_ROOT,strIsSIPInputMethod);
```

```
reg.SetSZ(TEXT(""),TEXT("1"));
reg.Close();
```

看到这里,可能很多读者已经猜到了,既然 DllRegisterServer 注册 COM 组件的方式是写注册表,那么 DllUnregisterServer 注销 COM 组件不就是删除注册表?事实的确如此。对于 DllUnregisterServer 而言,它只需要简单地删除相应的 CLSID 注册表即可:

```
TSTRING strRoot = TEXT("CLSID\\") + strCLSIDMyInputMethod;
CReg reg;
reg.Open(HKEY_CLASSES_ROOT,strRoot);
reg.DeleteKey(strRoot);
reg.Close();
```

如果在定制系统时已经添加了相应的注册表,那么这两个函数会被 Windows CE 自动调用;否则,用户可以手动进行。关于这两个函数的手工调用,在稍后的章节会有详细的讲解。

而接下来的 DllGetClassObject 接口,则只能由 Windows CE 进行调用,确切的说,这是 SIP 的工作。当用户单击右下角的输入法图标,选择了相应的输入法,SIP 就是通过该函数来获得相应的输入法对象指针。相对而言,这个函数流程非常简单,首先判断输入的 CLSID 是否和当前输入法相同;如果相同,则调用 IClassFactory 派生类的 QueryInterface 函数,否则直接返回。

```
if(IsEqualCLSID(rclsid, CLSID_MyInputMethod) != FALSE)
{
    return g_ClassFactory.QueryInterface(riid,ppv);
}
else
{
    return CLASS_E_CLASSNOTAVAILABLE;
}
```

最后的 DllCanUnloadNow 接口用来咨询当前 COM 是否能够被卸载。这里采用了一个非常简单的方式,能否卸载由 IClassFactory 的派生类决定:

```
return g_ClassFactory.CanUnloadNow();
```

4.3 CClassFactory 的实现

CClassFactory 是派生于 IClassFactory 的子类,上一节代码中的 g_ClassFactory 其实就是该类的对象。因为 IClassFactory 是派生于 IUnknown,所以对于 CClassFactory 而言,需要实现如下的纯虚函数:

第 4 章 输入法开发

```
//IUnknown methods
STDMETHODIMP QueryInterface (THIS_ REFIID riid, LPVOID * ppv);
STDMETHODIMP_(ULONG) AddRef (THIS);
STDMETHODIMP_(ULONG) Release (THIS);

//IClassFactory methods
STDMETHODIMP CreateInstance (LPUNKNOWN pUnkOuter, REFIID riid,LPVOID * ppv);
STDMETHODIMP LockServer (BOOL bLock);
```

就像注释里说的，QueryInterface、AddRef 和 Release 其实是 IUnknown 的方法，只有 CreateInstance 和 LockServer 才是 IClassFactory 所特有的。但不管是归属于哪个基类，实现这些函数都要落到 CClassFactory 肩上。

一切还是先从最简单的实现开始。只有有了这样一点点小小的成就感，才能使我们继续坚持下去。对于 AddRef 和 Release 函数而言，其实只是一个调用的计数器，只要对相应的标志进行增加、减少即可。所以 AddRef 的实现只有一行代码：

```
return InterlockedIncrement(&m_lRefCount);
```

AddRef 如此，那么 Release 自然也是同样简单，否则就太对不起观众了：

```
if(m_lRefCount == 0)
{
    return 0;
}
return InterlockedDecrement(&m_lRefCount);
```

和这两个函数密切相关的是 LockServer，其功能是锁定当前组件不被卸载。而组件只有引用计数为 0 时才会进行卸载，因此对于 LockServer 的锁定功能，无非也只是简单地进行 AddRef 和 Release 的调用即可：

```
if(bLock == FALSE)
{
    Release();
}
else
{
    AddRef();
}
return S_OK;
```

接下来就是 QueryInterface 函数了。系统会通过 REFIID 形参来向 CClassFactory 获取与传入的 GUID 相对应的对象指针地址，而这传入的 GUID 有两个，分别是 IID_IUnknown

和 IID_IClassFactory。而正如前文所说，CClassFactory 刚好就是继承于 IClassFactory，而 IClassFactory 又是继承于 IUnknown，所以获取相应的指针自然不存在任何问题。只不过因为当前的是派生类，所以需要简单的指针转换即可：

```
if (IsEqualIID (riid, IID_IUnknown) ! = FALSE)
{
    * ppv = dynamic_cast<IUnknown *>(this);
}
else if(IsEqualIID (riid, IID_IClassFactory) ! = FALSE)
{
    * ppv = dynamic_cast<IClassFactory *>(this);
}
else
{
    return S_FALSE;
}
return S_OK;
```

那么最后剩下的，就只有 CreateInstance 函数了。不过在该函数的实现里，其主角已经变成了 CInputMethod。当传入的形参表示当前不是聚合状态时，那就直接调用 CInputMethod 的 QueryInterface 函数：

```
if (pUnkOuter)
{
    return (CLASS_E_NOAGGREGATION);
}
return m_InputMethod.QueryInterface(riid,ppv);
```

到此为止，CClassFactory 已经完成了它历史性的使命，接下来的任务，就转交给 CInputMethod。

4.4　CInputMethod 的实现

　　CInputMethod 同样也是一个子类，它继承于 IInputMethod2。当然这也没什么，子类毕竟都有父亲，问题是 IInputMethod2 又继承于 IInputMethod。好吧，无非就是多一个祖父，这也能忍了。但偏偏这不是终点，因为这是 COM 组件，所以 IInputMethod 又毫无悬念地继承于公共的父类 IUnknown。于是在这众多的"你拍一我拍二"的工程中，CInputMethod 至少要实现如下的函数：

第4章 输入法开发

```
//IUnknown methods
STDMETHODIMP QueryInterface (THIS_ REFIID riid, LPVOID * ppv);
STDMETHODIMP_(ULONG) AddRef (THIS);
STDMETHODIMP_(ULONG) Release (THIS);

//IInputMethod
HRESULT STDMETHODCALLTYPE SetImData (DWORD dwSize, void * pvImData);
HRESULT STDMETHODCALLTYPE GetImData (DWORD dwSize, void * pvImData);
HRESULT STDMETHODCALLTYPE RegisterCallback(IIMCallback * pIMCallback);
HRESULT STDMETHODCALLTYPE ReceiveSipInfo(SIPINFO * psi);
HRESULT STDMETHODCALLTYPE GetInfo(IMINFO * pimi);
HRESULT STDMETHODCALLTYPE Hiding();
HRESULT STDMETHODCALLTYPE Showing();
HRESULT STDMETHODCALLTYPE Deselect();
HRESULT STDMETHODCALLTYPE Select(HWND hWndSip);
HRESULT STDMETHODCALLTYPE UserOptionsDlg (HWND hwndParent);

//IInputMethod2
HRESULT STDMETHODCALLTYPE SetIMMActiveContext(HWND hwnd,BOOL bOpen,
                         DWORD dwConversion,DWORD dwSentence,DWORD hkl);
HRESULT STDMETHODCALLTYPE RegisterCallback2(IIMCallback2 __RPC_FAR * lpIMCallback);
```

除了 QueryInterface、AddRef 和 Release 是老面孔以外，其他的都是新鲜货。对于这些新鲜货，自然要检查一下其相应的品质，所以就先看看表 4.4.1 里它们的描述。

表 4.4.1　InputMethod2 功能

函　数	描　述
SetImData	应用程序通过该函数设置输入法信息
GetImData	应用程序通过该函数获得输入法信息
RegisterCallback	系统为输入法提供的 IIMCallback 对象指针
ReceiveSipInfo	系统为输入法提供的 SIP 信息
GetInfo	系统需要获取输入法的信息
Hiding	隐藏窗口
Showing	显示窗口
Deselect	用户已经选择另外的输入法，这时应该隐藏窗口
Select	用户选择了该输入法，这时应该创建相应的窗口
UserOptionsDlg	当用单点击 SIP 的"选项"时，输入法应该显示相应的设置窗口
SetIMMActiveContext	输入法编辑器通过该函数设置相应的信息
RegisterCallback2	系统为输入法提供的 IIMCallback2 对象指针

一个完美的输入法应该精心实现如上的接口函数，但本章主要目的是让读者了解输入法的基本工作流程，因为太多的繁文缛节会让我们迷失前进的方向，所以这里只实现最简单的输入法所需要的几个基本函数：QueryInterface、AddRef、Release、RegisterCallback、GetInfo、Hiding、Showing、Deselect 和 Select。

AddRef 和 Release 同样也是引用计数的增减，其实现原理和 CClassFactory 完全一致，所以这里不再进行说明。而 QueryInterface 虽然原来也是和 CClassFactory 没什么不同，但因为实现稍有差异，所以还是先将实现列出：

```
if(IsEqualIID(riid, IID_IInputMethod))
{
    *ppv = dynamic_cast<IInputMethod *>(this);
}
else if(IsEqualIID(riid, IID_IInputMethod2))
{
    *ppv = dynamic_cast<IInputMethod2 *>(this);
}
else if(IsEqualIID(riid, IID_IUnknown))
{
    *ppv = dynamic_cast<IUnknown *>(this);
}
else
{
    *ppv = NULL;
    return S_FALSE;
}
return S_OK;
```

接下来该干正事了，看看 IInputMethod2 特有函数的实现吧！首先是无关痛痒的 GetInfo 函数，它主要用来给系统返回相关的输入法信息，所以直接将结构体填充完毕，就给系统送回去：

```
pimi->cbSize = sizeof(IMINFO);
pimi->hImageNarrow = 0;
pimi->hImageWide = 0;
pimi->iNarrow = 0;
pimi->iWide = 0;
pimi->fdwFlags = SIPF_DOCKED;
pimi->rcSipRect.left = 0;
pimi->rcSipRect.top = 0;
```

第 4 章　输入法开发

```
        pimi->rcSipRect.right = WND_WIDTH;
        pimi->rcSipRect.bottom = WND_HEIGHT;
        return S_OK;
```

接着则是 CInputMethod 的最重头戏——Select 函数。在这里需要创建一个窗口,并把该窗口的父类设置为 SIP 窗口句柄。当然,这时的父类大小还不一定符合输入法的窗口类,所以还要移动一下 SIP 窗口。代码很容易理解,并不算很难:

```
m_IMWnd.Create(NULL,WND_CLASS,WND_NAME);          //创建一个窗口
m_IMWnd.SetParentWindow(hWndSip);                 //设置父窗口
//屏幕大小
int iScreenWidth = GetSystemMetrics(SM_CXSCREEN);
int iScreenHeight = GetSystemMetrics(SM_CYSCREEN);
//移动输入法窗口
MoveWindow(m_IMWnd.GetWindow(),0,0,WND_WIDTH,WND_HEIGHT,TRUE);
//移动 SIP 窗口,使其能符合当前输入法窗口大小
MoveWindow(hWndSip,iScreenWidth - WND_WIDTH,iScreenHeight - WND_HEIGHT,
           WND_WIDTH,WND_HEIGHT + 10,TRUE);
```

代码中的 m_IMWnd 是 CIMWnd 类的对象,这是下一节所要讲解的内容,在此并不多说,只需要知道这里是创建一个窗口即可。

相对应的 Deselect 函数,仅仅是销毁 Select 创建的窗口即可:

```
m_IMWnd.Destroy();
```

对于 Showing 和 Hiding 的实现,仅仅是显示和隐藏窗口,这个在 CIMWnd 中也有相对应的函数,如果需要实现该功能,只需要简单地调用:

```
m_IMWnd.ShowWindow(TRUE);          //显示
m_IMWnd.ShowWindow(FALSE);         //隐藏
```

最后一个没有提到实现的则是 RegisterCallback 了。不过,对于该函数的处理也很简单,直接将传入的指针送给 CIMWnd 即可:

```
m_IMWnd.SetIIMCallback(pIMCallback);
```

至此,CInputMethod 已经没有值得担忧的地方了,接下来就转到 CIMWnd 的时代。

4.5　CIMWnd 的实现

CClassFactory 继承于 IClassFactory,CInputMethod 继承于 CInputMethod2,那么 CIMWnd 是不是系统也规定了它一定要继承于某个特殊的类呢?结论是否定的。因为对于系统

第 4 章 输入法开发

来说，它不关心窗口是怎么实现的，只需要知道 IInputMethod2 即可。所以对于 CIMWnd 的实现，具有非常大的灵活性。只不过为了更好地代码复用，这里 CIMWnd 还是一个派生类，这次的父类是第 1 章所完成的 CWndBase。

拿这个窗口应该怎样去实现呢？最理想的自然是和现在主流输入法功能不相上下的啦！当然，norains 也想这么做，但这涉及的东西实在是太多太杂了，即使再来一本书的厚度，也不一定能说得完。所以，还是一切从简，简单显示一个窗口，窗口上面有 10 个格子，每个格子标注有 0~9 的数字，单击格子就输出相应的数字。虽然很傻很天真，但毕竟能输出数字，再怎么差劲歹也算个输入法，也是 COM 组件光荣的一员。

CIMWnd 是继承于 CWndBase，所以很多琐碎活可以不用动手，只需要专注于功能即可。首先从虚函数 CreateEx 开刀，在这里计算出每个格子的范围，并存储到 vector 变量中：

```cpp
//初始化格子范围
for(int i = 0; i < NUM_COUNT; ++i)
{
    int iEachWidth = WND_WIDTH / (NUM_COUNT / 2);
    RECT rcNew = {0};
    if(i < NUM_COUNT / 2)
    {
        rcNew.top = 0;
        rcNew.bottom = WND_HEIGHT / 2;
        rcNew.left = i * iEachWidth;
        rcNew.right = (i + 1) * iEachWidth;
    }
    else
    {
        rcNew.top = WND_HEIGHT / 2;
        rcNew.bottom = WND_HEIGHT;
        rcNew.left = (i - NUM_COUNT / 2) * iEachWidth;
        rcNew.right = (i + 1 - NUM_COUNT / 2 ) * iEachWidth;
    }
    m_vtRect.push_back(rcNew);
}
```

范围确定了，只需要在收到 WM_PAINT 消息时，将格子和数字绘制出来即可：

```cpp
for(int i = 0; i < m_vtRect.size(); ++i)
{
    //绘制格子
    Rectangle(memDC.GetDC(),m_vtRect[i].left,m_vtRect[i].top,
```

```cpp
            m_vtRect[i].right,m_vtRect[i].bottom);
    //绘制数字
    std::vector<TCHAR> vtTxt(10,0);
    _stprintf(&vtTxt[0],TEXT("%d"),i);
    DrawText(memDC.GetDC(),&vtTxt[0],_tcslen(&vtTxt[0]),
             &m_vtRect[i],DT_CENTER | DT_VCENTER);
}
```

接下来就简单了,在鼠标放开的时候,判断当前坐标位于哪个格子范围,然后输出相应的数字:

```cpp
POINT pt = {LOWORD(lParam),HIWORD(lParam)};    //当前坐标
for(int i = 0; i < m_vtRect.size(); ++i)
{
    if(pt.x >= m_vtRect[i].left && pt.x <= m_vtRect[i].right &&
       pt.y >= m_vtRect[i].top && pt.y <= m_vtRect[i].bottom)
    {
        std::vector<TCHAR> vtTxt(10,0);
        _stprintf(&vtTxt[0],TEXT("%d"),i);
        m_pIIMCallback->SendString(&vtTxt[0],_tcslen(&vtTxt[0]));    //输出相应的数字
    }
}
```

代码中的 m_pIIMCallback 究竟是什么呢?其实就是 CInputMethod 的 RegisterCallback 函数传递过来的指针。对于 CIMWnd 而言,该函数是 SetIIMCallback,仅实现保存相应的指针而已:

```cpp
m_pIIMCallback = pIIMCallback;
```

4.6 完整源码

输入法的完整代码如下所示,在下载资料中也有相应代码:

```cpp
////////////////////////////////////////////////////////////////////////
//stdafx.h
////////////////////////////////////////////////////////////////////////
#pragma once
#include "windows.h"
#include "TCHAR.h"
#include <string>
```

```cpp
#ifdef UNICODE
    #ifndef TSTRING
        #define TSTRING std::wstring
    #endif
#else
    #ifndef TSTRING
        #define TSTRING std::string
    #endif
#endif //#ifdef UNICODE
#define WM_GRAPHNOTIFY (WM_USER + 13)
#ifndef _WIN32_WCE
#define ASSERT(x)
#endif
#define WND_WIDTH      200
#define WND_HEIGHT     180
////////////////////////////////////////////////////////////////////////
//Main.cpp
////////////////////////////////////////////////////////////////////////
#include "stdafx.h"
#include "ClassFactory.h"
#include "reg.h"
#include <vector>
//The GUID
const GUID CLSID_MyInputMethod =
    { 0x0CA0AAFA, 0xE999, 0x4993,{0x9A,0xAA,0x4F,0xB0,0xEC,0xE2,0x8A,0x8D}};
const TSTRING strCLSIDMyInputMethod =
    TEXT ("{0CA0AAFA-E999-4993-9AAA-4FB0ECE28A8D}");
const TSTRING strFriendlyName =   TEXT ("MyInputMethod");
//全局变量
CClassFactory g_ClassFactory;
HANDLE g_hModule = NULL;
BOOL APIENTRY DllMain( HANDLE hModule, DWORD ul_reason_for_call, LPVOID lpReserved)
{
    g_hModule = hModule;
    return TRUE;
}
STDAPI DllGetClassObject (REFCLSID rclsid, REFIID riid, LPVOID * ppv)
{
    if(IsEqualCLSID (rclsid, CLSID_MyInputMethod) ! = FALSE)
```

```cpp
        return g_ClassFactory.QueryInterface(riid,ppv);
    }
    else
    {
        return CLASS_E_CLASSNOTAVAILABLE;
    }
}
STDAPI DllCanUnloadNow()
{
    return g_ClassFactory.CanUnloadNow();;
}
STDAPI DllRegisterServer()
{
    CReg reg;
    //创建 root key
    TSTRING strRoot = TEXT("CLSID\\") + strCLSIDMyInputMethod;
    reg.Create(HKEY_CLASSES_ROOT,strRoot);
    reg.SetSZ(TEXT(""),strFriendlyName);
    reg.Close();
    //DLL 路径
    std::vector<TCHAR> vtDllPath(MAX_PATH);
    GetModuleFileName(static_cast<HMODULE>(g_hModule),&vtDllPath[0],vtDllPath.size());
    //The DefaultIcon
    TSTRING strDefaultIcon = strRoot + TEXT("\\DefaultIcon");
    TSTRING strDefaultVal = &vtDllPath[0];
    strDefaultVal + = + TEXT(",0");
    reg.Create(HKEY_CLASSES_ROOT,strDefaultIcon);
    reg.SetSZ(TEXT(""),strDefaultVal);
    reg.Close();
    //The InprocServer32
    TSTRING strInprocServer32 = strRoot + TEXT("\\InprocServer32");
    reg.Create(HKEY_CLASSES_ROOT,strInprocServer32);
    reg.SetSZ(TEXT(""),&vtDllPath[0]);
    reg.Close();
    //The IsSIPInputMethod
    TSTRING strIsSIPInputMethod = strRoot + TEXT("\\IsSIPInputMethod");
    reg.Create(HKEY_CLASSES_ROOT,strIsSIPInputMethod);
    reg.SetSZ(TEXT(""),TEXT("1"));
```

```
        reg.Close();

        return S_OK;
}
STDAPI DllUnregisterServer()
{
        //删除注册表
        TSTRING strRoot = TEXT("CLSID\\") + strCLSIDMyInputMethod;
        CReg reg;
        reg.Open(HKEY_CLASSES_ROOT,strRoot);
        reg.DeleteKey(strRoot);
        reg.Close();

        return S_OK;
}
////////////////////////////////////////////////////////////////////////
//ClassFactory.h
////////////////////////////////////////////////////////////////////////
#include "stdafx.h"
#include "InputMethod.h"
class CClassFactory:
        public IClassFactory
{
public:
        //---------------------------------------------
        //Description:
        //      确认是否能够被卸载.
        //---------------------------------------------
        HRESULT CanUnloadNow();
public:
        //IUnknown methods
        STDMETHODIMP QueryInterface (THIS_ REFIID riid, LPVOID *ppv);
        STDMETHODIMP_(ULONG) AddRef (THIS);
        STDMETHODIMP_(ULONG) Release (THIS);

        //IClassFactory methods
        STDMETHODIMP CreateInstance (LPUNKNOWN pUnkOuter, REFIID riid,LPVOID *ppv);
        STDMETHODIMP LockServer (BOOL bLock);
public:
        CClassFactory();
        virtual ~CClassFactory();
```

第4章 输入法开发

```cpp
private:
    LONG m_lRefCount;
    CInputMethod m_InputMethod;
};
////////////////////////////////////////////////////////////////////////
//ClassFactory.cpp
////////////////////////////////////////////////////////////////////////
#include "ClassFactory.h"
CClassFactory::CClassFactory():
m_lRefCount(0)
{}
CClassFactory::~CClassFactory()
{}
HRESULT CClassFactory::CanUnloadNow()
{
    if(m_InputMethod.CanUnloadNow() == FALSE)
    {
        return S_FALSE;
    }
    if(m_lRefCount == 0)
    {
        return S_OK;
    }
    else
    {
        return S_FALSE;
    }
}
STDMETHODIMP CClassFactory::QueryInterface (THIS_ REFIID riid, LPVOID *ppv)
{
    if (IsEqualIID (riid, IID_IUnknown) != FALSE)
    {
        *ppv = dynamic_cast<IUnknown *>(this);
    }
    else if(IsEqualIID (riid, IID_IClassFactory) != FALSE)
    {
        *ppv = dynamic_cast<IClassFactory *>(this);
    }
    else
```

```cpp
        {
            return S_FALSE;
        }
        return S_OK;
    }
    STDMETHODIMP_(ULONG) CClassFactory::AddRef (THIS)
    {
        return InterlockedIncrement(&m_lRefCount);
    }
    STDMETHODIMP_(ULONG) CClassFactory::Release (THIS)
    {
        if(m_lRefCount == 0)
        {
            return 0;
        }
        return InterlockedDecrement(&m_lRefCount);;
    }
    STDMETHODIMP CClassFactory::CreateInstance (LPUNKNOWN pUnkOuter, REFIID riid,LPVOID * ppv)
    {
        if (pUnkOuter)
        {
            return (CLASS_E_NOAGGREGATION);
        }
        HRESULT hr = m_InputMethod.QueryInterface(riid,ppv);
        return hr;
    }
    STDMETHODIMP CClassFactory::LockServer (BOOL bLock)
    {
        if(bLock == FALSE)
        {
            Release();
        }
        else
        {
            AddRef();
        }
        return S_OK;
    }
```

第4章 输入法开发

```cpp
///////////////////////////////////////////////////////////////////
//InputMethod.h
///////////////////////////////////////////////////////////////////
#pragma once
#include "stdafx.h"
#include "sip.h"
#include "IMWnd.h"
class CInputMethod:
    public IInputMethod2
{
public:
    //------------------------------------------------
    //Description:
    //    检查是否能被卸载
    //------------------------------------------------
    HRESULT CanUnloadNow();

public:
    //IUnknown methods
    STDMETHODIMP QueryInterface (THIS_ REFIID riid, LPVOID * ppv);
    STDMETHODIMP_(ULONG) AddRef (THIS);
    STDMETHODIMP_(ULONG) Release (THIS);

    //IInputMethod
    HRESULT STDMETHODCALLTYPE SetImData (DWORD dwSize, void * pvImData);
    HRESULT STDMETHODCALLTYPE GetImData (DWORD dwSize, void * pvImData);
    HRESULT STDMETHODCALLTYPE RegisterCallback(IIMCallback * pIMCallback);
    HRESULT STDMETHODCALLTYPE ReceiveSipInfo(SIPINFO * psi);
    HRESULT STDMETHODCALLTYPE GetInfo(IMINFO * pimi);
    HRESULT STDMETHODCALLTYPE Hiding();
    HRESULT STDMETHODCALLTYPE Showing();
    HRESULT STDMETHODCALLTYPE Deselect();
    HRESULT STDMETHODCALLTYPE Select(HWND hWndSip);
    HRESULT STDMETHODCALLTYPE UserOptionsDlg (HWND hwndParent);

    //IInputMethod2
    HRESULT STDMETHODCALLTYPE SetIMMActiveContext(HWND hwnd,BOOL bOpen,
                    DWORD dwConversion,DWORD dwSentence,DWORD hkl);
    HRESULT STDMETHODCALLTYPE RegisterCallback2(IIMCallback2 __RPC_FAR * lpIMCallback);

public:
    CInputMethod();
```

```cpp
    virtual ~CInputMethod();
private:
    LONG m_lRefCount;
    CIMWnd m_IMWnd;
};
//////////////////////////////////////////////////////////////////
//InputMethod.cpp
//////////////////////////////////////////////////////////////////
#include "objbase.h"
#include "initguid.h"
#include "InputMethod.h"
//-----------------------------------------------------------
//The window class and name
#define WND_NAME    TEXT("MyInputMethod_NAME")
#define WND_CLASS   TEXT("MyInputMethod_CLASS")
//-----------------------------------------------------------
CInputMethod::CInputMethod():
m_lRefCount(0)
{}
CInputMethod::~CInputMethod()
{}
HRESULT CInputMethod::CanUnloadNow()
{
    if(m_lRefCount == 0)
    {
        return S_OK;
    }
    else
    {
        return S_FALSE;
    }
}
STDMETHODIMP CInputMethod::QueryInterface (THIS_ REFIID riid, LPVOID *ppv)
{
    if(IsEqualIID (riid, IID_IInputMethod))
    {
        *ppv = dynamic_cast<IInputMethod *>(this);
    }
    else if(IsEqualIID (riid, IID_IInputMethod2))
```

```cpp
        {
            *ppv = dynamic_cast<IInputMethod2 *>(this);
        }
        else if(IsEqualIID(riid, IID_IUnknown))
        {
            *ppv = dynamic_cast<IUnknown *>(this);
        }
        else
        {
            *ppv = NULL;
            return S_FALSE;
        }
        return S_OK;
    }
    STDMETHODIMP_(ULONG) CInputMethod::AddRef(THIS)
    {
        return InterlockedIncrement(&m_lRefCount);
    }
    STDMETHODIMP_(ULONG) CInputMethod::Release(THIS)
    {
        if(m_lRefCount == 0)
        {
            return 0;
        }
        return InterlockedDecrement(&m_lRefCount);;
    }
    HRESULT STDMETHODCALLTYPE CInputMethod::SetImData(DWORD dwSize, void *pvImData)
    {
        return S_OK;       //Do nothing
    }
    HRESULT STDMETHODCALLTYPE CInputMethod::GetImData(DWORD dwSize, void *pvImData)
    {
        return S_OK;       //Do nothing
    }
    HRESULT STDMETHODCALLTYPE CInputMethod::RegisterCallback(IIMCallback *pIMCallback)
    {
        m_IMWnd.SetIIMCallback(pIMCallback);
        return S_OK;
    }
```

```cpp
HRESULT STDMETHODCALLTYPE CInputMethod::ReceiveSipInfo(SIPINFO * psi)
{
    return S_OK;      //Do nothing
}
HRESULT STDMETHODCALLTYPE CInputMethod::GetInfo(IMINFO * pimi)
{
    pimi->cbSize = sizeof (IMINFO);
    pimi->hImageNarrow = 0;
    pimi->hImageWide = 0;
    pimi->iNarrow = 0;
    pimi->iWide = 0;
    pimi->fdwFlags = SIPF_DOCKED;
    pimi->rcSipRect.left = 0;
    pimi->rcSipRect.top = 0;
    pimi->rcSipRect.right = WND_WIDTH;
    pimi->rcSipRect.bottom = WND_HEIGHT;
    return S_OK;
}
HRESULT STDMETHODCALLTYPE CInputMethod::Hiding()
{
    m_IMWnd.ShowWindow(FALSE);
    return S_OK;
}
HRESULT STDMETHODCALLTYPE CInputMethod::Showing()
{
    m_IMWnd.ShowWindow(TRUE);
    return S_OK;
}
HRESULT STDMETHODCALLTYPE CInputMethod::Deselect()
{
    m_IMWnd.Destroy();
    return S_OK;
}
HRESULT STDMETHODCALLTYPE CInputMethod::Select(HWND hWndSip)
{
    m_IMWnd.Create(NULL,WND_CLASS,WND_NAME);
    m_IMWnd.SetParentWindow(hWndSip);
    int iScreenWidth = GetSystemMetrics(SM_CXSCREEN);
    int iScreenHeight = GetSystemMetrics(SM_CYSCREEN);
```

```cpp
    //移动当前 IM 窗口位置
    MoveWindow(m_IMWnd.GetWindow(),0,0,WND_WIDTH,WND_HEIGHT,TRUE);
    //移动 SIP 窗口以适合当前窗口
    MoveWindow(hWndSip,iScreenWidth - WND_WIDTH,iScreenHeight - WND_HEIGHT,
               WND_WIDTH,WND_HEIGHT + 10,TRUE);
    return S_OK;
}
HRESULT STDMETHODCALLTYPE CInputMethod::UserOptionsDlg(HWND hwndParent)
{
    return S_OK;     //Do nothing
}
HRESULT STDMETHODCALLTYPE CInputMethod::SetIMMActiveContext(HWND hwnd,
                                        BOOL bOpen,DWORD dwConversion,
                                        DWORD dwSentence,DWORD hkl)
{
    return S_OK;     //Do nothing
}
HRESULT STDMETHODCALLTYPE CInputMethod::RegisterCallback2(IIMCallback2
        __RPC_FAR * lpIMCallback)
{
    return S_OK;     //Do nothing
}

/////////////////////////////////////////////////////////////////////
//IMWnd.h
/////////////////////////////////////////////////////////////////////
#include "WndBase.h"
#include "sip.h"
#include <vector>
class CIMWnd:
    public CWndBase
{
public:
    //-----------------------------------------------------------
    //Description:
    //    消息处理函数
    //-----------------------------------------------------------
    virtual LRESULT WndProc(HWND hWnd, UINT wMsg, WPARAM wParam, LPARAM lParam);
    //-----------------------------------------------------------
```

```cpp
    //Description:
    //    设置 IIMCallback 对象
    //----------------------------------------------------------------
    void SetIIMCallback(IIMCallback * pIIMCallback);

    //----------------------------------------------------------------
    //Description:
    //    创建窗口
    //----------------------------------------------------------------
    virtual BOOL CreateEx(HWND hWndParent,const TSTRING &strWndClass,
                    const TSTRING &strWndName,DWORD dwStyle,
                    BOOL bMsgThrdInside = FALSE);

    //----------------------------------------------------------------
    //Description:
    //    销毁窗口
    //----------------------------------------------------------------
    virtual void Destroy();
public:
    CIMWnd();
    virtual ~CIMWnd();
protected:
    //----------------------------------------------------------------
    //Description:
    //    On WM_LBUTTONUP
    //----------------------------------------------------------------
    void OnLButtonUp(HWND hWnd, UINT wMsg, WPARAM wParam, LPARAM lParam);

    //----------------------------------------------------------------
    //Description:
    //    On WM_PAINT
    //----------------------------------------------------------------
    void OnPaint(HWND hWnd, UINT wMsg, WPARAM wParam, LPARAM lParam);
private:
    IIMCallback * m_pIIMCallback;
    std::vector<RECT> m_vtRect;
};
////////////////////////////////////////////////////////////////////////
//IMWnd.cpp
////////////////////////////////////////////////////////////////////////
```

第4章 输入法开发

```cpp
#include "IMWnd.h"
#include "MemDC.h"
//-------------------------------------------------------------
#define NUM_COUNT    10
//-------------------------------------------------------------
CIMWnd::CIMWnd():
m_pIIMCallback(NULL)
{}
CIMWnd::~CIMWnd()
{}
LRESULT CIMWnd::WndProc(HWND hWnd, UINT wMsg, WPARAM wParam, LPARAM lParam)
{
    switch(wMsg)
    {
        case WM_LBUTTONUP:
        {
            OnLButtonUp(hWnd, wMsg, wParam, lParam);
            break;
        }
        case WM_PAINT:
        {
            OnPaint(hWnd,wMsg,wParam,lParam);
            break;
        }
    }
    return CWndBase::WndProc(hWnd, wMsg, wParam, lParam);
}
void CIMWnd::OnLButtonUp(HWND hWnd, UINT wMsg, WPARAM wParam, LPARAM lParam)
{
    POINT pt = {LOWORD(lParam),HIWORD(lParam)};
    for(int i = 0; i < m_vtRect.size(); ++i)
    {
        if(pt.x >= m_vtRect[i].left && pt.x <= m_vtRect[i].right &&
            pt.y >= m_vtRect[i].top && pt.y <= m_vtRect[i].bottom)
        {
            std::vector<TCHAR> vtTxt(10,0);
            _stprintf(&vtTxt[0],TEXT("%d"),i);
            m_pIIMCallback->SendString(&vtTxt[0],_tcslen(&vtTxt[0]));
        }
```

```cpp
    }
}
void CIMWnd::SetIIMCallback(IIMCallback *pIIMCallback)
{
    m_pIIMCallback = pIIMCallback;
}
BOOL CIMWnd::CreateEx(HWND hWndParent,const TSTRING &strWndClass,
        const TSTRING &strWndName,DWORD dwStyle,BOOL bMsgThrdInside)
{
    if(CWndBase::CreateEx(hWndParent,strWndClass,strWndName,dwStyle,bMsgThrdInside) == FALSE)
    {
        return FALSE;
    }
    //初始化点阵
    for(int i = 0; i < NUM_COUNT; ++i)
    {
        int iEachWidth = WND_WIDTH / (NUM_COUNT / 2);
        RECT rcNew = {0};
        if(i < NUM_COUNT / 2)
        {
            rcNew.top = 0;
            rcNew.bottom = WND_HEIGHT / 2;
            rcNew.left = i * iEachWidth;
            rcNew.right = (i + 1) * iEachWidth;
        }
        else
        {
            rcNew.top = WND_HEIGHT / 2;
            rcNew.bottom = WND_HEIGHT;
            rcNew.left = (i - NUM_COUNT / 2) * iEachWidth;
            rcNew.right = (i + 1 - NUM_COUNT / 2) * iEachWidth;
        }
        m_vtRect.push_back(rcNew);
    }
    return TRUE;
}
void CIMWnd::Destroy()
{
    m_vtRect.clear();
```

```cpp
    return CWndBase::Destroy();
}
void CIMWnd::OnPaint(HWND hWnd, UINT wMsg, WPARAM wParam, LPARAM lParam)
{
    PAINTSTRUCT ps;
    HDC hdc = BeginPaint(hWnd,&ps);
    CMemDC memDC;
    SIZE sizeDC = {WND_WIDTH,WND_HEIGHT};
    memDC.Create(hdc,&sizeDC);
    //绘制方框和文字
    for(int i = 0; i < m_vtRect.size(); ++i)
    {
        Rectangle(memDC.GetDC(),m_vtRect[i].left,m_vtRect[i].top,
                  m_vtRect[i].right,m_vtRect[i].bottom);
        std::vector<TCHAR> vtTxt(10,0);
        _stprintf(&vtTxt[0],TEXT("%d"),i);
        DrawText(memDC.GetDC(),&vtTxt[0],_tcslen(&vtTxt[0]),
                 &m_vtRect[i],DT_CENTER | DT_VCENTER);
    }
    BitBlt(hdc,0,0,WND_WIDTH,WND_HEIGHT,memDC.GetDC(),0,0,SRCCOPY);
    memDC.Delete();
    EndPaint(hWnd,&ps);
}
```

4.7 输入法加载

历经千辛万苦,跋山涉水,好不容易写完一个输入法,如果无法在系统中使用,岂不是要将人活活气死？为了避免读者大人您伤了和气,所以本节还是列出输入法的加载门路。

4.7.1 系统定制

当系统由读者设计,并且该输入法的DLL已经被测试是完全没有任何问题,采用这种方式是最简单不过了。

首先要建立一个.reg文件,里面装载有输入法的信息,如：

```
[HKEY_CLASSES_ROOT\CLSID\{0CA0AAFA-E999-4993-9AAA-4FB0ECE28A8D}]
    @="MyInputMethod"
    "KBMode"=dword:5
[HKEY_CLASSES_ROOT\CLSID\{0CA0AAFA-E999-4993-9AAA-4FB0ECE28A8D}\DefaultIcon]
    @="\\windows\\MyInputMethod.dll,0"
```

```
[HKEY_CLASSES_ROOT\CLSID\{ 0CA0AAFA-E999-4993-9AAA-4FB0ECE28A8D}\InprocServer32]
    @ = "\\windows\\ MyInputMethod.dll"
[HKEY_CLASSES_ROOT\CLSID\{ 0CA0AAFA-E999-4993-9AAA-4FB0ECE28A8D}\IsSIPInputMethod]
    @ = "1"
```

如果读者您眼尖,很可能发现这个注册表信息的数值不就是 DllRegisterServer 函数写的信息吗? 没错,确实如此。在定制系统时加入该信息,就是为了让 SIP 能够识别该 DLL。

接着,就是一个.bit 文件,用来告诉 PB,要将 MyInputMethod.dll 包含进系统:

```
FILES
MyInputMethod.dll      $(_FLATRELEASEDIR)\MyInputMethod.dll      NK
```

当然,如果还想更完美,可以写一个 PB 的工程文件,不过这时的后缀名为.pbpxml,其相应的内容如下:

```
<? xml version = "1.0"? >
<PBProject BibFile = "MyInputMethod.bib" DisplayName = "MyInputMethod" RegFile =
"MyInputMethod.reg" xmlns = "urn:PBProject - schema" />
```

编译系统时,将该工程文件选上,那么输入法就和系统如影相随了。

4.7.2 手工加载

如果系统不是由读者定制,那么上面的方法就不适用了。不过,没关系,一文钱难不倒英雄汉,自己手工加载。手工加载其实很简单,只要能调用 DLL 的 DllRegisterServer 函数就行。简单来说,先调用 LoadLibrary 加载相应的 DLL,然后再通过 GetProcAddress 进行函数地址的获取,最后是调用该函数即可。过程虽然很简单,没有什么值得注意,但实现却有点繁琐,为了使读者能够从这繁琐中脱离出来,norains 斗胆封装了一个 CCOM 类,用来简化您的操作。其完整代码如下,在下载资料中也有相应源代码:

```
//////////////////////////////////////////////////////////////////
//Com.h
//////////////////////////////////////////////////////////////////
#include "stdafx.h"
class CCOM
{
public:
    //-------------------------------------------------------------
    //Description:
    //    调用 DLL 文件中的 DllRegisterServer 函数
    //Parameters:
    //    strDll :[in] DLL 文件路径
```

```cpp
    //-----------------------------------------------------------------
    static BOOL RegisterServer(const TSTRING &strDll);
    //-----------------------------------------------------------------
    //Description:
    //      调用 DLL 文件中的 DllUnregisterServer
    //Parameters:
    //      strDll : [in] DLL 文件路径
    //-----------------------------------------------------------------
    static BOOL UnregisterServer(const TSTRING &strDll);
    //-----------------------------------------------------------------
    //Description:
    //      调用 DLL 文件中的 DllCanUnloadNow
    //Parameters:
    //      strDll : [in] DLL 文件路径
    //-----------------------------------------------------------------
    static BOOL CanUnloadNow(const TSTRING &strDll);
    //-----------------------------------------------------------------
    //Description:
    //      调用 DLL 文件中的 DllGetClassObject
    //Parameters:
    //      strDll : [in] DLL 的路径
    //-----------------------------------------------------------------
    static BOOL GetClassObject(const TSTRING &strDll,REFCLSID rclsid,REFIID riid,LPVOID * ppv);
public:
    CCOM();
    virtual ~CCOM();
private:
    //-----------------------------------------------------------------
    //Description:
    //加载相应的 DLL 并获取相应的函数地址。若该函数成功调用,需要调用 FreeLibrary 来释放资源
    //Parameters:
    //      strDll : [in] DLL 路径              strFunName : [in] 函数名
    //      pFunc : [out] 存储函数地址的指针    hInst : [in] 库的实例
    //-----------------------------------------------------------------
    template <typename FUNC_TYPE>
    static BOOL LoadAndGetProcAddress(const TSTRING &strDll,
    const TSTRING &strFunName,FUNC_TYPE &pFunc,HINSTANCE &hInst);
};
```

```cpp
///////////////////////////////////////////////////////////////
//Com.cpp
///////////////////////////////////////////////////////////////
#include "com.h"
CCOM::CCOM()
{}
CCOM::~CCOM()
{}
template <typename FUNC_TYPE>
BOOL CCOM::LoadAndGetProcAddress(const TSTRING &strDll,
            const TSTRING &strFunName,FUNC_TYPE &pFunc,HINSTANCE &hInst)
{
    BOOL bRes = FALSE;
    //加载DLL
    hInst = LoadLibrary(strDll.c_str());
    __try
    {
        if(hInst == NULL)
        {
            __leave;
        }
        //获取函数地址
        pFunc = reinterpret_cast<FUNC_TYPE>(GetProcAddress(hInst,strFunName.c_str()));
        if(pFunc == NULL)
        {
            __leave;
        }
        bRes = TRUE;
    }
    __finally
    {
        if(bRes == FALSE)
        {
            //释放资源
            if(hInst != NULL)
            {
                FreeLibrary(hInst);
                hInst = NULL;
            }
```

```cpp
            pFunc = NULL;
        }
    }
    return bRes;
}
BOOL CCOM::RegisterServer(const TSTRING &strDll)
{
    //STDAPI 被定义如下：#define STDAPI  EXTERN_C HRESULT STDAPICALLTYPE
    //而 EXTERN_C 在 typedef 用法中是不需要的
    typedef   HRESULT (STDAPICALLTYPE *DLL_DllRegisterServer)(void);
    DLL_DllRegisterServer pDLL_DllRegisterServer = NULL;;
    HINSTANCE hInst = NULL;
    //获取函数地址
    if(LoadAndGetProcAddress(strDll,TEXT("DllRegisterServer"),
                    pDLL_DllRegisterServer,hInst) == FALSE)
    {
        return FALSE;
    }
    BOOL bRes = SUCCEEDED(pDLL_DllRegisterServer());     //调用函数
    FreeLibrary(hInst);                                   //释放资源
    return bRes;
}
BOOL CCOM::UnregisterServer(const TSTRING &strDll)
{
    //STDAPI 被定义如下：#define STDAPI  EXTERN_C HRESULT STDAPICALLTYPE
    //而 EXTERN_C 在 typedef 用法中是不需要的
    typedef   HRESULT (STDAPICALLTYPE *DLL_DllUnregisterServer)(void);
    DLL_DllUnregisterServer pDLL_DllUnregisterServer = NULL;;
    HINSTANCE hInst = NULL;
    //获取函数地址
    if(LoadAndGetProcAddress(strDll,TEXT("DllUnregisterServer"),
                    pDLL_DllUnregisterServer,hInst) == FALSE)
    {
        return FALSE;
    }
    BOOL bRes = SUCCEEDED(pDLL_DllUnregisterServer());   //调用函数
    FreeLibrary(hInst);                                   //释放资源
    return bRes;
}
```

```
BOOL CCOM::CanUnloadNow(const TSTRING &strDll)
{
    typedef     HRESULT (STDAPICALLTYPE * DLL_DllCanUnloadNow)(void);
    DLL_DllCanUnloadNow pDLL_DllCanUnloadNow = NULL;;
    HINSTANCE hInst = NULL;
    if(LoadAndGetProcAddress(strDll,TEXT("DllCanUnloadNow"),
                     pDLL_DllCanUnloadNow,hInst) = = FALSE)
    {
        return FALSE;
    }
    BOOL bRes = SUCCEEDED(pDLL_DllCanUnloadNow());
    FreeLibrary(hInst);
    return bRes;
}
BOOL CCOM::GetClassObject(const TSTRING &strDll,REFCLSID rclsid,REFIID riid,LPVOID * ppv)
{
    typedef HRESULT (STDAPICALLTYPE * DLL_DllGetClassObject)
              (REFCLSID rclsid,REFIID riid,LPVOID * ppv);
    DLL_DllGetClassObject pDLL_DllGetClassObject = NULL;;
    HINSTANCE hInst = NULL;
    if(LoadAndGetProcAddress (strDll,TEXT("DllGetClassObject"),
                     pDLL_DllGetClassObject,hInst) = = FALSE)
    {
        return FALSE;
    }
    BOOL bRes = SUCCEEDED(pDLL_DllGetClassObject(rclsid,riid,ppv));
    FreeLibrary(hInst);
    return bRes;
}
```

如果是加载之前的输入法,那么代码可以简单到只写一行:

```
CCOM::RegisterServer(TEXT("\\Windows\\MyInputMethod.dll"));
```

执行该行代码完毕,单击 explorer 的输入法图标,可以看到 MyInputMethod 已经成功加载,如图 4.7.1 所示。

在弹出的菜单中选择 MyInputMethod,则弹出我们自己的输入法,单击上面的格子,就可以在地址栏里输入相应的数字,界面如图 4.7.2 所示。

第 4 章 输入法开发

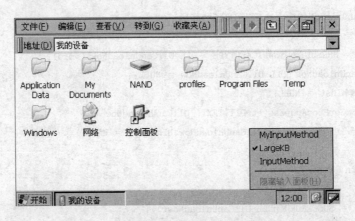

图 4.7.1　MyInputMethod 成功加载

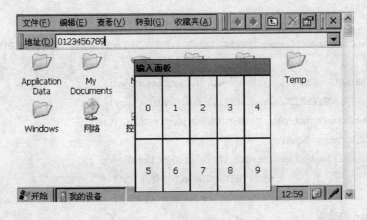

图 4.7.2　在地址栏输入数字

4.8　微软繁体手写识别库

可能很多读者看到标题，会大呼 norains 实在不厚道，为什么识别的是繁体，而不是简体？norains 在此大喊冤枉，这怪不得俺啊，俺是无辜的！微软从 Windows CE 4.0 开始，集成了手写识别输入法，可以识别繁体中文、英文、日文和韩文，唯独就是漏掉了简体中文。至于为什么微软会做这样的选择，恐怕只有他们自己才清楚了。不过，没关系，繁体中文也是中文，就以繁体中文为例来看看微软的手写识别库。

4.8.1　调用流程

首先来看看 Windows CE 自带手写识别引擎的流程。从大体来说，使用该引擎分为 11 个步骤，现在就开始一一查看：

① 调用 HwxConfig 函数初始化识别引擎。在每个应用程序中,该初始化只需要调用一次。

② 调用 HwxCreate 创建识别引擎句柄。函数原型为：

```
HRC HwxCreate(HRC hrc)
```

该函数有个形参 hrc,保存的是已存在的识别引擎句柄。如果传入该形参,则可以根据已存在的引擎设置来创建新的识别引擎。当然通常情况下仅是创建一个新的引擎,所以该函数更多情况下直接传入 NULL,如：

```
HRC hrc = HwxCreate(NULL);
```

③ 调用 HwxSetGuide 函数来设置识别框的范围。设置该识别框范围的重要性不言而喻,因为如果设置不恰当,则直接导致识别出错甚至无法识别。该函数传入的形参是一个 HWXGUIDE 结构,该结构包含了识别框的一切信息：

```
typedef struct tagHWXGUIDE {
    UINT cHorzBox;
    UINT cVertBox;
    INT xOrigin;
    INT yOrigin;
    UINT cxBox;
    UINT cyBox;
    UINT cxOffset;
    UINT cyOffset;
    UINT cxWriting;
    UINT cyWriting;
    UINT cyMid;
    UINT cyBase;
    UINT nDir;
} HWXGUIDE, *PHWXGUIDE;
```

如果用文字来描述各个形参的含义,norains 实在没这个能力让语言读起来不觉得乏味,所以最简单、最直接、最直观的方法,还是用图 4.8.1 来标识出各个参数的含义,至少应该不会让脑袋觉得发晕。

xOriginy 和 Origin 分别定义了识别框的起始坐标,而 cxBox 和 cyBox 则分别定义了识别框的长度和宽度。需要注意的是,这 4 个参数是以屏幕坐标为基准,如果获得的是应用程序窗口的坐标,在赋值之前,需要调用 MapWindowPoints()进行转换。当然,相同的道理也同样运用于该结构的其他形参。

nDir 定义了书写的顺序,一般使用 HWX_HORIZONTAL,表明书写方式是水平书写。

当然，如果有特殊要求，还可以设置 HWX_BIDIRECTIONAL 或 HWX_VERTICAL。

④ 调用 HwxALCValid 和 HwxALCPriority 定义识别的标准，前者用来定义识别字符的范围，后者是定义返回字符的优先级。根据帮助文档，可以识别的字符义字为：简体中文，繁体中文、日文、韩文和英文。但在实际使用中，却是无法正确识别简体中文。在平时应用中，一般只需识别一种文字，此时可以只是简单地设置 HwxALCValid 即可：

```
HwxALCValid(hrc,ALC_KANJI_ALL); //识别汉字
```

⑤ 调用 HwxSetContext 设置前文，以提高文字识别率。如果没有前文，可以不调用该函数。

⑥ 调用 HwxInput 加入文字笔画。如果文字是多笔画，则应多次调用该函数。该函数原型是：

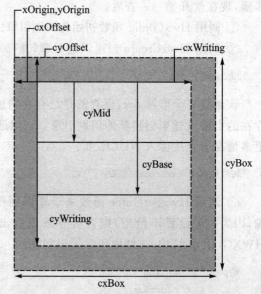

图 4.8.1　HWXGUIDE 结构范围示意图

```
BOOL HwxInput(HRC hrc, POINT * lppnt, UINT upoints, DWORD timestamp );
```

lppnt 是输入的笔画坐标，upoints 是坐标的个数，和 HWXGUIDE 的参数一样，这里的坐标也是屏幕坐标系。timestamp 是时间，一般情况下可以设置为 0。

需要注意的是，如果是多笔画的文字，最好不要一次性将所有笔画点阵通过 HwxInput 输入，否则最后的识别结果将会大相径庭。因为识别引擎是一笔一划进行输入识别，如果多笔画文字一次性输入，引擎可能将所有笔画当成一个笔画，从而导致识别结果异常不准确。

⑦ 调用 HwxEndInput 告知引擎笔画输入结束，即将要进行识别部分。

⑧ 调用 HwxProcess 让引擎进行识别处理。

⑨ 调用 HwxResultsAvailable 获取识别的字符数。根据文档，HwxResultsAvailable 应该返回能够识别的字符数，如果无法识别则返回 −1。不过实际测试中发现，该函数在无法识别时返回的确实是 −1；但在函数调用成功以后，即使能够识别的字符远远不止一个，它也会返回 0。不知道这算不算微软的一个 BUG？

⑩ 调用 HwxGetResults 获取结果，该函数在 Windows CE 中声明如下：

```
INT32 HwxGetResults(HRC hrc, UINT cAlt, UINT iFirst, UINT cBoxRes,HWXRESULTS * rgBoxResults );
```

初看起来，该函数形参似乎特别复杂，但实际上并非如此。cAlt 是期望的轮流返回的字符，iFirst 是想要返回字符的索引，cBoxRes 是返回的字符个数。但实际上，cAlt 起主导作用，

比如说 cBoxRes 设置为 1,而 cAlt 设置为 10,则返回的字符个数依然为 10。所以在平常使用中,一般是将 iFirst 设为 0,cBoxRes 设为 1,而 cAlt 设为所需返回的字符个数。

rgBoxResults 指向储存字符的缓冲区。不过,返回结果比较有意思,除了第 1 个 rgBoxResults 以外的所有结构的 indxBox 成员都储存了返回字符。比如返回 5 个字符'与子于飞干',则 rgBoxResults 的数组列数值为:

rgBoxResults[0].indxBox:	0
rgBoxResults[0].rgChar[0]:	'与'
rgBoxResults[1].indxBox:	'子'
rgBoxResults[1].rgChar[0]:	'于'
rgBoxResults[2].indxBox:	'飞'
rgBoxResults[2].rgChar[0]:	'干'

⑪ 调用 HwxDestroy 销毁引擎,本次识别过程结束。如果需要继续识别文字,从步骤 2 重新开始。

4.8.2 CRecognizer 封装调用流程

至此为止,已经介绍了识别的一般性过程,对于实际运用来说,是完全可行的;但从便利性角度出发,却不免显得烦琐:每次输入笔画都需留意点阵是否屏幕坐标系,每次读取返回的字符总要分配内存然后获取等。诸如总总,代码写一次还好,如果多处运用多次编写多方维护,实在不是一件快乐的事情。所以还是和之前一样的老方法,将这些杂七杂八封装为 CHandwriteRecognizer 类,以下为详细代码,在下载资料中也有相应源代码。

```
//////////////////////////////////////////////////////////
//HandwriteRecognizer.h: interface for the CHandwriteRecognizer class.
//////////////////////////////////////////////////////////
# pragma once
# include "stdafx.h"
# include "recog.h"
# include <vector>
class CHandwriteRecognizer
{
public:
    //-----------------------------------------------------------
    //Descriptiong:
    //    设置识别窗口
    //Parameter:
    //    hWnd:[in]窗口的句柄    rcWnd:[in]识别的范围
    //-----------------------------------------------------------
```

第 4 章　输入法开发

```cpp
    BOOL SetRecognizeWindow(HWND hWnd,const RECT &rcWnd);
    //-------------------------------------------------------
    //Descriptiong:
    //    输入笔画
    //Parameter:
    //    vtPoint：[in] 输入的笔画
    //-------------------------------------------------------
    BOOL InputStroke(const std::vector<POINT> &vtPoint);
    //-------------------------------------------------------
    //Descriptiong:
    //    获取识别的字符
    //Parameters:
    //    vtChar：[out] 存储识别字符的缓存    dwMax：[in] 预期的最大的识别字符数
    //-------------------------------------------------------
    BOOL GetCharacter(std::vector<TCHAR> &vtChar,DWORD dwMax);
    //-------------------------------------------------------
    //Descriptiong:
    //    开始识别
    //-------------------------------------------------------
    BOOL BeginRecognize();
    //-------------------------------------------------------
    //Descriptiong:
    //    停止识别
    //-------------------------------------------------------
    BOOL EndRecognize();
    //-------------------------------------------------------
    //Descriptiong:
    //    设置关联的上文,目的是为了更好地获得识别的字符
    //-------------------------------------------------------
    BOOL SetContext(TCHAR cContext);
public:
    CHandwriteRecognizer();
    virtual ~CHandwriteRecognizer();
private:
    HRC m_hrc;
    HWXGUIDE m_hwxGuide;
    HWND m_hWndRecog;
```

```cpp
    ALC m_alc;
    TCHAR m_cContext;
};
////////////////////////////////////////////////////////////////////
//HandwriteRecognizer.cpp : implementation of the CHandwriteRecognizer class.
////////////////////////////////////////////////////////////////////
#include "HandwriteRecognizer.h"
//----------------------------------------------------------
//The link library
#pragma comment (lib,"hwxcht.lib")
//----------------------------------------------------------
//宏定义

//The default value of hwxGuide
#define DEFAULT_HWXGUIDE_CHORZBOX           1
#define DEFAULT_HWXGUIDE_CVERTBOX           1
#define DEFAULT_HWXGUIDE_CXOFFSET           1
#define DEFAULT_HWXGUIDE_CYOFFSET           1

//The default value of ALC
#define DEFAULT_ALC         (ALC_CHT_EXTENDED | ALC_USA_EXTENDED | ALC_ALPHANUMERIC)
//----------------------------------------------------------
CHandwriteRecognizer::CHandwriteRecognizer():
m_alc(NULL),
m_hrc(NULL),
m_hWndRecog(NULL),
m_cContext('\0')
{
    memset(&m_hwxGuide,0,sizeof(m_hwxGuide));
}
CHandwriteRecognizer::~CHandwriteRecognizer()
{}
BOOL CHandwriteRecognizer::SetRecognizeWindow(HWND hWnd,const RECT &rcWnd)
{
    m_hWndRecog = hWnd;
    m_alc = DEFAULT_ALC;

    //转换为窗口坐标
    RECT rcRecognize = {rcWnd.left * 4,rcWnd.top * 4,rcWnd.right * 4,rcWnd.bottom * 4};
    MapWindowPoints(hWnd,HWND_DESKTOP,(LPPOINT)(&rcRecognize),(sizeof(RECT)/sizeof(POINT)));
    m_hwxGuide.cHorzBox = DEFAULT_HWXGUIDE_CHORZBOX;
```

```
        m_hwxGuide.cVertBox = DEFAULT_HWXGUIDE_CVERTBOX;
        m_hwxGuide.xOrigin = rcRecognize.left;
        m_hwxGuide.yOrigin = rcRecognize.top;
        m_hwxGuide.cxBox = rcRecognize.right - rcRecognize.left;
        m_hwxGuide.cyBox = rcRecognize.bottom - rcRecognize.top;
        m_hwxGuide.cxOffset = DEFAULT_HWXGUIDE_CXOFFSET;
        m_hwxGuide.cyOffset = DEFAULT_HWXGUIDE_CYOFFSET;
        m_hwxGuide.cxWriting = (rcRecognize.right - rcRecognize.left) m_hwxGuide.cxOffset * 2;
        m_hwxGuide.cyWriting = (rcRecognize.bottom - rcRecognize.top) m_hwxGuide.cyOffset * 2;
        m_hwxGuide.nDir = HWX_HORIZONTAL;
        return HwxConfig();
}
BOOL CHandwriteRecognizer::BeginRecognize()
{
    BOOL bRes = FALSE;
    __try
    {
        m_hrc = HwxCreate(NULL);
        if(m_hrc = = NULL)
        {
            __leave;
        }
        bRes = HwxSetGuide(m_hrc,&m_hwxGuide);
        if(bRes = = FALSE)
        {
            __leave;
        }
        bRes = HwxALCValid(m_hrc,m_alc);
        if(bRes = = FALSE)
        {
            __leave;
        }
        bRes = TRUE;
    }
    __finally
    {
    }
    return bRes;
}
```

```cpp
BOOL CHandwriteRecognizer::EndRecognize()
{
    BOOL bRes = HwxDestroy(m_hrc);
    m_hrc = NULL;
    m_cContext = '\0';
    return bRes;
}
BOOL CHandwriteRecognizer::GetCharacter(std::vector<TCHAR> &vtChar,DWORD dwMax)
{
    BOOL bRes = FALSE;
    std::vector<HWXRESULTS> vtResult;
    //结束输入
    if(HwxEndInput(m_hrc) == FALSE)
    {
        goto END;
    }
    //设置前文
    if(m_cContext != '\0')
    {
        HwxSetContext(m_hrc,m_cContext);
    }
    //进行分析
    if(HwxProcess(m_hrc) == FALSE)
    {
        goto END;
    }
    int iAvailable = HwxResultsAvailable(m_hrc);    //获取有效的识别字符
    //如果为-1,则意味识别失败
    if(iAvailable == -1)
    {
        goto END;
    }
    //除了第1个HWXRESULTS以外,别的HWXRESULTS结构体都会存储两个字符,
    //所以只需要分配(dwMax / 2 + 1)即可
    vtResult.resize(dwMax / 2 + 1);
    //获得识别的字符
    if(HwxGetResults(m_hrc,vtResult.size(),0,vtResult.size(),&vtResult[0]) == FALSE)
    {
        goto END;
```

```
        }
        //将字符存储到缓存中
        vtChar.clear();
        for(int i = 0; i < vtResult.size(); + + i)
        {
            if(i = = 0)
            {
                if(vtResult[i].rgChar[0] ! = 0)
                {
                    vtChar.push_back(vtResult[i].rgChar[0]);
                }
                else
                {
                    break;
                }
            }
            else
            {
                //indxBox 成员也存储了识别的字符
                if(vtResult[i].indxBox   ! = 0)
                {
                    vtChar.push_back(vtResult[i].indxBox);
                }
                else
                {
                    break;
                }
                if(vtResult[i].rgChar[0] ! = 0)
                {
                    vtChar.push_back(vtResult[i].rgChar[0]);
                }
                else
                {
                    break;
                }
            }
        }
        bRes = TRUE;
END:
```

```cpp
    return bRes;
}
BOOL CHandwriteRecognizer::InputStroke(const std::vector<POINT> &vtPoint)
{
    std::vector<POINT> vtConvetPoint = vtPoint;
    //转换为屏幕坐标
    for(std::vector<POINT>::iterator iter = vtConvetPoint.begin();
            iter != vtConvetPoint.end(); ++iter)
    {
        (*iter).x *= 4;
        (*iter).y *= 4;
    }
    MapWindowPoints(m_hWndRecog, HWND_DESKTOP, &vtConvetPoint[0], vtConvetPoint.size());
    return HwxInput(m_hrc,&vtConvetPoint[0],vtConvetPoint.size(),0);
}
BOOL CHandwriteRecognizer::SetContext(TCHAR cContext)
{
    m_cContext = cContext;
    return TRUE;
}
```

最后,用一段代码做范例说明如何使用该封装类,以此做本节的结尾。

```cpp
//设置识别窗口
CHandwriteRecognizer recog;
recog.SetRecognizeWindow(wnd.GetWindow(),rcWnd);
//开始识别
recog.BeginRecognize();
std::vector<POINT> vtPoint;
POINT pt = {0};
//输入第1笔坐标
pt.y = 15;
for(int i = 3; i < 30; i += 4)
{
    pt.x = i;
    vtPoint.push_back(pt);
}
recog.InputStroke(vtPoint);
//输入第2笔坐标
pt.x = 15;
for(int i = 3; i < 40; i += 4)
{
```

第 4 章 输入法开发

```
        pt.y = i;
        vtPoint.push_back(pt);
}
recog.InputStroke(vtPoint);

recog.SetContext('上');         //设置前文
//获得识别的字符
std::vector<TCHAR> vtRecognize(10,0);
recog.GetCharacter(vtRecognize,vtRecognize.size());

recog.EndRecognize();           //停止识别
```

4.8.3 在 Platform Builder 中添加识别库

至此为止,所有的代码都和识别引擎 hwxcht.dll 有关,但默认的 SDK 是不包含该引擎的。如果想定制的系统能够支持手写识别,就必须添加"MboxCHT HWX Sample UI"属性。不过只是添加识别引擎还不够,因为该引擎是建构于本地语言之上的,所以还需要将本地语言更改为繁体中文。

如果使用的是 PB5.0,则如图 4.8.2 所示添加识别引擎。如果是更改 PB5.0 工程的本地语言,则如图 4.8.3 所示。

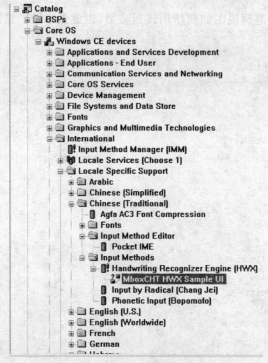

图 4.8.2 PB 5.0 增加识别引擎

第 4 章 输入法开发

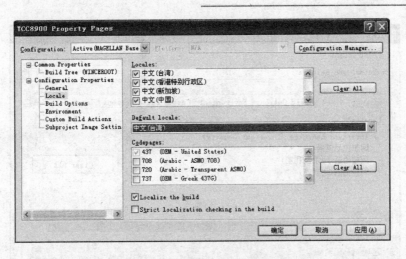

图 4.8.3 PB5.0 更改本地语言

如果使用的是 VS2005 加 PB6.0 插件,增加识别引擎的路径如图 4.8.4 所示。相应的,在 PB6.0 中更改本地语言的设置如图 4.8.5 所示。

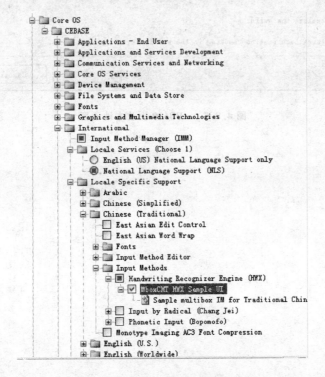

图 4.8.4 PB6.0 增加识别引擎特性

第4章 输入法开发

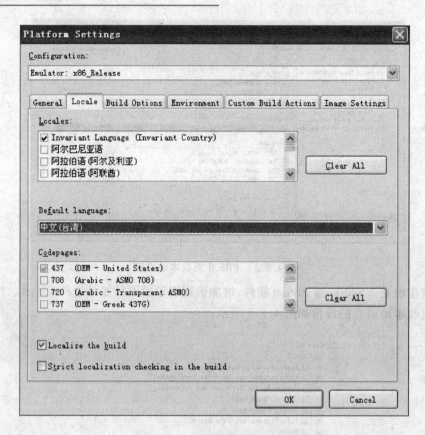

图 4.8.5　PB6.0 更改本地语言

第 5 章

事件和控制面板

本章主要讲述了事件这一系统对象在进程中的具体实践。更进一步的是，文中的进程选择的是大部分书籍都很少提到的控制面板，以及如何通过事件来完成和驱动的通信。

5.1 事件概述

事件（Event）真是个好东西，不仅多线程中会用到，甚至进程间的通信也少不了它的身影。如果能够合理灵活地运用事件，绝对能减少编程中不少的麻烦，不可不谓是大牛手中的一把利器。

虽然 norains 不太喜欢讲解太过于基础的知识，因为这些东西百度或谷歌一下，有的没的一股脑全部呈现于面前，但考虑到不少朋友可能是上班偷个小懒躲在马桶上翻阅本书而不方便上网，所以还是冒着被误认为凑页数的危险，先简单介绍一些事件的基础。（围观的众人：norains 你居然还有脸说不是在凑页数～）

5.1.1 创建事件

Windows CE 里面的大部分东西，如果想要使用，就必须要创建。至于事件，当然也不能免俗，它的创建函数是 CreateEvent，其声明如下：

```
HANDLE CreateEvent(
  LPSECURITY_ATTRIBUTES lpEventAttributes,
  BOOL bManualReset,
  BOOL bInitialState,
  LPTSTR lpName
);
```

lpEventAttributes 在 Windows CE 中不支持，必须设置为 NULL。

bManualReset 为 TRUE 时，为手动复位；为 FALSE 时，则自动复位。这两种复位有什么关系呢？其实都和接收有关。

比如，有一个接收的线程，通过 WaitForSingleObject 进行事件的检测：

```
While(TRUE)
{
    WaitForSingleObject (hEvent, INFINITE);
    RETAILMSG(TRUE,(TEXT("Receive Event! \r\n")));
}
```

如果是自动复位,那么从 WaitForSingleObject 函数返回之后,Event 通知状态已经被清除,输出"Receive Event"信息后在下一个循环中就会停留在 WaitForSingleObject 函数,等待下一次事件的到来。而对于手动复位,在如上代码中的表现则让人疯狂,因为没有进行手动复位,所以只要一调用 WaitForSingleObject 函数就会立刻返回,以致于不停地输出"Receive Event"信息。

如果让手动复位的事件表现和自动复位的一致,那么必须额外地添加 ResetEvent 代码:

```
While(TRUE)
{
    WaitForSingleObject (hEvent, INFINITE);
    ResetEvent(hEvent);
    RETAILMSG(TRUE,(TEXT("Receive Event! \r\n")));
}
```

如果仅仅考虑上面的代码片段,似乎觉得自动复位比手动复位更有优势,毕竟不可能每次都记得调用 ResetEvent。但实际情况却并非如此。如果有两个以上线程同时在等待同一个事件时,问题就出现了:

```
//线程 A
While(TRUE)
{
    WaitForSingleObject (hEvent, INFINITE);
    RETAILMSG(TRUE,(TEXT("A! \r\n")));
}
//线程 B
While(TRUE)
{
    WaitForSingleObject (hEvent, INFINITE);
    RETAILMSG(TRUE,(TEXT("B! \r\n")));
}
```

当这两个线程都调用了 WaitForSingleObject,进入等待状态后,相应的自动复位事件被触发了,那么这时你认为输出的是 A 还是 B,或是两者都有?答案是,可能是 A,也可能是 B,但绝对不会是两者都存在。是不是很奇怪?理由是,当其中一个 WaitForSingleObject 接收到事件后,会自动将事件复位,从而导致另外一个进程调用的 WaitForSingleObject 根本就没办法接收到该事件。如果想两个进程都能接收到同一事件,那么该事件必须为手动复位的。

说完手动和自动的区别,接下来在回头看看创建函数另外的形参。

bInitialState 标志为 TRUE,则成功创建完毕后,就会发送事件;否则,就什么都不干。这个好理解,就不细说了。

lpName 是事件的名字,也可以为 NULL。那什么时候应该给予名字呢?如果仅是在同一个进程中使用,并且也能通过代码传递该事件的句柄,那么名字是不必要的。但如果是在多进程中使用,那么名字是必须的,因为这是两个进程能使用同一个事件的前提。例如:

```
//进程 A
HANDLE hEventA = CreateEvent(NULL,FALSE,FALSE,TEXT("TEST"));
//进程 B
HANDLE hEventB = CreateEvent(NULL,FALSE,FALSE,TEXT("TEST"));
```

虽然 hEventA 和 hEventB 的数值可能不一样,但对其中任何一个进行操作对于另外一个都是等效的。这种方式对于不同进程操作同一事件的情形提供极大的便利。

另外,还可以通过 OpenEvent 来打开一个已经存在的事件句柄:

```
HANDLE OpenEvent( DWORD dwDesiredAccess, BOOL bInheritHandle, LPCTSTR lpName);
```

dwDesiredAccess 是继承的权限,如果觉得麻烦,可以直接赋值 EVENT_ALL_ACCESS,让它拥有和创建时一样的权限。

bInheritHandle 在 Windows CE 下没有意义,必须设置为 FALSE。

和 CreateEvent 同名形参一样,lpName 也是事件的名字。

对该函数的调用,自然也是很简单的:

```
HANDLE hEvent = OpenEvent(EVENT_ALL_ACCESS,FALSE,TEXT("TEST"));
```

最后,用表 5.1.1 来表示 CreateEvent 和 OpenEvent 的区别。

表 5.1.1 CreateEvent 和 OpenEvent 区别

函 数	该事件不存在	该事件存在
CreateEvent	创建新的事件	打开存在的事件,此时行为和 OpenEvent 一致
OpenEvent	函数调用失败	打开存在的事件

5.1.2 发送事件

事件的发送有两个函数:一个是 SetEvent,另一个是 PulseEvent。这两个的声明如下:

```
BOOL SetEvent(HANDLE hEvent);
BOOL PulseEvent(HANDLE hEvent);
```

两者的区别也是手动复位和自动复位的区别。SetEvent 就纯属于发送，发送完了，就啥都不管；而 PulseEvent 就比较多管闲事，发送完毕后，还将清除事件的信号状态。一般来说，事件的发送都倾向于选用 SetEvent。而至于 PulseEvent，更可能是在一些不是很重要的情况，比如该事件可收可不收的状态。简单来说，就是发送事件时如果有进程在等，那么就接收；如果没有，那此次发送就直接忽略，直到进程进入等待事件后再说。

其实从另一个角度来说，PulseEvent 就有点鸡肋了。因为它的功能，完全可以在接收到事件后再通过 ResetEvent 复位，这样可控性还强一些。如果是采用 PulseEvent，即使事件是手动复位的，并且多个进程等待同一个事件，也可能会导致只有一个进程能正常接收到事件。

5.1.3 接收事件

前面一直都提到事件的接收，现在来正式看看这个 WaitForSingleObject：

```
DWORD WaitForSingleObject(HANDLE hHandle, DWORD dwMilliseconds);
```

hHandle 是等待事件的句柄，该句柄当然是通过调用 CreateEvent 或 OpenEvent 返回的。dwMilliseconds 是等待的时间。因为调用 WaitForSingleObject 函数之后，就会进入等待状态，直到接收到事件或超时。前者不必说，后者的超时时限就是通过 dwMilliseconds 来进行设置。如果想一直等待，直到有信号才返回，那么就可以将该形参赋予 INFINITE 数值。

当该函数返回时，可以通过返回值来判断是因为事件还是超时而引发的触发。返回值为 WAIT_OBJECT_0，意味着已经接收到了事件，所以才返回；而如果是 WAIT_TIMEOUT，从定义上就可以看出，这是因为超时才返回的。

等待单独的一个事件很简单，那么如果需要等待多个事件呢？是不是要多创建几个线程，然后在每个线程中都调用 WaitForSingleObject 进行等待？其实完全可以不用那么麻烦，因为还有另一绝招，就是 WaitForMultipleObjects：

```
DWORD WaitForMultipleObjects(
  DWORD nCount,
  CONST HANDLE * lpHandles,
  BOOL fWaitAll,
  DWORD dwMilliseconds
);
```

由 Multiple 就可以猜出，这小家伙花心的事没少干，它要做的就是等待多个事件来献殷勤。还好，在这里需要的就是它的花心。先来看看其形参。

nCount 标志着它要等待多少个事件对象。如果是 0,那就完全是没事干找茬了;如果是 1,那还不如调用 WaitSingleObject。因此,该函数的调用情形,在于等待的事件等于或多于两个。当然啦,虽然这函数花心,但其精力还是有限的,它最多只能同时应付 MAXIMUM_WAIT_OBJECTS 个对象。

lpHandles 标志对象的列表。其实它是一个数组,和 nCount 一起规定了 WaitForMultipleObjects 可以操作哪些事件对象。

fWaitAll 是个有意思的参数。当其为 TRUE 时,只有所有的事件对象都献殷勤时,该函数才会返回。是不是很酷?更酷的在后面,该形参在 Windows CE 下不支持,只能设为 FALSE。也就是说,只要有一个事件对象出现,那么该函数就得乖乖地返回。

dwMilliseconds 就和 WaitForSingleObject 的同名形参一样,用来标志超时的时限。同样,也能选择 INFINITE 来进行最长时间的等待。

看到这里,可能有读者问题就来了:如果函数是接收到事件返回的,那么如何知道是哪个事件引起的。这个不难,既然它花心,它自然也有应对的方法。可以先判断是否等于 WAIT_TIMEOUT,如果不等于,那么直接将获得的数值减去 WAIT_OBJECT_0,所得的数值就是触发函数返回的对象。这里需要注意的是,如果结果为 0,则是第 1 个对象,这个和 C 数组以 0 为开始是一致的。

最后,就以实例来看看 WaitForMultipleObjects 的用法:

```cpp
//创建等待的事件
std::vector<HANDLE> vtEvent;
vtEvent.push_back(CreateEvent(NULL,TRUE,FALSE,TEXT("Event_1")));
vtEvent.push_back(CreateEvent(NULL,TRUE,FALSE,TEXT("Event_2")));

while(TRUE)
{
    //等待多个事件对象
    DWORD dwObj = WaitForMultipleObjects(vtEvent.size(),&vtEvent[0],FALSE,INFINITE);
    if(dwObj == WAIT_TIMEOUT)
    {
        continue;
    }
    //计算是哪个事件触发的
    DWORD dwEventIndex = dwObj - WAIT_OBJECT_0;
    RETAILMSG(TRUE,(TEXT("The Current Index Is %d\r\n"),dwEventIndex));
}
```

5.2 不同进程数据信息传递

多线程的数据交流不难,毕竟是同属于一个进程,更为重要的是,代码还很可能同属于一个工程,基本上想怎么干就怎么干,大不了用一个全局变量来做缓存进行数据的交换。

但对于多进程来说,就没那么容易了。从代码的角度来说,多进程意味不同的工程,意味着不能简单通过全局变量来交流数据。试想一下,如果 IE 有一个全局变量 g_iCurPage,用什么方法才能得到该数据?因此,在多进程的情况下,多线程那一套就没辙了。

不过,如果只是交流数据,情况倒显得不那么糟糕。一般的流程无非就是:假设有两个,分别是进程 A 和进程 B,当线程 A 改变某些数值时,它会通过发送相应的事件给进程 B;进程 B 在获得该通知事件后,会采取一定的方式,读取进程 A 所改变的数值。

听起来是不是很简单?

在讨论这个问题之前,先假设这两个进程存在如下架构的代码。

进程 A:

```
DWORD NotifyProc(LPVOID pParam)
{
 while(TRUE)
 {
  if(IsDataChange()! = FALSE)
  {
   //TODO:准备好传送的数据
   PulseEvent(hEventNotify);
  }
 }
}
```

进程 B:

```
DWORD WaitNotifyProc(LPVOID pParam)
{
 while(TRUE)
 {
  DWORD dwReturn = WaitForSingleObject(hEventNotify);
  if(dwReturn! = WAIT_TIMEOUT)
  {
   //TODO:获取相应的数据
  }
 }
}
```

从这段简单的代码之中,可以知道有这么两个难点,首先是进程 A 如何准备数据,其次便是进程 B 如何获取进程 A 准备的数据。

接下来要论述的方式,都是基于这个框架的两个难点来讨论。

一般的做法,无非有三种。不过只有其中一种是和本节讨论的事件主题有关,但考虑到老祖宗传下来的货比三家的淳朴智慧,还是决定将其一网打尽:有比较,才有鉴别嘛!

5.2.1 注册表

注册表,Windows 系统特有的一个玩意,本意就是为取代配置文件的沟通不便的状况,所以其应付文中所提到的情形,也是游刃有余。如果采用该方式,那么代码可以变更如下:

进程 A:

```
DWORD NotifyProc(LPVOID pParam)
{
 while(TRUE)
 {
  if(IsDataChange()! = FALSE)
  {
   //更改相应的注册表数值
   CReg reg;
   reg.Create(HKEY_CURRENT_USER,DEVICE_INFO);
   reg.SetDW(MAIN_VOLUME,dwVal);
   reg.Close();
   PulseEvent(hEventNotify);    //发送通知事件
  }
 }
}
```

进程 B:

```
DWORD WaitNotifyProc(LPVOID pParam)
{
 while(TRUE)
 {
  DWORD dwReturn = WaitForSingleObject(hEventNotify);   //等待通知事件
  if(dwReturn ! = WAIT_TIMEOUT)
  {
   //读取注册表
   CReg reg;
   reg.Create(HKEY_CURRENT_USER,DEVICE_INFO);
```

```
        DWORD dwVal = 0;
    dwVal = reg.GetDW(MAIN_VOLUME);
  }
 }
}
```

该方法灵活性非常高,进程 A 如果想增加更多的通知数据,只需要简单地多设注册表项。而进程 B 可以不用管进程 A 设置了多少注册表项,只获取自己所需要的项目即可。

另外一个更为明显的优势在于:由于该方法是将数据保存于注册表,所以在进程 B 的运行是在进程 A 退出之后,进程 B 还能获取数据。甚至机器重启后,进程 B 依然能获取相应数据——前提条件是系统的注册表为 Hive Registry。

确切的说,相对于另外两种方法而言的缺陷便是速度。因为期间会对注册表进行读/写,所以速度会略有损失。这损失会到达一个什么程度呢?当进程 A 写完注册表,发送事件通知给进程 B,然后进程 B 开始读注册表,这时注册表还不一定能够更新过来。如果对速度非常在意,特别是在驱动里面,那么该方法并不是最理想的。

5.2.2 内存映射

初看标题,也许觉得很深奥难懂,但其实原理很简单。进程 A 先调用 CreateFileMapping 开辟一个映射的内存区,然后往里面复制数据,最后通知进程 B 读取数据;进程 B 接收通知时,就直接调用 memcpy 从内存中获取数据。

也许面对着实际代码,可能更好理解。

进程 A:

```
DWORD NotifyProc(LPVOID pParam)
{
 //创建内存文件映射
 HANDLE hFile = CreateFileMapping((HANDLE)-1,NULL,PAGE_READWRITE,
                    0,MEM_SIZE,MEM_SHARE_NAME);
 VOID * pMem = NULL;
 if(hFile != NULL)
 {
  pMem = MapViewOfFile(hFile,FILE_MAP_ALL_ACCESS,0,0,0);
 }
 while(TRUE)
 {
  if(IsDataChange() != FALSE)
  {
   //复制传输的数据
```

```
      if(pMem ! = NULL)
      {
         memcpy(pMem,&dwValue,sizeof(dwValue));
      }
      PulseEvent(hEventNotify);
   }
   CloseHandle(hFile);       //如果不再使用,应该关闭句柄
}
```

进程 B:

```
DWORD WaitNotifyProc(LPVOID pParam)
{
   //创建内存文件映射
   HANDLE hFile = CreateFileMapping((HANDLE) - 1,NULL,PAGE_READWRITE,0,
                                    MEM_SIZE,MEM_SHARE_NAME);
   VOID * pMem = NULL;
   if(hFile ! = NULL)
   {
      pMem = MapViewOfFile(hFile,FILE_MAP_ALL_ACCESS,0,0,0);
   }
   while(TRUE)
   {
      DWORD dwReturn = WaitForSingleObject(hEventNotify);
      if(dwReturn ! = WAIT_TIMEOUT)
      {
         //复制传输过来的数据
         if(pMem ! = NULL)
         {
            memcpy(&dwValue,pMem,sizeof(dwValue));
         }
      }
   }
   CloseHandle(hFile);       //如果不再使用,应该关闭句柄
}
```

  该方法是最复杂的,两个进程不仅协同设置内存的大小(MEM_SIZE),还要设置同样的名称(MEM_SHARE_NAME),更要判断该内存是否能分配成功。相对的,灵活性也是最高的,只要以上问题协商解决,则什么数据类型都能传递,无论是 DWORD 或是 struct。当然,还

是不能传递对象指针,因为简单地传递对象指针,基本上都会引发内存访问违例的致命错误。

5.2.3 事件数据

相对于以上两种方式,该方式彻头彻尾只能属于轻量级。因为它方式最为简单,同样,所传递的数据也最少。

其原理很简单,进程 A 通过 SetEventData 设置和事件关联的数据,然后发送事件通知进程 B;进程 B 接收到进程 A 的事件以后,则通过 GetEventData 来获取数据。根据该原理,则代码的样式可以如下:

进程 A:

```
DWORD NotifyProc(LPVOID pParam)
{
 while(TRUE)
 {
  if(IsDataChange() ! = FALSE)
  {
   SetEventData(hEventNotify,dwData);    //设置关联数据
   SetEvent(hEventNotify);
  }
 }
}
```

进程 B:

```
DWORD WaitNotifyProc(LPVOID pParam)
{
 while(TRUE)
 {
  DWORD dwReturn = WaitForSingleObject(hEventNotify);
  if(dwReturn ! = WAIT_TIMEOUT)
  {
   dwData = GetEventData(hEventNotify);   //获取关联数据
  }
 }
}
```

该方式在传递 DWORD 长度类型的数据有得天独厚的优势,无论是速度还是简便性。但也仅限于此,如果想采用该方式传递大于 DWORD 的数值,基本上会丢失精度,更不用说 struct 等结构体数值了。不过,这却是这 3 种方法之中使用最多的。

比如,应用程序想和驱动进行通信,告诉它当前的状态以做相应的修正,但又不想通过

DeviceIoControl，或是说应用程序根本就不知道这状态是由驱动来处理的，那么应用程序就可以很简单地设置事件数据，通过发送事件来进行传输。

进程 A：

```
SetEventData(hEventNotify,NOTIFY_SD_INSERT);    //设置 SD 卡插入状态
SetEvent(hEventNotify);                          //发送通知事件
```

进程 B，可能是驱动，也可能是别的应用程序之类：

```
DWORD dwReturn = WaitForSingleObject(hEventNotify);
if(dwReturn ! = WAIT_TIMEOUT)
{
    dwData = GetEventData(hEventNotify);//获取关联数据
    if(dwData &  NOTIFY_SD_INSERT)
    {
        //SD 卡已经插入，该干嘛就干嘛去
    }
}
```

5.3 控制面板和驱动通信

从另一个角度来说，控制面板也算一个进程，和应用程序并没有太多的区别。也就是说，应用程序能够使用的方式，控制面板也能适合。那么接下来就看看，控制面板如何和驱动通信，才具有最大的灵活度。

5.3.1 控制面板结构

控制面板是啥东西？控制面板的本质就是 DLL。在这点上，和驱动没有任何区别。只不过驱动是以真面目 DLL 示人，而控制面板非要改头换面将 DLL 变更为 CPL。那么是不是说，将普通驱动的后缀名改为 CPL 后，就能正常使用呢？当然不是。既然其为控制面板，那么必然有和驱动所不一样的接口。

对于控制面板而言，实现 CPlApplet 函数是其最明显的标志。微软对于该函数的定义也没有任何出彩的地方，就和窗口消息函数类似：

```
LONG CALLBACK CPlApplet(HWND hwndCPL,
                        UINT message,
                        LPARAM lParam1,
                        LPARAM lParam2)
```

hwndCPL 是消息接收的窗口，message 是传递过来的消息，而剩下的 lParam1 和 lParam2

则是附加传递过来的参数。

如果想让控制面板程序正常运作,则 CPlApplet 必须要实现一些特定的消息。现在来看看一个比较简单的 CPlApplet 实现:

```
extern "C"   LONG CALLBACK CPlApplet(HWND hwndCPL,UINT message, LPARAM lParam1, LPARAM lParam2)
{
  switch (message)
  {
    case CPL_INIT:
        //控制面板初始化。如果有内存需要分配的话,就在这里进行
        //返回 1 为成功,0 则意味着失败。如果返回 0,则控制面板不会再被加载
        return 1;
    case CPL_GETCOUNT:
        //一个 CPL 文件有多个 Applet,而 Applet 则是在控制面板中显示的子项
        //该消息用来获取有多少个 Applet
        return 1;
    case CPL_NEWINQUIRE:
    {
        //返回包含程序名和图标信息的 NEWCPLINFO 结构。返回 0 则为成功,返回 1 为失败
        return 0;
    }
    case CPL_DBLCLK:
    {
        //图标被双击时会触发此消息。返回 0 意味着消息被处理,1 则相反
        return 0;
    }
    case CPL_STOP:      //单个组件退出时响应,用来清除资源内存等
    case CPL_EXIT:      //退出整个 CPL 程序时响应
    default:
        return 0;
  }
  return 1;
}
```

5.3.2 简单的控制面板程序

大家都知道,普通的窗口应用程序,可以在 WinMain 函数中放置消息循环。那么,控制面板的消息循环是放在哪里呢? DllMain? 不是,如果放置在 DllMain,那么就无法及时响应返回。结果可能会让你大跌眼镜:消息循环放在 CPlApplet 接收到 CPL_DBLCLK 消息之时。

第5章 事件和控制面板

上一节已经描述了控制面板的基础,那么现在就在这基础上看看一个完整的最简单的有消息循环的控制面板程序。

啥都不说,先上个代码。在下载资料也有相应的源代码。

首先是控制面板的主要部分:

```cpp
////////////////////////////////////////////////////////////////////
//SimpleCPL.cpp : Defines the entry point for the DLL application.
////////////////////////////////////////////////////////////////////
#include "stdafx.h"
#include "Cpl.h"
#include "resource.h"
#include "MainWnd.h"
//-----------------------------------------------------------------
//宏定义
#define CPL_TITLE           TEXT("简单的CPL")
#define CPL_INFO            TEXT("norains的简单样例")
//返回表达式中字符的个数
#define LENGTHOF(exp)       ((sizeof((exp)))/sizeof((*(exp))))
//-----------------------------------------------------------------
//全局变量

//DLL全局句柄
HMODULE g_hModule = NULL;
BOOL APIENTRY DllMain( HANDLE hModule, DWORD ul_reason_for_call, LPVOID lpReserved)
{
    switch(ul_reason_for_call)
    {
    case DLL_PROCESS_ATTACH:
        {
            g_hModule = (HMODULE) hModule;
            break;
        }
    case DLL_THREAD_ATTACH:
    case DLL_THREAD_DETACH:
    case DLL_PROCESS_DETACH:
        break;
    }
    return TRUE;
}
```

```cpp
//--------------------------------------------------------------
//Description:
//     控制面板入口函数
//--------------------------------------------------------------
extern "C"  LONG CALLBACK CPlApplet(HWND hwndCPL,UINT message, LPARAM lParam1, LPARAM lParam2)
{
    switch (message)
    {
    case CPL_INIT:                  //直接返回1,表示初始化成功
        return 1;
    case CPL_GETCOUNT:              //只有一个applet,故返回1
        return 1;
    case CPL_NEWINQUIRE:
        {
            //获取显示的信息
            NEWCPLINFO * lpNewCplInfo = (NEWCPLINFO *) lParam2;
            if (lpNewCplInfo)
            {
                lpNewCplInfo->dwSize = sizeof(NEWCPLINFO);
                lpNewCplInfo->dwFlags = 0;
                lpNewCplInfo->dwHelpContext = 0;
                lpNewCplInfo->lData = IDI_ICON;      //IDI_ICON为工程中的ICO图标

                //从DLL中读取ICO图标
                lpNewCplInfo->hIcon = LoadIcon(g_hModule,MAKEINTRESOURCE(IDI_ICON));
                //在控制面板中显示的名称
                if(_tcslen(CPL_TITLE) < LENGTHOF(lpNewCplInfo->szName))
                {
                    _tcscpy(lpNewCplInfo->szName,CPL_TITLE);
                }
                //当鼠标停留时显示的信息
                if(_tcslen(CPL_INFO) < LENGTHOF(lpNewCplInfo->szInfo))
                {
                    _tcscpy(lpNewCplInfo->szInfo,CPL_INFO);
                }
                _tcscpy(lpNewCplInfo->szHelpFile,_T(""));
                return 0;
            }
            return 1;
        }
```

```
        case CPL_DBLCLK:
            {
                //双击时,显示主窗口
                CMainWnd mainWnd;
                mainWnd.Create(NULL,TEXT("SIMPLE_CPL"),TEXT("SIMPLE"));
                //将窗口移动到屏幕中间
                MoveWindow(mainWnd.GetWindow(),
                        (GetSystemMetrics(SM_CXSCREEN) -
                        GetSystemMetrics(SM_CXSCREEN) / 2) / 2,
                        (GetSystemMetrics(SM_CYSCREEN) -
                        GetSystemMetrics(SM_CYSCREEN) / 2) / 2,
                        GetSystemMetrics(SM_CXSCREEN) / 2,
                        GetSystemMetrics(SM_CYSCREEN) / 2,FALSE);
                mainWnd.ShowWindow(TRUE);
                //消息循环
                MSG msg;
                while(GetMessage(&msg,NULL,0,0))
                {
                    TranslateMessage(&msg);
                    DispatchMessage(&msg);
                }
                return 1;
            }
        default:
            return 0;
    }
    return 1;
}
```

主干有了,那么接下来需要做什么呢?一切还是简单点吧。我们希望双击"控制面板"上的图标,就能弹出一个窗口,上面写着一行字:"Hello,Control Panel!"另外,我们实在不想再将更多的精力放在不相干的代码上,也不想之前的代码白白废弃,所以窗口就直接继承于第1章的CWndBase,这样还能减少键盘码字带来的磨损。这个窗口,就叫 CMainWnd。

首先是头文件:

```
/////////////////////////////////////////////////////////////////////////
//MainWnd.h
/////////////////////////////////////////////////////////////////////////
# include "WndBase.h"
class CMainWnd:
    public CWndBase
```

```
{
public:
    CMainWnd();
    virtual ~CMainWnd();
protected:
    //------------------------------------------------------------
    //Description:
    //    消息循环函数
    //------------------------------------------------------------
    virtual LRESULT WndProc(HWND hWnd, UINT wMsg, WPARAM wParam, LPARAM lParam);
    //------------------------------------------------------------
    //Description:
    //    On WM_PAINT
    //------------------------------------------------------------
    LRESULT OnPaint(HWND hWnd, UINT wMsg, WPARAM wParam, LPARAM lParam);
    //------------------------------------------------------------
    //Description:
    //    On WM_LBUTTONUP
    //------------------------------------------------------------
    LRESULT OnLButtonUp(HWND hWnd, UINT wMsg, WPARAM wParam, LPARAM lParam);
};
```

接着就是 CMainWnd 的具体实现。因为继承于 CWndBase，很多繁杂的东西都由基类来解决，剩下的只需要做简单的绘制而已：

```
////////////////////////////////////////////////////////////////////////
//MainWnd.cpp
////////////////////////////////////////////////////////////////////////
#include "stdafx.h"
#include "MainWnd.h"
CMainWnd::CMainWnd()
{}
CMainWnd::~CMainWnd()
{}
LRESULT CMainWnd::WndProc(HWND hWnd, UINT wMsg, WPARAM wParam, LPARAM lParam)
{
    switch(wMsg)
    {
        case WM_PAINT:
            OnPaint(hWnd, wMsg, wParam, lParam);
```

```
            return 0;
        case WM_LBUTTONUP:
            OnLButtonUp(hWnd, wMsg, wParam, lParam);
            return 0;
    }
    return CWndBase::WndProc(hWnd, wMsg, wParam, lParam);
}
LRESULT CMainWnd::OnPaint(HWND hWnd, UINT wMsg, WPARAM wParam, LPARAM lParam)
{
    PAINTSTRUCT ps;
    HDC hdc = BeginPaint(hWnd,&ps);
    RECT rcDraw = {0};
    GetWindowRect(hWnd,&rcDraw);
    rcDraw.right = rcDraw.right - rcDraw.left;
    rcDraw.bottom = rcDraw.bottom - rcDraw.top;
    rcDraw.left = 0;
    rcDraw.top = 0;
    Rectangle(hdc,rcDraw.left,rcDraw.top,rcDraw.right,rcDraw.bottom);
    TSTRING strVal = TEXT("Hello,Control Panel!");
    DrawText(hdc,strVal.c_str(),strVal.size(),&rcDraw,DT_CENTER | DT_VCENTER);
    EndPaint(hWnd,&ps);
    return 0;
}
LRESULT CMainWnd::OnLButtonUp(HWND hWnd, UINT wMsg, WPARAM wParam, LPARAM lParam)
{
    DestroyWindow(hWnd);
    PostQuitMessage(0x00);
    return 0;
}
```

书写完代码，编译生成.cpl 文件。如果使用的是 EVC，那么 IDE 会自动将该文件直接放到 Windows 目录。但如果所使用的 IDE 没有那么贴心，也可以手动将其复制到 Windows 目录。当这一切都准备妥当之后，打开"控制面板"，就能看到 CPL 程序——简单的 CPL，如图 5.3.1 所示。

再转回到代码部分：图 5.3.1 中所显示的"简单的 CPL"在代码中其实是 CPL_TITLE 所定义的；而该字符串向系统中的交流，则是在处理 CPL_NEWINQUIRE 消息之时。

做了那么久，终于要到这激动人心的一刻了。双击"控制面板"的"简单的 CPL"，看看如图 5.3.2 所展示的成果。

第 5 章　事件和控制面板

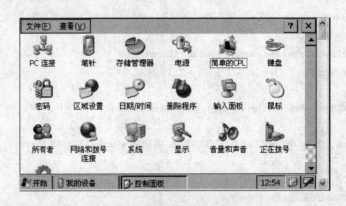

图 5.3.1　打开控制面板

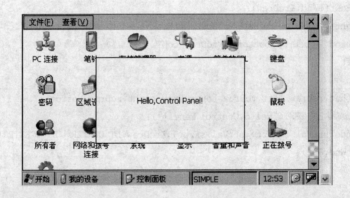

图 5.3.2　双击"简单的 CPL"

5.3.3　控制面板和驱动程序通信

控制面板除了设置系统的功能以外,最常用的就是和驱动进行沟通,进行一些硬件方面的设置。那么问题就来了,如何方便地和驱动沟通呢？也许第一时间在脑海中闪现的是 DeviceIoControl。没错,这确实可以,但并不一定是最简便的。也许程序想在不同的硬件平台上运行,而这不同的平台驱动由于一些原因可能不一致,莫非就只能单一程序对应单一驱动？

事情也许并不那么糟糕。可以采用事件的方式,而不用管驱动究竟是"PIO1:"还是"PIO2:",或是其他的牛鬼蛇神,只要它能响应我们的事件即可。换句话来说,使用事件,可能是减轻平台之间移植的比较便利的方法。

那么接下来,就来看看采用事件方式的控制面板和驱动的基本流程框架。

① 初始化驱动,并创建一个线程。该线程用来等待接收相应的事件。

```
//驱动初始化,创建线程进行事件等待
HANDLE hThread = CreateThread(NULL,0,WaitForNotifyProc,0,0,NULL);
```

第 5 章 事件和控制面板

```
        CloseHandle( hThread);
```

② 驱动的线程调用 WaitForSingleObject 进行事件的等待。

```
//创建一个通知事件,事件名称要与控制面板创建的事件名相同
HANDLE hEvent = CreateEvent(NULL, FALSE, FALSE, L"CPL_NOTIFY");

//死循环,不断接受信息
while(true)
{
        //如果控制面板不发送信号,则此线程会一直停留在 WaitForSingleObject 处
        WaitForSingleObject(hEvent, INFINITE);
        //-----------------------------------------------------------
        //只有获得信号之后,才会往这里执行
        //在这里执行相关操作,比如:读写注册表、操作寄存器等
        //-----------------------------------------------------------
}
CloseHandle(hEvent);
return 0;
}
```

③ 接下来看看控制面板如何发送信号。

```
//在这里创建一个事件。注意,此事件的名称必须要和驱动接收的名称相同,
//否则驱动无法正确获取信号
HANDLE hEvent = CreateEvent(NULL, FALSE, FALSE, L" CPL_NOTIFY ");
…
//设置事件数据,然后发送事件通知驱动进行调节
SetEventData(hEvent,NOTIFY_STATUS);
SetEvent(hEvent);
```

不仅我们自己的控制面板程序会采用事件和驱动进行通信,其实 Windows CE 自带的控制面板也同样如此。稍微有点出入的是,我们的状态传输是通过事件数据,而微软则更多的采用的是注册表。两者各有千秋,可自行选择最适合实际的。

5.3.4 如何调用控制面板

回想一下,如果需要在 Windows XP 中运行 DLL,应该怎么做?打开命令行,然后输入 Rundll32.EXE XXX.dll。既然 Windows CE 的控制面板本质也是 DLL,那么能否使用这种方式呢?答案是非也。如果想运行控制面板程序,需要另一个专门的程序来调用,它就是 ctlpnl.exe。

假设想调用控制面板的"电源管理"一项,就可以在命令行中输入:"ctlpnl.exe \windows

\cplmain.cpl,5"。为什么是 cplmain.cpl 呢?因为"电源管理"是 cplmain.cpl 的一个 applet。那"5"又是怎么一回事呢?"5"仅仅是因为"电源管理"在 cplmain.cpl 的序号为"5"。

这个方法是在命令行输入的,如果想在代码中进行控制调用,那又该如何呢?这当然也不难,直接将命令行的内容搬到代码中即可。不过说是直接搬,也是要有助力的,这个"活雷锋"就是 ShellExecuteEx 函数。

ShellExecuteEx 函数在系统中的定义很简单,只有一个形参:

```
WINSHELLAPI BOOL WINAPI ShellExecuteEx(LPSHELLEXECUTEINFO lpExecInfo);
```

这个函数的亮点不在其本身,而在其形参。其形参是一个 SHELLEXECUTEINFO 类型,本质是个结构体,并且这结构体的成员变量并不算简单:

```
typedef struct _SHELLEXECUTEINFO {
    DWORD cbSize;
    ULONG fMask;
    HWND hwnd;
    LPCTSTR lpVerb;
    LPCTSTR lpFile;
    LPCTSTR lpParameters;
    LPCTSTR lpDirectory;
    int nShow;
    HINSTANCE hInstApp;
    LPVOID lpIDList;
    LPCTSTR lpClass;
    HKEY hkeyClass;
    DWORD dwHotKey;
    union {
        HANDLE hIcon;
        HANDLE hMonitor;
    } DUMMYUNIONNAME;
    HANDLE hProcess;
} SHELLEXECUTEINFO, FAR * LPSHELLEXECUTEINFO;
```

密密麻麻的一大堆成员,说实在,初看起来确实有点头晕,但慢慢理清头绪,也就不会显得那么陌生了。就先来看看需要用到的几个成员变量。

① cbSize 标志的是该结构体的大小。如果该数值没有正确设置,可能会出现一些未可预知的错误。

② fMask 为掩码,有两个数值可以组合,分别是 SEE_MASK_FLAG_NO_UI 和 SEE_MASK_NOCLOSEPROCESS。前者是在出错的时候,不显示任何提示对话框;后者则是退出

ShellExecuteEx 函数时，不关闭所调用的进程。

③ lpVerb 为设定这个函数执行时的动作，其功能还是用表 5.3.1 来表示。

表 5.3.1 lpVerb 参数描述

值	描述
Edit	打开文件编辑器
Find	从指定目录进行搜索
Open	打开 Open 指向的文件，该文件可以是可执行文件或是文档。如果 lpVerb 没有被设置，则默认为该操作
Print	打印 lpFile 指向的文件。如果该文件不是文档，则函数执行失败

④ lpFile 指向要打开的文件。在这个例子里，自然是 ctlpnl.exe 这个控制面板调用程序。

⑤ lpParameters 为传递给 lpFile 文件的形参。

至于其他的形参，因为在本节中并没有用到，所以在此忽略不描述。接下来看看如何通过 ShellExecuteEx 来调用"电源管理"。

```
SHELLEXECUTEINFO info;
info.cbSize = sizeof( info );
info.fMask = SEE_MASK_NOCLOSEPROCESS | SEE_MASK_FLAG_NO_UI;
info.lpVerb = Open;
info.lpFile = TEXT("ctlpnl.exe");
info.lpParameters = L"\\windows\\cplmain.cpl,5";
info.lpDirectory = NULL;
info.nShow = SW_SHOW;
info.hInstApp = NULL;
ShellExecuteEx( &info );
```

如果想调用 cplmain.cpl 的其他 Applet，只需要更改 lpParameters 形参后的数字即可。对于 cplmain.cpl 来说，序号和 Applet 的对应关系如表 5.3.2 所列。

表 5.3.2 序号和 Applet 对照表

序号	Applet	序号	Applet	序号	Applet	序号	Applet
0	CPL_Comm	4	CPL_Owner	8	CPL_Mouse	12	CPL_Remove
1	CPL_Dialing	5	CPL_Power	9	CPL_Stylus	13	CPL_DateTime
2	CPL_Keyboard	6	CPL_System	10	CPL_Sounds	14	CPL_Certs
3	CPL_Password	7	CPL_Screen	11	CPL_SIP	15	CPL_Accessib

第 6 章

驱动开发

本章介绍了驱动开发的基本流程以及可能碰到的错误。在最后,还以黑客的手法,替换系统自带的驱动。

6.1 驱动概述

任何硬件设备都离不开驱动,由此可见驱动对于系统的重要性。也许很多读者接触Windows CE开发,更多的是应用程序,对驱动可能会显得很陌生。其实,驱动也类似于应用程序,除了规定的接口以外,并没有太大的分别。

在这一章里,不对驱动的具体实现做太多的描述,因为这是后续章节要做的事情,只是从大体上聊聊这驱动的概况。

在Windows CE 5.0(含)之前,驱动基本上都是由驱动管理器进程进行加载的,但除了显示、键盘和触摸屏驱动这3种,因为它们分别由图像、窗口和事件子系统加载。但无论是采用哪种方式,驱动都是在用户态中运行。

而到了Windows CE 6.0的时代,驱动的加载方式就被划分为两个方式:一种是像操作系统一样在内核态中加载;另一种则是和之前的一样,通过用户态设备管理器加载。这两种方式各有千秋,前者性能高,后者安全性强。但无论哪种方式,在驱动代码的书写上基本不会存在很大的差异。

驱动一般都会暴露给操作系统一个流式接口,无论驱动是为哪种硬件量身定做的,都有相同的入口函数,这种就叫流式驱动。最明显的标志就是,应用程序能够通过DeviceIoControl函数来和驱动打交道。而非流式驱动就不遵循该定义,而是另辟天地,比如显示、键盘等这些驱动则通过特定的接口和系统打交道。有些人喜欢将非流式驱动称为本地驱动。对于本章而言,主要讨论的是最为普遍的流式驱动。

6.2 获取已加载驱动信息

众所周知,Windows CE下的驱动,只要不是通过RegisterDevice进行加载,那么都能够在注册表找到蛛丝马迹。说明白点,只要搜寻[HKEY_LOCAL_MACHINE\Driver\Active]下的键值,就知道哪些驱动已经被成功加载,然后再根据其已加载信息,就能在BuiltIn获取更多额外的特性。

6.2.1 结构体信息

在开始之前,先来约定一些数值。因为驱动各有不同,所以所需要的参数是不一致的。但有一些数值,却是必备的:驱动名、驱动前缀、驱动序号和驱动的文件,所以将这4个形参单独列出来,至于其他的数值,用map对应即可。

因此,先声明如下一个结构体,用来存储驱动的信息:

```
namespace Device
{
    struct ExtendParam
    {
        std::map<TSTRING,DWORD> mpDWORD;        //DWORD 类型信息
        std::map<TSTRING,TSTRING> mpSTRING;     //字符串类型信息
    };
    struct DeviceInfo
    {
        TSTRING strName;            //驱动名,该名字位于注册表的Drivers\Builtin\ path
        TSTRING strPrefix;          //Prefix 信息,比如串口为:COM
        DWORD dwIndex;              //序号,比如:1
        TSTRING strDll;             //驱动文件的完整路径
        ExtendParam extend;         //除以上4种以外,在注册表中出现的所有其他信息
    };
}
```

6.2.2 获取注册表信息

获取已加载驱动的函数定义如下:

```
BOOL GetActive(std::vector<Device::DeviceInfo> &vtDeviceInfo,
Device::CALLBACK_FUNCTION_FOR_RECEIVE_ACTIVE_DEVICE pCallbackFunc)
```

当函数执行失败,直接返回FALSE;如果执行成功,那么会返回TRUE,并且将信息存储到vtDeviceInfo中。pCallbackFunc是回调函数,每找到一个驱动信息就会调用该函数。如果该函数返回为TRUE,则继续搜索;反之,则停止。如果不使用回调函数,那么直接设置为NULL即可。

关于该回调函数,定义如下:

```cpp
namespace Device
{
    typedef BOOL ( * CALLBACK_FUNCTION_FOR_RECEIVE_ACTIVE_DEVICE)
        (const DeviceInfo &deviceInfo);
};
```

接下来,看看 GetActive 函数的实现部分:

```cpp
BOOL GetActive(std::vector<Device::DeviceInfo> &vtDeviceInfo,
    Device::CALLBACK_FUNCTION_FOR_RECEIVE_ACTIVE_DEVICE pCallbackFunc)
{
    TSTRING strRegDriveActive = TEXT("Drivers\\Active\\");
    //打开注册表 active registry 字段
    CReg regKey;
    if(regKey.Open(HKEY_LOCAL_MACHINE,strRegDriveActive.c_str()) == FALSE)
    {
        return FALSE;
    }
    //枚举 Key
    TSTRING strKey;
    while(regKey.EnumKey(strKey))
    {
        TSTRING strRegVal = strRegDriveActive + strKey;      //注册表的 value
        Device::DeviceInfo deviceInfo;
        if(AnalyzeDeviceInfo(strRegVal,deviceInfo) != FALSE)
        {
            vtDeviceInfo.push_back(deviceInfo);
            if(pCallbackFunc != NULL)
            {
                if(( * pCallbackFunc)(deviceInfo) == FALSE)
                {
                    break;
                }
            }
        }
    }
    return TRUE;
}
```

函数意思很明了,无非是枚举 Active 下的键值,然后将相关信息送到 AnalyzeDeviceInfo 中进行分析。

6.2.3 提取主要信息

接下来就必须要提取主要的 KEY 的信息。这个动作通过 AnalyzeDeviceInfo 函数进行，其代码如下：

```
BOOL AnalyzeDeviceInfo(const TSTRING &strReg,Device::DeviceInfo &deviceInfo)
{
    //打开 HKEY_LOCAL_MACHINE 注册表
    CReg reg;
    if(reg.Open(HKEY_LOCAL_MACHINE,strReg.c_str()) == FALSE)
    {
        return FALSE;
    }
    //读取的缓存
    TSTRING strKey;
    std::vector<BYTE> vtData(MAX_PATH,0);
    DWORD dwType = 0;
    while(reg.EnumValue(strKey,vtData,dwType) != FALSE)
    {
        //将获得数值转换为大写,以方便下面的判断
        std::transform(strKey.begin(), strKey.end(), strKey.begin(),toupper);
        if(strKey == TEXT("KEY"))
        {
            //如果读取的数值为 KEY,则转到 BuiltInInfo 去分析
            AnalyzeBuiltInInfo(ConvertToTSTRING(vtData),deviceInfo);
        }
        else if(strKey == TEXT("NAME"))
        {
            //不采用这里出现的名字,故什么都不做
        }
        else
        {
            //调用相应的函数去分析其他数据
            AnalyzeExtendParam(deviceInfo.extend,strKey,vtData,dwType);
        }
    }
    return TRUE;
}
```

结合代码的注释可以看到,函数也没什么比较晦涩的地方,无非就是列举注册表的数值。不过,这里稍微有点不同,当为 KEY 值时,会将注册表的路径传递给 AnalyzeBuiltInInfo 函数对 BuiltIn 字段进行分析。如果是 NAME 值,那么直接忽略,因为该数值采用的是 BuiltIn 的数值。

那么接下来,就是看 AnalyzeBuiltInInfo 函数了,这个才是真正提取主要信息的核心:

```cpp
BOOL CDevice::AnalyzeBuiltInInfo(const TSTRING &strReg,Device::DeviceInfo &deviceInfo)
{
    //打开驱动所在注册表的根目录
    CReg reg;
    if(reg.Open(HKEY_LOCAL_MACHINE,strReg.c_str()) == FALSE)
    {
        return FALSE;
    }
    //截取驱动名
    TSTRING::size_type stPosBeginCpy = strReg.rfind(TEXT("\\"));
    if(stPosBeginCpy != TSTRING::npos && stPosBeginCpy + 1 != strReg.size())
    {
        stPosBeginCpy += 1;
        //将驱动名保存到缓存
        if(stPosBeginCpy != strReg.size())
        {
            deviceInfo.strName.assign(strReg.begin() + stPosBeginCpy,strReg.end());
        }
    }
    //开始分析其他的主要信息
    TSTRING strKey;
    std::vector<BYTE>vtData(MAX_PATH,0);
    DWORD dwType = 0;
    while(reg.EnumValue(strKey,vtData,dwType) != FALSE)
    {
        //转换为大写,方便接下来的比较
        std::transform(strKey.begin(), strKey.end(), strKey.begin(),toupper);
        if(strKey == TEXT("DLL"))
        {
            deviceInfo.strDll = ConvertToTSTRING(vtData);        //驱动文件的路径
        }
        else if(strKey == TEXT("PREFIX"))
        {
```

```
            deviceInfo.strPrefix = ConvertToTSTRING(vtData);//Prefix 属性
        }
        else if(strKey = = TEXT("INDEX"))
        {
            //序号
            DWORD dwVal = 0;
            memcpy(&dwVal,&vtData[0],sizeof(DWORD));
            deviceInfo.dwIndex = dwVal;
        }
        else
        {
            //其他的数值,丢给 AnalyzeExtendParam 去处理
            AnalyzeExtendParam(deviceInfo.extend,strKey,vtData,dwType);
        }
    }
    return TRUE;
}
```

函数很简单,也只有 DLL、Prefix 和 Index 才进行分析,因为这几个是任何加载成功的驱动都具备的。而至于其他的,因为每个驱动都有各自不同的数值,就直接丢给 AnalyzeExtendParam 函数去处理即可。

6.2.4 提取其他信息

相对来说,提取其他信息是最简单的。不用进行什么转换,也不用截取什么信息,只需要判断这个数值的类型,然后就直接放到缓存去即可。

因此,相对而言,这函数就比较短小精悍了:

```
void AnalyzeExtendParam(Device::ExtendParam &extend,const TSTRING &strKey,
                    const std::vector<BYTE> &vtData,DWORD dwType)
{
    switch(dwType)
    {
    case REG_SZ:
        {
            extend.mpSTRING.insert(std::make_pair(strKey,ConvertToTSTRING(vtData)));
            break;
        }
    case REG_DWORD:
        {
```

```
            DWORD dwVal = 0;
            memcpy(&dwVal,&vtData[0],sizeof(DWORD));
            extend.mpDWORD.insert(std::make_pair(strKey,dwVal));
            break;
        }
    }
}
```

6.2.5 细节：UNICODE 的转换

这里还有一个小细节需要注意。对于 Win32 API 函数来说，当调用一个读取注册表数值的函数，返回的是一个 VOID 指针的缓冲区。如果将这返回的缓冲转换为 DWORD，甚至是 char 都不会有任何问题；但如果想转换为 UNICODE 的字符串，比如说 TCHAR 类型，那么需要将高位和低位互换。

为什么需要互换呢？其实这涉及 Windows CE 存储格式。

来看一个简单的例子。以字符串 L"你好!"为例，其在内存中的存储格式如表 6.2.1 所列。

表 6.2.1 "你好!"字符串在内存中的存储

值	0x60	0x4F	0x7D	0x59	0x01	0xFF
含义	你		好		!	

但通过 API 函数读取注册表返回的数值的内存排列却是和表 6.2.2 一致。

表 6.2.2 注册表返回的数据

值	0x4F	0x60	0x59	0x7D	0xFF	0x01
含义	怒		組		Ø	

从表 6.2.2 中可以看出，如果不加以转换直接赋值的话，那么所得到的结果和实际的简直是风牛马不相及。所以，这才有了 ConvertToTSTRING 函数：

```
TSTRING ConvertToTSTRING(const std::vector<BYTE> &vtData)
{
#ifdef UNICODE
    //存储转换数值的缓存
    std::vector<TCHAR> vtBuf(vtData.size() / 2,0);
    std::vector<BYTE>::size_type stIndex = 0;
    while(TRUE)
    {
```

```
        if(stIndex + 1 > vtData.size())
        {
            break;
        }
        //高低位交换
        vtBuf[stIndex / 2] = vtData[stIndex + 1] << sizeof(BYTE);
        vtBuf[stIndex / 2] + = vtData[stIndex];

        stIndex + = 2;                          //步进2个字节
    }
    return TSTRING(vtBuf.begin(),vtBuf.end());  //转换完毕,返回
#else
    return &vtData[0];                          //如果系统不是UNICODE,则可以直接返回
#endif //#ifdef UNICODE
}
```

6.3. 一个最简单的驱动

驱动听起来似乎很复杂,但其实也不难,特别是一个简单的完整驱动。

6.3.1 驱动结构

驱动是啥玩意?说白了,驱动其实就是一个DLL。你完全可以用EVC或是VS2005来创建一个DLL工程,并以此作为驱动。当然了,虽然本质是DLL,但和普通的DLL还是有那么一点点区别的:驱动必须有特殊的入口函数。

这入口函数是啥?入口函数就是微软规定的,定死的,你驱动必须实现的函数。换句话来说,就是系统只会调用这几个它知道的函数,至于再多的,它也是视而不见。

对于流式驱动而言,有12个入口函数,分别在表6.3.1中列出。

表 6.3.1 流式驱动入口函数

函　　数	描　　述
XXX_Init	当设备管理器初始化驱动时调用这个函数
XXX_Deinit	当设备管理器卸载驱动时调用这个函数
XXX_Open	应用程序调用CreateFile时调用
XXX_Close	应用程序调用CloseHandle时调用
XXX_IOControl	上层的软件通过DeviceIoControl()函数可以调用这个函数
XXX_Read	应用程序调用ReadFile时调用

续表 6.3.1

函　数	描　述
XXX_Seek	应用程序调用 SetFilePointer 时调用
XXX_Write	应用程序调用 WriteFile 时调用
XXX_PowerUp	在系统恢复挂起前调用这个函数
XXX_PowerDown	在系统挂起前调用这个函数
XXX_PreClose	当驱动程序的 XXX_Close 被调用前会被调用
XXX_PreDeinit	当驱动程序的 XXX_Deinit 被调用前会被调用

表 6.3.1 中的 XXX 当然不是 XXOO(norains：嘿嘿～)，而是另有所指。比如，串口的就是 COM_Init、COM_Deinit 等。而这个前缀又恰好和 CreateFile 的第 1 个形参相符合：

```
HANDLE hDevice = CreateFile(TEXT("COM1:"),
                            GENERIC_READ | GENERIC_WRITE,
                            0,
                            NULL,
                            OPEN_EXISTING,
                            0,
                            NULL);
```

CreateFile 函数的第 1 个形参之所以为"COM1:"，就是因为驱动是 COM_XXX。这个，就是驱动和普通 DLL 有所区别的唯一之处。

6.3.2　注册表

注册表是驱动的天然盟友，甚至是指明灯；如果没有注册表，系统就会对驱动不闻不问。所有的驱动，最原始的数据都是放到[HKEY_LOCAL_MACHINE\Drivers\BuiltIn]这个注册表路径，如图 6.3.1 所示。

当系统启动之后，设备管理器就会枚举[HKEY_LOCAL_MACHINE\Drivers\BuiltIn]下的所有键值，并调用相应驱动的 XXX_Init 函数。如果该函数调用成功，设备管理器就会将该驱动的信息写入到[HKEY_LOCAL_MACHINE\Drivers\Active]。换句话来说，只要枚举了[HKEY_LOCAL_MACHINE\Drivers\ Active]下的所有键值，就能知道当前系统成功加载了多少驱动。

别看驱动注册表中数值繁多，其实最重要的，也是最不可或缺的，其实就只有 3 个，分别是：

DLL　　指明了驱动文件的完整路径；
Prefix　驱动的前缀，比如串口就为 COM；

Index　　前缀序号，取值为1～9。

只要有了这3个重要分子，那么设备管理器就能有的放矢加载驱动了。

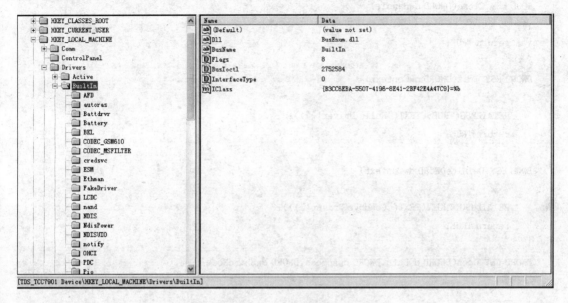

图 6.3.1　驱动注册表的原始路径

6.3.3　最简单的驱动代码

了解了驱动基本原理之后，那么就来写一个史上最简单的驱动。该驱动什么都不做，仅在加载和卸载时会输出相应的信息。

因为这个驱动实在是太简单了，所以就将其前缀命名为 ESY 吧（norains：嘿嘿，ESAY 的缩写～）！

代码如下，在下载资料中也有相应源代码：

```cpp
////////////////////////////////////////////////////////////////////
//EasyDriver.cpp : Defines the entry point for the DLL application.
////////////////////////////////////////////////////////////////////
#include "stdafx.h"
BOOL WINAPI DllEntry(HANDLE hInstDll, DWORD dwReason, LPVOID lpvReserved)
{
    switch ( dwReason )
    {
        case DLL_PROCESS_ATTACH:
        break;
    }
```

```c
    return TRUE;
}
BOOL ESY_Close(DWORD dwHandle)
{
    return TRUE;
}
DWORD ESY_Init(DWORD dwContext)
{
    RETAILMSG(TRUE,(TEXT("Hello Driver!")));
    return TRUE;
}
BOOL ESY_Deinit(DWORD dwContext)
{
    RETAILMSG(TRUE,(TEXT("Goodbye Driver!")));
    return TRUE;
}
DWORD ESY_Open(DWORD dwData,DWORD dwAccess,DWORD dwShareMode
    )
{
    return TRUE;
}
BOOL ESY_IOControl(DWORD dwHandle,DWORD dwIoControlCode,PBYTE pBufIn,
    DWORD dwBufInSize,PBYTE pBufOut,DWORD dwBufOutSize,PDWORD pBytesReturned)
{
    return FALSE;
}
DWORD ESY_Read(DWORD dwHandle, LPVOID pBuffer, DWORD dwNumBytes)
{
    return 0;
}
DWORD ESY_Write(DWORD dwHandle, LPCVOID pBuffer, DWORD dwNumBytes)
{
    return 0;
}
DWORD ESY_Seek(DWORD dwHandle, long lDistance, DWORD dwMoveMethod)
{
    return FALSE;
}
void ESY_PowerUp(void)
```

```
{
    return;
}
void ESY_PowerDown(void)
{
    return;
}
```

当然,不要忘了注册表这个指路人:

```
[HKEY_LOCAL_MACHINE\Drivers\BuiltIn\FakeDriver]
DLL = EasyDriver.dll
Prefix = ESY
Index = 1
```

6.4 驱动的动态加载和卸载

对 Windows CE 驱动的调试,很多人的第一感觉就是:编写好 DLL 文件,接着在 PB 中添加相关注册表信息,然后将 DLL 文件包含进系统,最后生成系统,下载,调试。如果有误,那么依次按步骤重来。其实这种繁琐的操作完全可以不必,因为在 Windows CE 下驱动是可以动态加载和卸载的。也就是说,即使系统编译好了,驱动也正常挂载上去了,也可以强制让它卸载,然后再加载新的驱动。这对于驱动编写者来说,无异是个非常好的消息,毕竟不用每修改一回驱动,就重新编译一次系统,大大加快了开发的速度。(如果你也像以前的 norains 一样,每调试一次驱动,就编译一次系统的话,那就要好好看看这节咯~)

6.4.1 加 载

驱动的加载非常简单,只需要这个函数:

```
HANDLE ActivateDeviceEx(
  LPCWSTR lpszDevKey,
  LPCVOID lpRegEnts,
  DWORD cRegEnts,
  LPVOID lpvParam
);
```

这函数很简单,lpszDevKey 指向的是驱动信息在注册表的位置。比如,某个驱动的注册表信息如下:

```
[HKEY_LOCAL_MACHINE\Drivers\Builtin\VirtualSerial]
```

```
"Prefix" = "VSP"
"Dll" = "VirtualSerial.dll"
"Order" = dword:0
"Index" = dword:1
"Map_Port" = "COM1:"
```

那么对于该信息而言,lpszDevkey 的取值为 TEXT("Drivers\\Builtin\\VirtualSerial")。对于系统而言,驱动的 Root Key 为 HKEY_LOCAL_MACHINE,故这里并不需要特别指出。从另一方面也说明,驱动的信息只能放置于 HKEY_LOCAL_MACHINE,因为无法另外指定 Root Key。

接下来再看看别的参数。lpRegEnts 和 cRegEnts 是和 BUS 有关的,但接下来的例子并没有用上,所以这里可以忽略,直接赋值 NULL 即可。其实,如果不使用这两个形参,还可以选择 ActivateDevice。

lpvParam 指向的是传给驱动 XXX_Init 函数的形参,如果有特别需求,可以通过该指针进行传递。

现在,就来写一个功能简单的驱动,来测试该函数的效能,以及参数如何通过加载的函数进行传递。

驱动代码如下:

```
DWORD g_dwParam = 0;
std::wstring g_strContext;
BOOL WINAPI DllEntry(HANDLE hInstDll, DWORD dwReason, LPVOID lpvReserved)
{
    switch ( dwReason )
    {
        case DLL_PROCESS_ATTACH:
        break;
    }
    return TRUE;
}
DWORD FKE_Init(LPCTSTR pContext,LPCVOID lpvBusContext)
{
    printf("FKE_Init ! \r\n");
    if(pContext ! = NULL)
    {
        g_strContext = pContext;
    }
    if(lpvBusContext ! = NULL)
    {
```

```cpp
        //将传递过来的形参转换为 DWORD 类型
        g_dwParam = *(reinterpret_cast<const DWORD *>(lpvBusContext));
    }
    return TRUE;
}
BOOL FKE_Deinit(DWORD dwContext)
{
    printf("FKE_Deinit ! \r\n");
    return TRUE;
}
DWORD FKE_Open(DWORD dwData,DWORD dwAccess,DWORD dwShareMode)
{
    return TRUE;
}
BOOL FKE_Close(DWORD dwHandle)
{
    return TRUE;
}
BOOL FKE_IOControl(DWORD dwHandle,DWORD dwIoControlCode,PBYTE pBufIn,
    DWORD dwBufInSize,PBYTE pBufOut,DWORD dwBufOutSize,PDWORD pBytesReturned)
{
    return FALSE;
}
DWORD FKE_Read(DWORD dwHandle, LPVOID pBuffer, DWORD dwNumBytes)
{
    std::vector<TCHAR> vtVal(MAX_PATH,0);
    _stprintf(&vtVal[0],TEXT("Context: %s\r\n Parameter: %d\r\n"),
            g_strContext.c_str(),g_dwParam);
    int iLen = _tcslen(&vtVal[0]);
    memcpy(pBuffer,&vtVal[0],iLen * 2);
    return iLen;
}
DWORD FKE_Write(DWORD dwHandle, LPCVOID pBuffer, DWORD dwNumBytes)
{
    return 0;
}
DWORD FKE_Seek(DWORD dwHandle, long lDistance, DWORD dwMoveMethod)
{
    return FALSE;
```

```
}
void FKE_PowerUp(void)
{
    return;
}


void FKE_PowerDown(void)
{
    return;
}
```

代码意思很简单,却具有代表性。驱动有两个全局变量:一个是 g_strContext,用来保存成功加载时的注册表位置;另一个是 g_dwParam,用来保存通过 ActivateDeviceEx 函数传递的第 4 个形参。而这两个全局变量的数值,之后可以通过 ReadFile 函数获得。只不过 FKE_Read 函数健壮性不高,没有判断缓冲区是否为空。但作为测试,还是够了。

6.4.2 卸载任意驱动

和驱动的加载一样,卸载也有一个相应的函数。其形参也比加载的要简单,只有一个。该函数的声明如下:

```
BOOL DeactivateDevice(HANDLE hDevice);
```

该函数的形参接受的是一个句柄,而这个句柄是成功调用 ActivateDeviceEx 后返回的。

敏感的你也许意识到问题的所在了。没错,这对于实际使用中很可能会遇上麻烦。如果驱动是自己手动加载上去的,这还简单,因为能够获得加载后的句柄;但如果这驱动是系统自己加载的呢?比如说,系统起来之后,已经将串口驱动 COM1 加载完毕,如何获得该驱动的句柄,从而将之卸载呢?

这看起来似乎是个难题,但实际上却不难。因为微软早就准备好了,只要调用 FindFirstDevice 函数,枚举所有加载的驱动,然后找到所需要的句柄即可。

该函数的原型如下:

```
HANDLE FindFirstDevice(
    DeviceSearchType searchType,
    LPCVOID pvSearchParam,
    PDEVMGR_DEVICE_INFORMATION pdi
);
```

形参有 3 个,并不复杂:

searchType 指示的是 pvSearchParam 传入的类型,有如表 6.4.1 所列的数值可以选择。

表 6.4.1　searchType 的取值

取 值	意 义
DeviceSearchByLegacyName	L"COM*" for all COMx: devices
DeviceSearchByDeviceName	L"COM*" for all COMx devices
DeviceSearchByBusName	L"PCI_0_3*" for PCI_0_3_0, PCI_0_3_1 and so on
DeviceSearchByGuid	Pointer to a GUID
DeviceSearchByParent	Activation handle value from ActivateDeviceEx

简单来说,如果传递给 pvSearchParam 的是"COM1:",那么 searchType 取值应该为 DeviceSearchByLegacyName;如果是"COM1",则为 DeviceSearchByDeviceName。

pdi 是返回数据的存储缓存。这里有一个小细节需要注意,pdi.dwSize 在函数调用前必须要设置,否则函数很可能无法执行成功。

还有一点不要搞混,FindFirstDevice 返回的句柄不能直接传递给 DeactivateDevice 函数,因为该句柄是用来给 FindNextDevice 使用的,和设备无关。而传递给 DeactivateDevice 函数的句柄,是 pdi 的 hDevice 成员。

要点理清之后,剩下的函数实现就非常简单了。声明一个函数名为 Unload,它可以智能判断传入的形参是否带":",进而选择相应的搜索方式。闲话不多说,来看看该函数的完整实现:

```
BOOL Unload(const TSTRING &strDev)
{
    BOOL bRes = FALSE;
    HANDLE hFind = INVALID_HANDLE_VALUE;
    __try
    {
        if(strDev.empty() != FALSE)
        {
            __leave;
        }
        //确定搜索的方式
        DeviceSearchType searchType;
        if(strDev[strDev.size() - 1] == ':')
        {
            searchType = DeviceSearchByLegacyName;
        }
        else
        {
```

```
                searchType = DeviceSearchByDeviceName;
            }
            DEVMGR_DEVICE_INFORMATION devInfo = {0};
            devInfo.dwSize = sizeof(devInfo);

            //寻找驱动的句柄
            hFind = FindFirstDevice(searchType,strDev.c_str(),&devInfo);
            if(hFind = = INVALID_HANDLE_VALUE)
            {
                __leave;
            }
            bRes = DeactivateDevice(devInfo.hDevice);        //卸载驱动
        }
        __finally
        {
            FindClose(hFind);
        }
        return bRes;
}
```

函数写完之后,剩下的事情就异常简单。比如需要卸载设备的串口驱动,只要简单地写下这行代码:

```
Unload(TEXT("COM1:"));
```

代码调用之后,串口 COM1 驱动就从系统中被你无情地抹去了。只要有了 Unload 函数,以后你看到哪个驱动不顺眼,就给它来个"咔嚓"——眼不见,心不烦,嘿嘿~

6.5　DeviceIoControl 和结构体内嵌指针

有时和驱动交换的数据种类比较多,所以应用程序经常通过 DeviceIoControl 函数向驱动传递结构体。如果结构体不包含指针,仅仅是一些固定的成员,那倒一切都相安无事;如果很不幸,里面还有指针,那么很可能,你已经为自己埋下了一颗定时炸弹。

6.5.1　内嵌指针错误

为了说明这个问题,以实例代码作为讲解,以下定义了的一个参数结构:

```
typedef struct _DEV_Param
{
    UNCHAR    DeviceAddr;
```

```
    UNCHAR      nWriteByte;
    UNCHAR      * pWriteBuffer;
    UNCHAR      nReadByte;
    UNCHAR      * pReadBuffer;
} DEV_Param;
```

这个结构体的实例,将会通过 DeviceIoControl 传递给驱动。需要留意,结构体里面有两个指针变量成员,分别是 pWriteBuffer 和 pReadBuffer。从名字上就能猜得出来,前者是写缓存,后者是读缓存。

接下来是驱动里面响应 DeviceIoControl 的函数。无关的代码段已经省略,只留下和本节问题有关的部分:打印写缓存的内容。

```
BOOL DEV_IOControl(DWORD hOpenContext,
                   DWORD dwCode,
                   PBYTE pBufIn,
                   DWORD dwLenIn,
                   PBYTE pBufOut,
                   DWORD dwLenOut,
                   PDWORD pdwActualOut )
{
    ...
    //打印写缓存中的内容
    DEV_Param * pDEV_Param = (DEV_Param * )pBufIn;
    for(int i = 0; i < pDEV_Param->nWriteByte; i++)
    {
        RETAILMSG(TRUE,(TEXT("Write code is [%x]\n"),pDEV_Param->pWriteBuffer[i]));
    }
    ...
}
```

最后,在应用程序中以如下方式和驱动进行通信:

```
...
DEV_Param param = {0};
UNCHAR szBuf[20] = {'A','B','C'};
param.nWriteByte = 20;
param.pWriteBuffer = szBuf;
...
DeviceIoControl(hd,IOCTL_WRITE,&param,sizeof(param),NULL,NULL,NULL,NULL);
...
```

乍一看,似乎单独列出来的这些代码都没问题。可事实上,bug 就存在于这寥寥几行代码之中。你猜到底是哪行代码有问题?也许你根本就没想到,出问题的居然是这一行:

```
RETAILMSG(TRUE,(TEXT("Write code is [ %x]\n"),pDEV_Param->pWriteBuffer[i]))
```

单独看这一行,是绝对没有任何问题的。但如果是和驱动结合,特别是 DeviceIoControl 中,问题就出来了。因为,这语句能否正确输出 pWriteBuffer 里面的数值,取决于应用程序 szBuf 的定义:比方说,当 szBuf 为局部变量,就能正常输出;如果为 static 或全局变量,输出就不正常。

这问题是不是很怪异?很匪夷所思?

6.5.2 修正地址

在回答这怪异问题的真正原因之前,先看看这问题该如何解决。相对于原因而言,解决的方法很简单,只要对成员指针调用一次 MapCallerPtr 函数即可。

MapCallerPtr 函数的原型如下:

```
LPVOID MapCallerPtr(LPVOID ptr, DWORD dwLen);
```

ptr 是传入的有效指针,dwLen 是指针指向的区域的大小。

借助于这个函数,可以将驱动的代码更改如下:

```
BOOL DEV_IOControl(DWORD hOpenContext,
                   DWORD dwCode,
                   PBYTE pBufIn,
                   DWORD dwLenIn,
                   PBYTE pBufOut,
                   DWORD dwLenOut,
                   PDWORD pdwActualOut )
{
    ...
    DEV_Param * pDEV_Param = (DEV_Param *)pBufIn;
    if(pDEV_Param->pWriteBuffer != NULL)
    {
        pDEV_Param->pWriteBuffer = (UCHAR *)MapCallerPtr(
                                   (VOID *)pDEV_Param->pWriteBuffer,
                                   pDEV_Param->nWriteByte);
    }
    if(pDEV_Param->pReadBuffer != NULL)
    {
        pDEV_Param->pReadBuffer = (UCHAR *)MapCallerPtr(
```

```
                                (VOID *)pDEV_Param->pReadBuffer,
                                pDEV_Param->nReadByte);
    }
    for(int i = 0; i < pDEV_Param->nWriteByte; i++)
    {
        RETAILMSG(TRUE,(TEXT("Write code is [%x]\n"),pDEV_Param->pWriteBuffer[i]));
    }
    ...
}
```

经过这次修正,无论 szBuf 是局部变量还是静态变量,都能够正常输出。

6.5.3 原因深究

为什么经过一次 MapCallerPtr 调用之后,就能正常输出呢?一切先从内存地址入手。

先比较一下调用前和调用后的内存地址,看看能不能从里面窥视出丁点玄妙。表 6.5.1 列出了某次调用时的内存地址。

表 6.5.1 调后前后地址数值

变量名	在应用程序中的地址	在驱动中的地址 (未调用 MapCallerPtr 之前)	在驱动中的地址 (调用 MapCallerPtr 之后)
param	0x00140000	0x1A14FDBC	0x1A14FDBC
szBuf(局部变量)	0x1A14FCF0	0x1A14FCF0	0x1A14FCF0
szBuf(静态变量)	0x00040164	0x00040164	0x1A040164

从表 6.5.1 可以看出,当应用程序通过调用 DeviceIoControl 向驱动传递形参 param 时,系统会自动对其地址做一次转换。在应用程序中的 param 的地址为 0x00140000,但到驱动的 DeviceIoControl 函数里面,该地址已经被转换为 0x1A14FDBC。即使再将该地址通过 MapCallerPtr 转换,地址也是 0x1A14FDBC。

对于局部变量的 szBuf 来说,无论是在应用程序还是在驱动中,甚至不管是否调用了 MapCallerPtr,其地址都是 0x1A14FCF0。

静态变量的 szBuf 就不同了,在应用程序中的地址和在驱动中未经过转换的地址,都是 0x00040164;而一经 MapCallerPtr 转换之后,马上就被扣了帽子,成了 0x1A040164。

再结合之前所说的,szBuf 为局部变量能正常输出,为静态变量时则出现异常。可以发现,对于这个程序而言,如果想要其能正常输出,那么内存地址必须以 0x1A 开头。这又是为什么呢? 这只能从 Windows CE 的内存机制说起。

第6章 驱动开发

图 6.5.1 是 Windows CE 的内存模型（norains 悄悄地说：Windows CE 6.0 的内存机制已经更改，和以下模型有所出入，请留意～）：

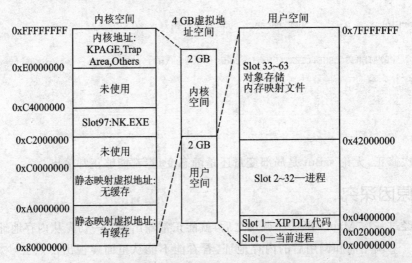

图 6.5.1　Windows CE 5.0 内存模型

这是 Windows CE 的 4 GB 虚拟地址分配。高 2 GB 是系统所使用的，这和本节的问题没多大关联，不细说；低 2 GB 是给用户进程使用的，而其中的 0x42000000～0x7FFFFFFF 这段和接下来说的也没多大关系，在此也略过。（众人：norains 你可真会偷懒！ norains：我冤啊，这不是响应国家号召，节约纸张，绿色环保么～）

Windows CE 把 4 GB 虚拟地址空间分成若干个 Slot，每个 Slot 占 32 MB，Slot 的编号从 0 开始。Slot 0~32 对应的虚拟地址是 0x00000000～0x41FFFFFF，它们用于存放进程的虚拟地址空间。其中 Slot 0 用于映射当前在处理器上执行的进程。Slot 1 由 XIP 的 DLL 代码使用。Slot 2~32 对应 Windows CE 中每个进程的 32 MB 虚拟地址空间。

而讨论的这个问题，就和 Slot 0 有密切关系。Slot 0 地址为 0x00000000～0x01FFFFFF，每个进程在即将得到 CPU 控制权时，都会将整个地址映射到 Slot 0。而这个映射的进程则称为当前运行进程（Currently running process）。请注意这一点，因为这对后面的讨论很重要。

回到最前面的问题。当应用程序运行时，处于 Slot 13 这个段；又因为该程序为当前正在运行的，所以 Slot 13 又映射到 Slot 0。此时，param 地址为 0x00140000，静态 szBuf 地址为 0x00040164，刚好处于 Slot 0 的内存段（0x00000000～0x01FFFFFF）。

当调用 DeviceIoControl 时，情形已经发生了变化。此时的当前运行进程已经不是应用程序，而是 device.exe 这个驱动管理器。换句话来说，此时 Slot 0 映射的已经不是 Slot 13。当继续使用未经转换的静态 szBuf 地址，它指向的还是 Slot 0，自然就不可能正常输出打印信息。当对静态 szBuf 调用 MapCallerPtr 之后，其指针已经变更为指向 Slot 13，故这时输出就一切正常。

对于局部变量的 szBuf 来说,因为其一直没有被映射到 Slot 0,使用的还是 Slot 13 区段的地址,所以它一直都能够正常输出。

至于 param,虽然它也被映射到了 Slot 0,但在调用 DeviceIoContro 进行传递时,系统已经自动为其调用了一次 MapCallerPtr 进行转换,所以在驱动中对它的操作不会有任何问题。

6.6 虚拟串口驱动

这一节来写一个虚拟串口驱动。顾名思义,"虚拟"意味着不真实,是基于真正的串口驱动之上;如果你的真正串口无法正常工作,那么很遗憾,下面的内容你只能略过了。☺

6.6.1 源 起

用过串口进行开发的朋友应该都知道,串口驱动是一个典型的独占设备。简单来说,就是在成功调用 CreateFile 打开串口之后,没有通过 CloseHandle 进行关闭,是无论如何都不能再次调用 CreateFile 来再次打开相同的串口。

有的朋友可能会觉得莫名奇妙,为什么微软要在这上面做限制呢?其实从另一个角度来讲,微软这么做是非常有道理的。以接收数据为例,在驱动里面会有一定的缓存,用来保留一定量的数据。当通过 ReadFile 来获取数据时,驱动就会将缓存给清空,然后再继续接收数据。如果串口不是独占设备,可以多次打开,那么在读取数据上就会有问题:应该什么时候才清空缓存?比方说,其中一个线程通过 ReadFile 获得了数据,那么驱动应不应该将缓冲清空?如果清空,那另一个线程也想获得同样的数据进行分析,就会产生数据丢失;如果不清空,万一之前已经通过 ReadFile 获取数据的线程再次进行读取,那么它将会得到同样重复的数据。如果想要在这多个进程中维持数据的同步,肯定要额外增加相应的标识,但这样就会加大了驱动的复杂度,并且也无法和别的驱动保持一致。因此,微软对串口实行独占设备的策略是非常正确的。

但,正确并不代表放之四海而皆准,在某些特殊情况下,还是需要非独占性质的串口。简单举个例子,在手持 PND GPS 设备中,导航软件肯定是要能通过串口进行数据获取来定位;可另一方面,另一个应用程序又想获得 GPS 数据进行系统时间的校准。在这情形之下,就必须使用一个非独占性质的串口设备。

6.6.2 驱动约束

为了简化设计,该串口设备的驱动约定如下:

① 同一时间只能有一个进程对外输出数据,其余进程只能在该进程输出完毕之后才能进行。

② 程序不应该主动调用 ReadFile 来轮询获取数据，而是通过 WaitCommEvent 进行检测。当返回的状态中具备 EV_RXCHAR 时才调用 ReadFile，并且该调用必须在一定的时间间隔之内，而且为了不丢失数据，缓冲大小一定要等于或大于 READ_BUFFER_LENGTH。

之所以有如上约束，完全是出于设计简便考虑。

非独占式串口驱动主要是处理数据的分发，可以和具体的硬件分开。换句话说，该驱动是基于原有的串口驱动之上，实际上并没有该设备，因此将该非独占式串口称之为"虚拟串口驱动"。这样设计的优势很明显，可以不用理会具体的硬件规格，只要采用的是 Windows CE 系统，并且原来已经具备了完善的串口驱动，那么该虚拟串口驱动就能工作正常。

接下来看看该虚拟串口的具体实现。

麻雀虽小，五脏俱全。虽然说该驱动是"虚拟"的，但毕竟还是"驱动"，该有的部分还是要具备的。

驱动的前缀为 VSP，取自于 Virtual Serial Port 之意。

该驱动必须实现如下函数：

```
VSP_Close
VSP_Deinit
VSP_Init
VSP_IOControl
VSP_Open
VSP_PowerDown
VSP_PowerUp
VSP_Read
VSP_Seek
VSP_Write
```

因为串口驱动是流设备，又和具体的电源管理无关，故 VSP_Seek、VSP_PowerDown、VSP_PowerUp 这些函数可以不用处理，直接返回即可。

6.6.3　VSP_Open

VSP_Open 函数大致需要如下流程处理事情：

① 判断当前是否已经打开串口。如果已经打开，直接跳到流程 4。
② 获取需要打开的串口序号，并打开该串口。如果打开失败，直接跳到流程 5。
③ 打开数据监视进程（注：该部分在数据读取部分进行分析）。
④ 标识计数（即 g_uiOpenCount）增加 1。
⑤ 函数返回。

(1) 流程 1

全局变量 g_uiOpenCount 用来保存打开的计数，所以只要判断该数值是否为 0 即可确定

是否应该打开串口:

```
if(g_uiOpenCount != 0)
{
    goto SET_SUCCEED_FLAG;
}
```

(2) 流程 2

为了让程序更具备灵活性,所打开的串口序号不直接在驱动中设定,而是通过读取注册表的数值获得:

```
if(reg.Open(REG_ROOT_KEY,REG_DEVICE_SUB_KEY) == FALSE)
{
    RETAILMSG(TRUE,(TEXT("[VSP];Failed to open the registry\r\n")));
    goto LEAVE_CRITICAL_SECTION;
}
//获取映射的真正串口
reg.GetValueSZ(REG_MAP_PORT_NAME,&vtBuf[0],vtBuf.size());
```

接下来便是打开具体的串口:

```
g_hCom = CreateFile(&vtBuf[0],GENERIC_READ | GENERIC_WRITE ,0,
                    NULL,OPEN_EXISTING,0,NULL);
if(g_hCom == INVALID_HANDLE_VALUE )
{
    RETAILMSG(TRUE,(TEXT("[VSP]Failed to map to %s\r\n"),&vtBuf[0]));
    goto LEAVE_CRITICAL_SECTION;
}
else
{
    RETAILMSG(TRUE,(TEXT("[VSP]Succeed to map to %s\r\n"),&vtBuf[0]));
}
```

(3) 流程 3

创建进程来监视数据:

```
InterlockedExchange(reinterpret_cast<LONG *>(&g_bExitMonitorProc),FALSE);
CloseHandle(CreateThread(NULL,NULL,MonitorCommEventProc,NULL,NULL,NULL));
```

(4) 流程 4

成功打开计数:

```
SET_SUCCEED_FLAG;
```

第6章 驱动开发

```
    g_uiOpenCount ++;
    bResult = TRUE;
```

(5) 流程 5

函数返回：

```
LEAVE_CRITICAL_SECTION:
    LeaveCriticalSection(&g_csOpen);
    return bResult;
```

6.6.4 VSP_Close

和 VSP_Open 密切对应的是 VSP_Close，该函数流程基本和 VSP_Open 相反处理：

① 打开计数(g_uiOpenCount)减 1。如果 g_uiOpenCount 为不为 0，跳转至流程 3。

② 退出监视数据进程，并且关闭打开的串口。

③ 函数返回。

流程 1 和流程 2 处理如下：

```
g_uiOpenCount --;
if(g_uiOpenCount == 0)
{
    //通知监控线程退出.
    InterlockedExchange(reinterpret_cast<LONG *>(&g_bExitMonitorProc),TRUE);
    DWORD dwMask = 0;
    GetCommMask(g_hCom,&dwMask);
    SetCommMask(g_hCom,dwMask);

    //自旋锁,检测线程是否退出
    while(InterlockedExchange(reinterpret_cast<LONG *>(&g_bMonitorProcRunning),
                        TRUE) == TRUE)
    {
        Sleep(20);
    }
    InterlockedExchange(reinterpret_cast<LONG *>(&g_bMonitorProcRunning),FALSE);

    CloseHandle(g_hCom);
    g_hCom = NULL;
}
```

这里必须确保 VSP_Open 和 VSP_Close 中的某一个必须要全部处理完才能再次调用，否则在处理过程中如果再次调用本函数或相对应的加载或卸载函数，那么一定会引发不可预料的情况。所以在这两个函数中增加了关键段，以维持处理上的同步：

```
EnterCriticalSection(&g_csOpen);
...
LeaveCriticalSection(&g_csOpen);
```

6.6.5　VSP_Write

和之前的接口比起来，VSP_Write 算是代码最简单了。只要确定同一时间只能有唯一的一个进程进行输出即可：

```
EnterCriticalSection(&g_csWrite);
DWORD dwWrite = 0;
WriteFile(g_hCom,pBuffer,dwNumBytes,&dwWrite,NULL);
LeaveCriticalSection(&g_csWrite);
```

6.6.6　WaitCommEvent

WaitCommEvent 是串口驱动特有的，目的是有某些事件发生时，能够第一时间激活线程。该函数和驱动的 MMD 层有关，是 MDD 层的应用程序级别接口。具体串口的 PDD 层，WaitCommEvent 函数体内也只是调用了 COM_IOControl 接口，然后传入 IOCTL_SERIAL_WAIT_ON_MASK 控制码而已。也就是说，调用 WaitCommEvent 的代码，就相当于如此调用 COM_IOControl：

```
DeviceIoControl(hCom,
                IOCTL_SERIAL_WAIT_ON_MASK,
                NULL,
                0,
                pOutBuf,
                dwOutBufLen,
                &dwReturn,
                NULL);
```

换句话说，如果想让虚拟串口驱动支持 WaitCommEvent 函数，只需要在 VSP_IOControl 处理 IOCTL_SERIAL_WAIT_ON_MASK 控制码即可：

```
BOOL VSP_IOControl(DWORD dwHandle,
                   DWORD dwIoControlCode,
                   PBYTE pBufIn,
                   DWORD dwBufInSize,
                   PBYTE pBufOut,
```

```
                    DWORD dwBufOutSize,
                    PDWORD pBytesReturned )
{
    ...
    switch(dwIoControlCode)
    {
        ...
        case IOCTL_SERIAL_WAIT_ON_MASK:
            ...
            break;
        ...
    }
}
```

推而广之,像 SetCommState、SetCommTimeouts 等串口特有的函数,都只是对 COM_IO-Control 函数进行的一层封装而已。

再回到 WaitCommEvent 函数。可能有读者直接认为,只要在 IOCTL_SERIAL_WAIT_ON_MASK 段直接简单调用原有的 WaitCommEvent 即可:

```
switch(dwIoControlCode)
{
    ...
    case IOCTL_SERIAL_WAIT_ON_MASK:
    {
        //直接调用原生的 WaitCommEvent,但实际是错误的
        if(dwBufOutSize < sizeof(DWORD) ||
        WaitCommEvent(g_hCom,reinterpret_cast<DWORD *>(pBufOut),NULL)==FALSE)
        {
            *pBytesReturned = 0;
            return FALSE;
        }
        else
        {
            *pBytesReturned = sizeof(DWORD);
            return TRUE;
        }
    }
    ...
}
```

但实际上这样是不行的。查看文档关于 WaitCommEvent 函数的描述,注意事项中有这么一条:Only one WaitCommEvent can be used for each open COM port handle. This means that if you have three threads in your application and each thread needs to wait on a specific comm event, each thread needs to open the COM port and then use the assigned port handle for their respective WaitCommEvent calls.(norains 在这里弱弱地提醒一下,PB5.0 的说明文档中没有这段话,要想看,只能看 VS2005 的文档。)

也就是说,WaitCommEvent 只能被一个线程调用。如果多线程都同时调用该函数,会发生什么情况呢?经过实际测试,如果多线程都调用相同的 WaitCommEvent,那么在某个线程调用 WaitCommEvent 时,之前已经有其余的线程通过调用该函数进行等待状态的话,那等待的线程立马会唤醒。简单来说,就是同一时间只能有唯一的一个线程通过 WaitCommEvent 函数进入等待状态。所以,对于 IOCTL_SERIAL_WAIT_ON_MASK 控制码,不能简单地调用 WaitCommEvent 函数。

在这里采用这样一种设计:对于 IOCTL_SERIAL_WAIT_ON_MASK 的处理,是通过调用 WaitForSingleObject 进行线程等待;而虚拟串口驱动,会额外开放一个线程,该线程主要是通过调用 WaitCommEvent 来获取原生串口的状态,当状态有通知时,再发送 event 给等待的线程。因此,对于 IOCTL_SERIAL_WAIT_ON_MASK 控制码的处理可以如下:

```
switch(dwIoControlCode)
{
    ...
    case IOCTL_SERIAL_WAIT_ON_MASK:
    {
        if(dwBufOutSize < sizeof(DWORD) ||
            WaitForSingleObject(g_hEventComm,INFINITE) == WAIT_TIMEOUT)
        {
            *pBytesReturned = 0;
            return FALSE;
        }
        else
        {
            InterlockedExchange(reinterpret_cast<LONG *>(pBufOut),g_dwEvtMask);
            *pBytesReturned = sizeof(DWORD);
            return TRUE;
        }
    }
    ...
}
```

驱动额外的等待线程如下:

```
DWORD MonitorCommEventProc(LPVOID pParam)
{
    ...
    while(TRUE)
    {
        DWORD dwEvtMask = 0;
        BOOL bWaitRes = WaitCommEvent(g_hCom,&dwEvtMask,NULL);
        if(g_bExitMonitorProc ! = FALSE)
        {
            break;
        }
        if(bWaitRes = = FALSE)
        {
            continue;
        }
        ...
        InterlockedExchange(reinterpret_cast<LONG *>(&g_dwEvtMask),dwEvtMask);
        PulseEvent(g_hEventComm);
        ...
    }
    ...
    return 0;
}
```

6.6.7　VSP_Read

现在是到考虑 ReadFile 实现的时候了。这里需要考虑,不同进程在同时读取数据时,应该能获得相同的数据。但对于原生的串口驱动,如果再次调用 ReadFile,所获得的数据绝对是不会和之前的一样,否则就乱套了。于是,和 IOCTL_SERIAL_WAIT_ON_MASK 一样,也不能粗暴简单地调用原生的 ReadFile 完事。

转换个思维,对于"不同进程在同时读取数据时,应该能获得相同的数据",应该这么理解:"不同进程,相当短的间隔内读取数据,应该能获得相同的数据"。如果要做到这点,只需要设置一个读取缓存,当上级程序想要获取数据时,只需要简单地将数据返回即可。那么接下来最关键的是,应该什么时候读取数据?什么时候该刷新缓存呢?

分开来说,最简单的方式,就是在监视进程 MonitorCommEventProc 中读取数据并刷新缓存。因为该线程会调用 WaitCommEvent 函数进行等待,它能够充分知道什么时候有数据进来。只要有数据进来,就进行读取。如果之前的缓存已经被读取过,就清空缓存,存入新的数据;否则就在旧缓存之后添加我们新的数据。故此,完善的 MonitorCommEventProc 实现就应该如此:

```
DWORD MonitorCommEventProc(LPVOID pParam)
{
    InterlockedExchange(reinterpret_cast<LONG *>(&g_bMonitorProcRunning),TRUE);
    RETAILMSG(TRUE,(TEXT("[VSP]:MonitorCommEventProc Running! \r\n")));
    std::vector<BYTE> vtBufRead(g_vtBufRead.size(),0);
    while(TRUE)
    {
        EnterCriticalSection(&g_csIOControl);
        DWORD dwError = 0;
        ClearCommError(g_hCom,&dwError,NULL);
        SetCommMask(g_hCom,g_dwWaitMask | EV_RXCHAR);
        LeaveCriticalSection(&g_csIOControl);
        DWORD dwEvtMask = 0;
        BOOL bWaitRes = WaitCommEvent(g_hCom,&dwEvtMask,NULL);
        if(g_bExitMonitorProc != FALSE)
        {
            break;
        }
        if(bWaitRes == FALSE)
        {
            continue;
        }
        DWORD dwRead = 0;
        if(dwEvtMask & EV_RXCHAR)
        {
            EnterCriticalSection(&g_csRead);
            EnterCriticalSection(&g_csIOControl);
            ReadFile(g_hCom,&vtBufRead[0],vtBufRead.size(),&dwRead,NULL);
            LeaveCriticalSection(&g_csIOControl);
            if(dwRead != 0 && (dwRead == vtBufRead.size() || g_bReaded != FALSE))
            {
                g_dwLenReadBuf = dwRead;
                g_vtBufRead.swap(vtBufRead);
            }
            else if(dwRead != 0)
            {
```

```cpp
            if(g_dwLenReadBuf + dwRead <= g_vtBufRead.size())
            {
                std::vector<BYTE>::iterator iterBeginReplace =
                        g_vtBufRead.begin() + g_dwLenReadBuf;
                std::vector<BYTE>::iterator iterEndReplace = iterBeginReplace +
                                                                          dwRead;
                std::swap_ranges(iterBeginReplace,iterEndReplace,vtBufRead.begin());
                g_dwLenReadBuf += dwRead;
            }
            else
            {
                DWORD dwCover = g_dwLenReadBuf + dwRead - g_vtBufRead.size();
                std::copy(g_vtBufRead.begin() + dwCover,g_vtBufRead.begin() +
                        g_dwLenReadBuf,g_vtBufRead.begin());
                std::copy(vtBufRead.begin(),vtBufRead.begin() +
                        dwRead,g_vtBufRead.begin() + (g_dwLenReadBuf - dwCover));
                g_dwLenReadBuf = g_vtBufRead.size();
            }
        }
        if(dwRead != 0)
        {
            g_bReaded = FALSE;
        }
        DEBUGMSG(TRUE,(TEXT("[VSP]:Read data : %d\r\n"),dwRead));
        LeaveCriticalSection(&g_csRead);
    }
    if(g_bIOCtrlSetCommMask == FALSE && ((dwEvtMask == 0 && g_dwWaitMask != 0)
    || (dwEvtMask == EV_RXCHAR && ((g_dwWaitMask & EV_RXCHAR) == 0
    || dwRead == 0))))
    {
        //当返回的掩码为EV_RXCHAR,并且调用者确实没有需要等待EV_RXCHAR掩码时,才会调
        //用到这行代码
        continue;
    }
    InterlockedExchange(reinterpret_cast<LONG *>(&g_bIOCtrlSetCommMask),FALSE);
    InterlockedExchange(reinterpret_cast<LONG *>(&g_dwEvtMask),dwEvtMask);
    SetEvent(g_hEventComm);
    Sleep(100);        //进入短暂休眠,让别的线程有机会响应事件
    DEBUGMSG(TRUE,(TEXT("[VSP]:PulseEvent! The event-mask is 0x%x\r\n"),dwEvtMask));
```

```
    }
    RETAILMSG(TRUE,(TEXT("[VSP]:Exit the MonitorCommEventProc\r\n")));
    InterlockedExchange(reinterpret_cast<LONG *>(&g_bMonitorProcRunning),FALSE);
    return 0;
}
```

正因为读取是如此实现,所以才有 6.6.2 小节驱动约定的第 2 点:程序不应该主动调用 ReadFile 来轮询获取数据,而是通过 WaitCommEvent 进行检测,当返回的状态中具备 EV_RXCHAR 时才调用 ReadFile(如果一直采用 ReadFile 来轮询接收数据,很可能会读取重复的数据)。并且该调用必须在一定的时间间隔之内(如果间隔太久,很可能因为缓存已经刷新,数据丢失),而且为了不丢失数据,缓冲大小一定要等于或大于 READ_BUFFER_LENGTH(因为只要读取一次数据,读取的标识就会被设置,当有新数据到达时,会刷新缓存,导致数据丢失)。

这也同时解释了 MonitorCommEventProc 进程为何在 SetEvent 之后会调用 Sleep 函数进行短暂的休眠,其作用主要是让驱动的读取进程歇歇,好让等待进程能在等待事件返回时有足够的时间来读取获得的数据。

6.6.8 完整源代码

前面按每个功能模块论述了代码的片段,现在来揭开庐山真面目,整体来看看这虚拟驱动是如何实现的。在下载资料中也有相应的源代码。

```cpp
//////////////////////////////////////////////////////////////////////
//VirtualSerial.cpp : Defines the entry point for the DLL application.
//////////////////////////////////////////////////////////////////////
#include "windows.h"
#include "reg.h"
#include <vector>
#include <Pegdser.h>
#include "algorithm"
//--------------------------------------------------------
//Macro
#define REG_ROOT_KEY            HKEY_LOCAL_MACHINE
#define REG_DEVICE_SUB_KEY      TEXT("Drivers\\Builtin\\VirtualSerial")
#define REG_MAP_PORT_NAME       TEXT("Map_Port")
//该缓存用来存储到的数据
#define READ_BUFFER_LENGTH      MAX_PATH
//--------------------------------------------------------
//全局变量
```

第6章 驱动开发

```cpp
HANDLE g_hCom = INVALID_HANDLE_VALUE;
unsigned int g_uiOpenCount = 0;
CRITICAL_SECTION g_csOpen;
CRITICAL_SECTION g_csRead;
CRITICAL_SECTION g_csWrite;
CRITICAL_SECTION g_csIOControl;
std::vector<BYTE> g_vtBufRead(READ_BUFFER_LENGTH,0);
DWORD g_dwLenReadBuf = 0;
DWORD g_dwEvtMask = 0;
DWORD g_dwWaitMask = 0;
HANDLE g_hEventComm = NULL;
BOOL g_bMonitorProcRunning = FALSE;
BOOL g_bExitMonitorProc = FALSE;
BOOL g_bReaded = FALSE;
BOOL g_bIOCtrlSetCommMask = FALSE;
//-----------------------------------------------------------
BOOL WINAPI DllEntry(HANDLE hInstDll, DWORD dwReason, LPVOID lpvReserved)
{
    switch ( dwReason )
    {
        case DLL_PROCESS_ATTACH:
        break;
    }
    return TRUE;
}
DWORD MonitorCommEventProc(LPVOID pParam)
{
    InterlockedExchange(reinterpret_cast<LONG *>(&g_bMonitorProcRunning),TRUE);
    RETAILMSG(TRUE,(TEXT("[VSP]:MonitorCommEventProc Running! \r\n")));
    std::vector<BYTE> vtBufRead(g_vtBufRead.size(),0);
    while(TRUE)
    {
        EnterCriticalSection(&g_csIOControl);
        DWORD dwError = 0;
        ClearCommError(g_hCom,&dwError,NULL);
        SetCommMask(g_hCom,g_dwWaitMask | EV_RXCHAR);
        LeaveCriticalSection(&g_csIOControl);
        DWORD dwEvtMask = 0;
        BOOL bWaitRes = WaitCommEvent(g_hCom,&dwEvtMask,NULL);
```

```cpp
        if(g_bExitMonitorProc ! = FALSE)
        {
            break;
        }
        if(bWaitRes = = FALSE)
        {
            continue;
        }
        DWORD dwRead = 0;
        if(dwEvtMask & EV_RXCHAR)
        {
            EnterCriticalSection(&g_csRead);
            EnterCriticalSection(&g_csIOControl);
            ReadFile(g_hCom,&vtBufRead[0],vtBufRead.size(),&dwRead,NULL);
            LeaveCriticalSection(&g_csIOControl);
            if(dwRead ! = 0 && (dwRead = = vtBufRead.size() || g_bReaded ! = FALSE))
            {
                g_dwLenReadBuf = dwRead;
                g_vtBufRead.swap(vtBufRead);
            }
            else if(dwRead ! = 0)
            {
                if(g_dwLenReadBuf + dwRead < = g_vtBufRead.size())
                {
                    std::vector<BYTE>::iterator iterBeginReplace =
                            g_vtBufRead.begin() + g_dwLenReadBuf;
                    std::vector<BYTE>::iterator iterEndReplace =
                            iterBeginReplace + dwRead;
                    std::swap_ranges(iterBeginReplace,iterEndReplace,vtBufRead.begin());
                    g_dwLenReadBuf + = dwRead;
                }
                else
                {
                    DWORD dwCover = g_dwLenReadBuf + dwRead - g_vtBufRead.size();
                    std::copy(g_vtBufRead.begin() + dwCover,g_vtBufRead.begin() +
                            g_dwLenReadBuf,g_vtBufRead.begin());
                    std::copy(vtBufRead.begin(),vtBufRead.begin() +
                            dwRead,g_vtBufRead.begin() + (g_dwLenReadBuf - dwCover));
                    g_dwLenReadBuf = g_vtBufRead.size();
```

```cpp
            }
        }
        if(dwRead != 0)
        {
            g_bReaded = FALSE;
        }
        DEBUGMSG(TRUE,(TEXT("[VSP]:Read data : %d\r\n"),dwRead));
        LeaveCriticalSection(&g_csRead);
    }
    if(g_bIOCtrlSetCommMask == FALSE && ((dwEvtMask == 0 && g_dwWaitMask != 0)
       || (dwEvtMask == EV_RXCHAR && ((g_dwWaitMask & EV_RXCHAR) == 0
       || dwRead == 0))))
    {
        //当返回的掩码为 EV_RXCHAR,并且调用者确实没有需要等待 EV_RXCHAR 掩码时,才会
        //调用到这行代码
        continue;
    }
    InterlockedExchange(reinterpret_cast<LONG *>(&g_bIOCtrlSetCommMask),FALSE);
    InterlockedExchange(reinterpret_cast<LONG *>(&g_dwEvtMask),dwEvtMask);
    SetEvent(g_hEventComm);
    Sleep(100);      //进入休眠,让别的进程能响应该事件
    DEBUGMSG(TRUE,(TEXT("[VSP]:PulseEvent! The event-mask is 0x%x\r\n"),dwEvtMask));
    }
    RETAILMSG(TRUE,(TEXT("[VSP]:Exit the MonitorCommEventProc\r\n")));
    InterlockedExchange(reinterpret_cast<LONG *>(&g_bMonitorProcRunning),FALSE);
    return 0;
}
BOOL VSP_Close(DWORD dwHandle)
{
    EnterCriticalSection(&g_csOpen);
    g_uiOpenCount--;
    if(g_uiOpenCount == 0)
    {
        //通知监控线程退出
        InterlockedExchange(reinterpret_cast<LONG *>(&g_bExitMonitorProc),TRUE);
        DWORD dwMask = 0;
        GetCommMask(g_hCom,&dwMask);
        SetCommMask(g_hCom,dwMask);
        while (InterlockedExchange(reinterpret_cast<LONG *>(&g_bMonitorProcRunning),
```

```cpp
            TRUE) = = TRUE)
        {
            SetCommMask(g_hCom,dwMask);
            Sleep(100);
        }
        InterlockedExchange(reinterpret_cast<LONG *>(&g_bMonitorProcRunning),FALSE);
        CloseHandle(g_hCom);
        g_hCom = NULL;
    }
    LeaveCriticalSection(&g_csOpen);
    return TRUE;
}
DWORD VSP_Init(DWORD dwContext)
{
    RETAILMSG(TRUE,(TEXT("[ + VSP_Init]\r\n")));
    InitializeCriticalSection(&g_csOpen);
    InitializeCriticalSection(&g_csRead);
    InitializeCriticalSection(&g_csWrite);
    InitializeCriticalSection(&g_csIOControl);
    g_hEventComm = CreateEvent(NULL,TRUE,FALSE,NULL);
    RETAILMSG(TRUE,(TEXT("[ - VSP_Init]\r\n")));
    return TRUE;
}
BOOL VSP_Deinit(DWORD dwContext)
{
    RETAILMSG(TRUE,(TEXT("[ + VSP_Deinit]\r\n")));
    CloseHandle(g_hEventComm);
    g_hEventComm = NULL;
    DeleteCriticalSection(&g_csOpen);
    DeleteCriticalSection(&g_csRead);
    DeleteCriticalSection(&g_csWrite);
    DeleteCriticalSection(&g_csIOControl);
    RETAILMSG(TRUE,(TEXT("[ - VSP_Deinit]\r\n")));
    return TRUE;
}
DWORD VSP_Open(DWORD dwData,DWORD dwAccess,DWORD dwShareMode)
{
    BOOL bResult = FALSE;
    EnterCriticalSection(&g_csOpen);
```

```cpp
    //变量
    CReg reg;
    std::vector<TCHAR> vtBuf(MAX_PATH,0);
    COMMPROP commProp = {0};
    if(g_uiOpenCount != 0)
    {
        goto SET_SUCCEED_FLAG;
    }
    if(reg.Open(REG_ROOT_KEY,REG_DEVICE_SUB_KEY) == FALSE)
    {
        RETAILMSG(TRUE,(TEXT("[VSP]:Failed to open the registry\r\n")));
        goto LEAVE_CRITICAL_SECTION;
    }
    reg.GetValueSZ(REG_MAP_PORT_NAME,&vtBuf[0],vtBuf.size());    //获取映射的驱动名
    g_hCom = CreateFile(&vtBuf[0],GENERIC_READ | GENERIC_WRITE ,0,
                        NULL,OPEN_EXISTING,0,NULL);
    if(g_hCom == INVALID_HANDLE_VALUE )
    {
        RETAILMSG(TRUE,(TEXT("[VSP]Failed to map to %s\r\n"),&vtBuf[0]));
        goto LEAVE_CRITICAL_SECTION;
    }
    else
    {
        RETAILMSG(TRUE,(TEXT("[VSP]Succeed to map to %s\r\n"),&vtBuf[0]));
    }
    g_dwLenReadBuf = 0;
    InterlockedExchange(reinterpret_cast<LONG *>(&g_bExitMonitorProc),FALSE);
    HANDLE hThrd = CreateThread(NULL,NULL,MonitorCommEventProc,NULL,NULL,NULL);
    SetThreadPriority(hThrd,THREAD_PRIORITY_ABOVE_IDLE);
    CloseHandle(hThrd);
SET_SUCCEED_FLAG:
    g_uiOpenCount ++;
    bResult = TRUE;
LEAVE_CRITICAL_SECTION:
    LeaveCriticalSection(&g_csOpen);
    return bResult;
}
BOOL VSP_IOControl(DWORD dwHandle,DWORD dwIoControlCode,PBYTE pBufIn,
                   DWORD dwBufInSize,PBYTE pBufOut,DWORD dwBufOutSize,PDWORD pBytesReturned)
```

```cpp
{
    switch(dwIoControlCode)
    {
        case IOCTL_SERIAL_SET_DCB:
        {
            EnterCriticalSection(&g_csIOControl);
            BOOL bRes = SetCommState(g_hCom,reinterpret_cast<DCB *>(pBufIn));
            LeaveCriticalSection(&g_csIOControl);
            return bRes;
        }
        case IOCTL_SERIAL_GET_DCB:
        {
            EnterCriticalSection(&g_csIOControl);
            BOOL bRes = GetCommState(g_hCom,reinterpret_cast<DCB *>(pBufOut));
            LeaveCriticalSection(&g_csIOControl);
            return bRes;
        }
        case IOCTL_SERIAL_WAIT_ON_MASK:
        {
            BOOL bRes = FALSE;
            if(dwBufOutSize < sizeof(DWORD) ||
            WaitForSingleObject(g_hEventComm,INFINITE) == WAIT_TIMEOUT)
            {
                * pBytesReturned = 0;
                bRes = FALSE;
            }
            else
            {
                InterlockedExchange(reinterpret_cast<LONG *>(pBufOut),g_dwEvtMask);
                * pBytesReturned = sizeof(DWORD);
                bRes = TRUE;
            }
            ResetEvent(g_hEventComm);
            return bRes;
        }
        case IOCTL_SERIAL_SET_WAIT_MASK:
        {
            EnterCriticalSection(&g_csIOControl);
            g_dwWaitMask = * reinterpret_cast<DWORD *>(pBufIn);
```

```cpp
            InterlockedExchange(reinterpret_cast<LONG *>(&g_bIOCtrlSetCommMask),TRUE);
            //驱动需要 EV_RXCHAR 这个通知事件
            BOOL bRes = SetCommMask(g_hCom,g_dwWaitMask | EV_RXCHAR);
            LeaveCriticalSection(&g_csIOControl);
            return bRes;
        }
        case IOCTL_SERIAL_GET_WAIT_MASK:
        {
            if(dwBufOutSize < sizeof(DWORD))
            {
                *pBytesReturned = 0;
                return FALSE;
            }
            EnterCriticalSection(&g_csIOControl);
            BOOL bRes = GetCommMask(g_hCom,reinterpret_cast<DWORD *>(pBufOut));
            LeaveCriticalSection(&g_csIOControl);
            if(bRes ! = FALSE)
            {
                *pBytesReturned = sizeof(DWORD);
            }
            else
            {
                *pBytesReturned = 0;
            }
            return bRes;
        }
    }
    return FALSE;
}
DWORD VSP_Read(DWORD dwHandle, LPVOID pBuffer, DWORD dwNumBytes)
{
    EnterCriticalSection(&g_csRead);
    //g_dwLenReadBuf 必须不大于 g_vtBufRead.size(),所以这两者不需要在这比较
    DWORD dwCopy = g_dwLenReadBuf > dwNumBytes ? dwNumBytes : g_dwLenReadBuf;
    if(pBuffer = = NULL)
    {
        dwCopy = 0;      //空缓存,不需要复制
    }
    if(dwCopy ! = 0)
```

```
        {
            memcpy(pBuffer,&g_vtBufRead[0],dwCopy);
        }
        DEBUGMSG(TRUE,(TEXT("[VSP]:Copy cout:%d\r\n"),dwCopy));
        g_bReaded = TRUE;
        LeaveCriticalSection(&g_csRead);
        Sleep(10);        //休眠,以便让别的进程能调用该函数
        return dwCopy;
}
DWORD VSP_Write(DWORD dwHandle, LPCVOID pBuffer, DWORD dwNumBytes)
{
        EnterCriticalSection(&g_csWrite);
        DWORD dwWrite = 0;
        WriteFile(g_hCom,pBuffer,dwNumBytes,&dwWrite,NULL);
        LeaveCriticalSection(&g_csWrite);
        return dwWrite;
}
DWORD VSP_Seek(DWORD dwHandle, long lDistance, DWORD dwMoveMethod)
{
        return FALSE;
}
void VSP_PowerUp(void)
{
        return;
}
void VSP_PowerDown(void)
{
        return;
}
```

6.6.9 注册表数值

没有注册表,再好的驱动也会因为没有受到系统的恩惠而埋没于尘埃之中。虚拟串口的注册表数值也非常简单,寥寥几句:

```
[HKEY_LOCAL_MACHINE\Drivers\Builtin\VirtualSerial]
    "Prefix" = "VSP"
    "Dll" = "VirtualSerial.dll"
    "Order" = dword:0
    "Index" = dword:1
    "Map_Port" = "COM1:"
```

6.6.10 驱动调用

驱动有了,如果不尝试去调用它,岂不是白白浪费表情?如果熟悉串口驱动的调用方式,那么这个伪装版的虚拟驱动更不在话下——除了打开和读取这两个方式以外,其余都是一模一样的。

```cpp
//打开驱动
HANDLE hComm = CreateFile(TEXT("VSP1:"),GENERIC_READ | GENERIC_WRITE ,
                          0,NULL,OPEN_EXISTING,0,NULL);

//设置事件掩码
DWORD dwCommMask = EV_RXCHAR;
SetCommMask(hComm,dwCommMask);

//等待数据。只有数据到达,WaitCommEvent才返回
DWORD dwCommStatus = 0;
WaitCommEvent(hComm,&dwCommStatus,NULL);

//读取数据
std::vector<char> vtBuf(MAX_PATH,0);
DWORD dwRead = 0;
ReadFile(hComm,&vtBuf[0],vtBuf.size(),&dwRead,NULL);

CloseHandle(hComm);        //关闭串口
```

6.7 狸猫换太子,用赝版替代原装驱动

前面章节有提到,Windows CE 系统的驱动是可以非常方便地动态加载和卸载的。其实,如果能善加利用,完全可以神不知鬼不觉地进行狸猫换太子——不必重新编译系统,就可以在应用程序完全不知情的情况下,将原生驱动偷梁换柱成冒牌货!

听起来很有意思,是吧?那么,开始这次奇妙的旅程吧。

能达到的目标才有动力,这次还是拿 Windows CE 设备最常用、最基本的串口驱动开刀。(串口在哭泣:为什么又是我?被虚拟的是我,现在被替换的还是我?norains 阴沉地说:谁让你这么受欢迎,哪个 Windows CE 没有你这搅事者?哼哼,拖出去,肢解了!)要做的事情也很简单,如果通过 Read 读取回来的字符超过 5 个,那么就将最前面的 5 个字符替换为"abcde"。

如果要达成这个目标,需要两个程序:

① 伪驱动 DLL,它负责替换读取回来的数据。

② 驱动加载程序。

第 6 章 驱动开发

第 2 点比较简单,先来看看第 1 点。

首先先来复习一下 Windows CE 驱动的基本情况。Windows CE 的驱动规定了导出函数的形式,比如 XXX_Init、XXX_Deinit 等。其中的 XXX 是不同驱动的前缀,就像串口驱动为 COM_Init 一样。更为严格的是,像 COM_Init 这样的函数,无论是返回值还是形参的类型乃至于个数,都是规定死的,否则 Windows CE 不会正常加载。而在这框框条条之下,带给我们的是另外一种机会:伪驱动向上实现微软规定的接口,向下则调用原生的驱动。

听起来是不是有点迷糊?没关系,以 COM_Read 函数举个例子。

伪驱动名为 FakeDriver.dll,导出了一个函数叫 COM_Read。norains 这里的平台是 Telechips 的 TCC7901,它的驱动文件为 tcc_serial.dll。接下来需要做的是,从 tcc_serial.dll 中获得其 COM_Read 的地址,以方便在伪驱动中调用。

对于大家来说,下面调用 dll 函数的代码应该不会陌生:

```
g_hCoreDll = LoadLibrary(TEXT("tcc_serial.dll"));      //显式加载 DLL 文件
...
//获取 DLL 文件的 COM_Read 函数地址
typedef ULONG (WINAPI * DLL_COM_READ)
        (HANDLE pHead,PUCHAR pTargetBuffer,ULONG BufferLength);
DLL_COM_READ    DLL_COM_Read = 
        (DLL_COM_READ)GetProcAddress(g_hCoreDll, _T("COM_Read"));
...
ULONG COM_Read(HANDLE pHead,PUCHAR pTargetBuffer,ULONG BufferLength)
{
    //直接调用 DLL 的 COM_Read 函数
    return DLL_COM_Read(pHead,pTargetBuffer,BufferLength);
}
```

没错,就是这么简单。伪驱动其实只是在原生驱动之上封装了一层,骨子里还是调用的原生驱动。只不过在这封装的一层中,可以做太多的事情了。对于本节前面的目标,伪驱动的代码完整实现如下,在下载资料中也有相应的源代码:

```
//////////////////////////////////////////////////////////////
//FakeDriver.cpp
//////////////////////////////////////////////////////////////
# include "serpriv.h"
//-----------------------------------------------------------
//导出函数的定义
typedef HANDLE (WINAPI * DLL_COM_INIT)(ULONG Identifier);
typedef BOOL (WINAPI * DLL_COM_DEINIT)(PHW_INDEP_INFO pSerialHead);
typedef BOOL (WINAPI * DLL_COM_IOCONTROL)
```

```
                    (PHW_OPEN_INFO pOpenHead,DWORD dwCode,PBYTE pBufIn,
              DWORD dwLenIn, PBYTE pBufOut, DWORD dwLenOut,PDWORD pdwActualOut);
typedef void (WINAPI * DLL_COM_PRECLOSE)(PHW_OPEN_INFO pOpenHead);
typedef BOOL (WINAPI * DLL_COM_PREDEINIT)(PHW_INDEP_INFO pSerialHead);
typedef HANDLE (WINAPI * DLL_COM_OPEN)
                (HANDLE pHead, DWORD AccessCode,DWORD ShareMode);
typedef BOOL (WINAPI * DLL_COM_CLOSE)(PHW_OPEN_INFO pOpenHead);
typedef BOOL (WINAPI * DLL_COM_POWERDOWN)(HANDLE pHead);
typedef BOOL (WINAPI * DLL_COM_POWERUP)(HANDLE pHead);
typedef ULONG (WINAPI * DLL_COM_READ)
                (HANDLE pHead,PUCHAR pTargetBuffer,ULONG BufferLength);
typedef ULONG (WINAPI * DLL_COM_SEEK)
                (HANDLE pHead,LONG Position,DWORD Type);
typedef ULONG (WINAPI * DLL_COM_WRITE)
                (HANDLE pHead,PUCHAR pSourceBytes,ULONG NumberOfBytes);
//---------------------------------------------------------------
//全局变量
DLL_COM_INIT              DLL_COM_Init = NULL;
DLL_COM_DEINIT            DLL_COM_Deinit = NULL;
DLL_COM_IOCONTROL         DLL_COM_IOControl = NULL;
DLL_COM_PRECLOSE          DLL_COM_PreClose = NULL;
DLL_COM_PREDEINIT         DLL_COM_PreDeinit = NULL;
DLL_COM_OPEN              DLL_COM_Open = NULL;
DLL_COM_CLOSE             DLL_COM_Close = NULL;
DLL_COM_POWERDOWN         DLL_COM_PowerDown = NULL;
DLL_COM_POWERUP           DLL_COM_PowerUp = NULL;
DLL_COM_READ              DLL_COM_Read = NULL;
DLL_COM_SEEK              DLL_COM_Seek = NULL;
DLL_COM_WRITE             DLL_COM_Write = NULL;

HINSTANCE g_hCoreDll = NULL;
//---------------------------------------------------------------
//获取所有导出函数的地址
BOOL InitFuncAddr()
{
    BOOL bRes = FALSE;
    __try
    {
        g_hCoreDll = LoadLibrary(TEXT("tcc_serial.dll"));
        if (g_hCoreDll = = NULL)
```

```
{
    __leave;
}
DLL_COM_Init = (DLL_COM_INIT)GetProcAddress(g_hCoreDll, _T("COM_Init"));
if(DLL_COM_Init = = NULL)
{
    __leave;
}
DLL_COM_Deinit = (DLL_COM_DEINIT)GetProcAddress(g_hCoreDll,
              _T("COM_Deinit"));
if(DLL_COM_Deinit = = NULL)
{
    __leave;
}
DLL_COM_IOControl = (DLL_COM_IOCONTROL)
                GetProcAddress(g_hCoreDll, _T("COM_IOControl"));
if(DLL_COM_IOControl = = NULL)
{
    __leave;
}
DLL_COM_PreClose = (DLL_COM_PRECLOSE)
                GetProcAddress(g_hCoreDll, _T("COM_PreClose"));
if(DLL_COM_PreClose = = NULL)
{
    __leave;
}
DLL_COM_PreDeinit = (DLL_COM_PREDEINIT)
                GetProcAddress(g_hCoreDll, _T("COM_PreDeinit"));
if(DLL_COM_PreDeinit = = NULL)
{
    __leave;
}
DLL_COM_Open = (DLL_COM_OPEN)
                GetProcAddress(g_hCoreDll, _T("COM_Open"));
if(DLL_COM_Open = = NULL)
{
    __leave;
}
```

```c
        DLL_COM_Close = (DLL_COM_CLOSE)
                    GetProcAddress(g_hCoreDll, _T("COM_Close"));
        if(DLL_COM_Close == NULL)
        {
            __leave;
        }
        DLL_COM_PowerDown = (DLL_COM_POWERDOWN)
                    GetProcAddress(g_hCoreDll, _T("COM_PowerDown"));
        if(DLL_COM_PowerDown == NULL)
        {
            __leave;
        }
        DLL_COM_PowerUp = (DLL_COM_POWERUP)
                    GetProcAddress(g_hCoreDll, _T("COM_PowerUp"));
        if(DLL_COM_PowerUp == NULL)
        {
            __leave;
        }
        DLL_COM_Read = (DLL_COM_READ)
                    GetProcAddress(g_hCoreDll, _T("COM_Read"));
        if(DLL_COM_Read == NULL)
        {
            __leave;
        }
        DLL_COM_Seek = (DLL_COM_SEEK)
                    GetProcAddress(g_hCoreDll, _T("COM_Seek"));
        if(DLL_COM_Seek == NULL)
        {
            __leave;
        }
        DLL_COM_Write = (DLL_COM_WRITE)
                    GetProcAddress(g_hCoreDll, _T("COM_Write"));
        if(DLL_COM_Write == NULL)
        {
            __leave;
        }
        bRes = TRUE;
    }
    __finally
```

```c
        if(bRes == FALSE)
        {
            if(g_hCoreDll != NULL)
            {
                FreeLibrary(g_hCoreDll);
            }
        }
    }
    return bRes;
}
BOOL WINAPI DllEntry(HANDLE hInstDll, DWORD dwReason, LPVOID lpvReserved)
{
    switch ( dwReason )
    {
    case DLL_PROCESS_ATTACH:
        break;
    }
    return TRUE;
}
HANDLE COM_Init(ULONG    Identifier)
{
    if(InitFuncAddr() != FALSE)
    {
        RETAILMSG(TRUE,(TEXT("InitFuncAddr Succeeded\r\n")));
        return DLL_COM_Init(Identifier);
    }
    else
    {
        RETAILMSG(TRUE,(TEXT("InitFuncAddr Failed\r\n")));
        return FALSE;
    }
}
BOOL COM_Deinit(PHW_INDEP_INFO pSerialHead)
{
    BOOL bRes = DLL_COM_Deinit(pSerialHead);
    if(g_hCoreDll != NULL)
    {
        FreeLibrary(g_hCoreDll);
```

```
    }
    RETAILMSG(TRUE,(TEXT("COM_Deinit\r\n")));
    return bRes;
}
BOOL COM_IOControl(PHW_OPEN_INFO pOpenHead,
        DWORD dwCode, PBYTE pBufIn,DWORD dwLenIn,
        PBYTE pBufOut, DWORD dwLenOut,PDWORD pdwActualOut)
{
    return DLL_COM_IOControl(pOpenHead,dwCode,pBufIn,dwLenIn,
        pBufOut,dwLenOut,pdwActualOut);
}
void COM_PreClose(PHW_OPEN_INFO pOpenHead)
{
    DLL_COM_PreClose(pOpenHead);
}
BOOL COM_PreDeinit(PHW_INDEP_INFO pSerialHead)
{
    return DLL_COM_PreDeinit(pSerialHead);
}
HANDLE COM_Open(HANDLE pHead, DWORD AccessCode,DWORD ShareMode)
{
    return DLL_COM_Open(pHead,AccessCode,ShareMode);
}
BOOL COM_Close(PHW_OPEN_INFO pOpenHead)
{
    return DLL_COM_Close(pOpenHead);
}
BOOL COM_PowerDown(HANDLE pHead)
{
    return DLL_COM_PowerDown(pHead);
}
BOOL COM_PowerUp(HANDLE pHead)
{
    return DLL_COM_PowerUp(pHead);
}
ULONG COM_Read(HANDLE pHead,PUCHAR pTargetBuffer,ULONG BufferLength)
{
    ULONG ulRead = DLL_COM_Read(pHead,pTargetBuffer,BufferLength);
    //将前面的 5 个字符替换为 abced
```

```
        if(ulRead > 5)
        {
            pTargetBuffer[0] = a;
            pTargetBuffer[1] = b;
            pTargetBuffer[2] = c;
            pTargetBuffer[3] = d;
            pTargetBuffer[4] = e;
        }
        return ulRead;
}
ULONG COM_Seek(HANDLE pHead,LONG Position,DWORD Type)
{
    return   DLL_COM_Seek(pHead,Position,Type);
}
ULONG COM_Write(HANDLE pHead,PUCHAR pSourceBytes,ULONG NumberOfBytes)
{
    return DLL_COM_Write(pHead,pSourceBytes,NumberOfBytes);
}
```

代码中的 DLL_COM_XXX 函数其实全部都是原生驱动的导出函数，如果将 COM_Read 的替换代码注释掉，那么这个伪驱动的表现将和原生驱动一模一样，没有任何区别。

伪驱动 DLL 已经完成，剩下的就是临门一脚。先看看如图 6.7.1 所示的 TCC7901 的 COM1 的注册表。

如图 6.7.1 所示，为了让伪驱动能够正常加载，需要将注册表的 dll 字段更改为伪驱动的文件名。

所以，加载的应用程序就只有如下几行（norains 提示：代码中所提到的 Unload 函数，请参考 6.3 节）。

```
Unload(TEXT("COM1:"));      //卸载原来的 COM1 驱动
//更改注册表中 DLL 的文件名
CReg reg;
reg.Create(HKEY_LOCAL_MACHINE,TEXT("Drivers\\BuiltIn\\Serial1"));
reg.SetSZ(TEXT("Dll"),TEXT("FakeDriver.dll"));

ActivateDeviceEx(TEXT("Drivers\\BuiltIn\\Serial1",NULL,0,pParam);     //动态加载伪驱动
```

最后需要做的就是，将伪驱动 FakeDriver.dll 复制到 windows 文件夹，运行加载程序，就可以用如下代码进行测试：

```
HANDLE hCom = CreateFile(TEXT("COM1:"),GENERIC_READ|GENERIC_WRITE,0,NULL,
                OPEN_EXISTING,FILE_ATTRIBUTE_NORMAL,NULL);
```

第6章 驱动开发

```
std::vector<BYTE> vtBuf(MAX_PATH,0);
DWORD dwRead = 0;
BOOL bRes = ReadFile(hCom,&vtBuf[0],vtBuf.size(),&dwRead,NULL);
CloseHandle(hCom);
```

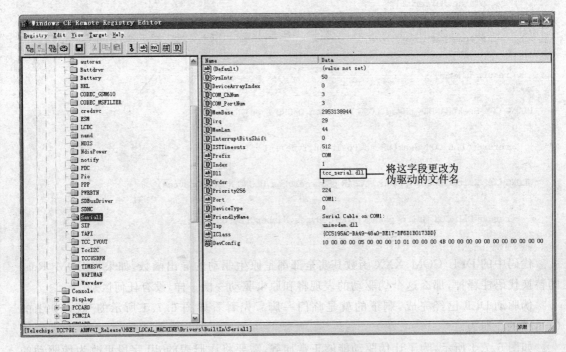

图 6.7.1　TCC7901 的串口注册表

至此,无论实际串口接收到什么数据,甚至不管是否接收到数据,调用该串口接收到的永远是"abcde"。

虽然这个实例没有太多的使用价值,但由此衍生的方式,却具有不一般的意义。比如说,有的设备是通过额外的驱动来进行加密,你就可以依样画葫芦,替代设备的加密方式,让其永远没有秘密;或是直接替代 GPS 的串口,当接收到的数据显示为北京时,你就让它跑到深圳。总之,能做什么,就要看你自己的想象力。(norains:嘿嘿~~哈哈~~　众人语:怎么觉得norains 笑得那么邪恶?)

第 7 章

电源管理

本章以 SC811 电源管理芯片为例,来讲述硬件电路、驱动检测和应用程序显示,给读者一个电源管理模块从搭建到完善的整体感受。

7.1 SC811 电源管理芯片

SC811 是由 SEMTECH 出品的一款通用的高性能电源管理芯片。它最大能承受 30 V 的输入电压,能够很好地保护热拔插带来的过载以及插入错误的适配器。并且,它本身具有的独特超电压保护,能够适应很多低成本的适配器,这对于成本敏感的场合非常重要。

当适配器插入到充电电路中,芯片将自动转换为充电模式,并通过设置相应引脚的状态来进行通知。更为重要的是,充电还能细分为 3 种模式,分别是适配器模式、USB 高电压模式以及 USB 低电压模式。适配器模式和 USB 高电压模式的充电电流达到 1 A,完全能够满足大容量电池的快速充电需要。而这 3 种模式的转换,只需要设置可编程的引脚即可。另外,芯片还具有过充保护功能,能够最大限度地保护电池。

7.2 搭建硬件电路

首先来看看图 7.2.1 所示的 SC811 在产品中的实际原理图。对于软件工程师而言,只需要关注两个网点:一个是 BAT_DETECT,另一个则是 BAT_CHARGE。

BAT_DETECT 连接到 CPU 具有 ADC 功能的 PIN。主要是通过检测当前的电压,然后与预设的数值进行比较,继而推断当前电池电量。因为电池在电量由高到低的过程中,最明显的就是电压也会随着从高到低变化。以 norains 使用的一块电池为例,当其充满电时,电压为 4.2 V;当电压到达 2.9 V 时,已经达到其截止电压,电池不会再继续放电。

BAT_CHARGE 用来检测当前是否给电池充电,它将连接到 CPU 具有 GPIO 功能的 PIN。当 SC811 检测到正在给电池充电时,它会将 STATB 这个 PIN 拉低。而 STATB 在和 BAT_CHARGE 连接之间还有一个三极管 2N7002,如果 STATB 拉低,那么 2N7002 就会关闭,这时 BAT_CHARGE 因为有一个上拉,所以 GPIO 会检测到它为 HIGH。

第7章 电源管理

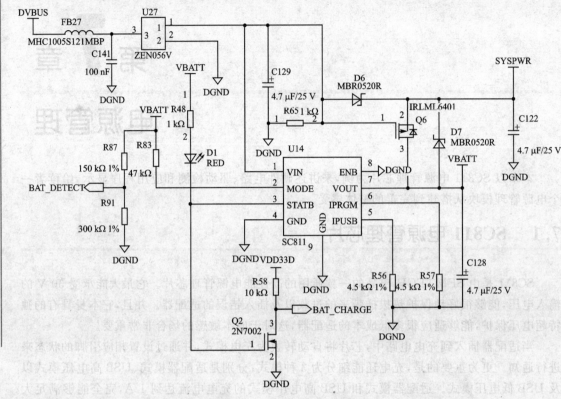

图 7.2.1　SC811 实际原理图

7.3　检测电池电量驱动代码

硬件一切准备就绪之后,就轮到驱动开始忙碌了。因为驱动是和 CPU 密切相关的,不同的 CPU 有不同的写法,在这里采用 TCC7901 进行说明。

首先是寄存器初始化。这里需要初始化两个 PIN:一个是 ADC,另一个是 GPIO。

```
BOOL Init()
{
    BITSET(HwBCLKCTR, HwBCLKCTR_ADC_ON);    //使能 ADC 时钟
    BITCLR(HwPORTCFG8,0xF);                 //设置 ADC3
    //设置准备状态
    BITSET(HwADCCON, Hw4);
    BITSET(HwADCCFG, 0xFF00);
```

第7章 电源管理

```
    //设置 GPIO_F12 为 GPIO 功能
    BITSET(HwPORTCFG2,HwPORTCFG2_HPXD15(0xFUL),HwPORTCFG2_HPXD15(1));
    BITCLR(HwGPFEN,Hw12);                   //设置为输入
    return TRUE;
}
```

因为 GPIO_F12 能够检测输入的电平,所以只需要知道当前寄存器的数值就能够知道是否处于充电状态:

```
BOOL IsCharging()
{
    //输入为 HIGH 时则充电
    BOOL bCharging = (HwGPFDAT & Hw12) ? TRUE : FALSE;
    return bCharging;
}
```

接着需要做的另一件重要的事情就是检测当前电压。不过这里和充电不太一样,监测回来的并不是真正的电压值,而是一组数据:

```
DWORD    GetADCData(void)
{
    DWORD dwAdcData = 0;
    do{
        //设置为 ADC
        BITCLR(HwADCCON,Hw2);
        BITSET(HwADCCON,Hw0|Hw1);

        //开始采样
        BITCLR(HwADCCON, Hw4);
        dwAdcData = HwADDATA;
    }while(!(dwAdcData & 1));
    BITSET(HwADCCON, Hw4);   //Standby..
    dwAdcData >>= 1;         //因为采样数据是从 bit1 开始的,所以移位到 bit0
    return dwAdcData;
}
```

获得的这个 ADC 采样值当然还不能直接使用,需要将它转换为相应的电压:

```
DWORD ConvertValueToVoltage(DWORD dwValue)
{
    return dwValue * ACTUAL_VOLTAGE_MAX / SAMPLE_VALUE_MAX;
}
```

ACTUAL_VOLTAGE_MAX 是实际电压的最大值。因为 norains 用的电池充电完毕后电压是 4.2 V,所以这里的 ACTUAL_VOLTAGE_MAX 被定义为 4 200。

SAMPLE_VALUE_MAX 是采样的最大值,也就是当电池满电荷时,GetADCData 函数返回的数值。这个数值是无法确定的,因为鉴于 PCB 的不同,料件的不同,不同批次的产品数值是不一样的,所以需要通过实际的硬件来进行检测。

这里还有一个很小的细节:因为 GetADCData 每次都会有误差,如果直接将获得的数值传递给 ConvertValueToVoltage,然后再将转换后的电压传递给系统,那么很可能会因为误差造成数据的抖动。为了尽可能消除这个抖动,需要相应的算法。算法种类很多,效果也不一,在这里为了说明的简便,只采用取平均值的做法:

```
DWORD GetVoltage(void)
{
    std::vector<DWORD> vtValue;
    DWORD dwCount = MAX_STORE_ADC_DATA;
    while(dwCount--)
    {
        DWORD dwAdcData = GetADCData();
        if(dwAdcData < SAMPLE_VALUE_EMPTY)
        {
            dwAdcData = SAMPLE_VALUE_EMPTY;
        }
        else if(dwAdcData > SAMPLE_VALUE_MAX)
        {
            dwAdcData = SAMPLE_VALUE_MAX;
        }
        vtValue.push_back(dwAdcData);
    }
    return ConvertValueToVoltage(GetRelativeAverage(vtValue));
}
```

到此还没结束,因为还需要和系统进行通信,让系统知道当前的电源状况。这就会牵扯到相应的驱动接口以及特定的 BSP 包,如果全部描述可能需要另成一书,所以这里就不对整个驱动进行描述,而只是截取其中的更新部分做解说。

对于 TCC7901 而言,BSP 已经有了具体的电源驱动框架,需要做的就是填充这个框架,让它和实际的硬件联系起来。现在就来看看如何将之前的 SC811 的检测代码套入这个 BATT_UpdateStatus 函数中:

```
void BATT_UpdateStatus( BATTERY_STATUS * pstBattStatus )
{
```

```
DWORD       BattVoltage = 0, adcValue = 0;
DWORD       Status, Voltage, StatusFlag = 0;
Status      = BATT_GetStatus();     //获取当前状态,充电、没电池等
Voltage     = BATT_GetVoltage();    //获取当前电压
if(Status & BATTERY_FLAG_NO_BATTERY)
{
    //没有电池,将电压设置为空
    StatusFlag |= BATTERY_FLAG_NO_BATTERY;
    Voltage = g_pDetectInterface->GetEmptyVoltage();//mV
}
else if(Status & BATTERY_FLAG_UNKNOWN)
{
    //可能硬件有问题,无法检测到当前状态
    StatusFlag |= BATTERY_FLAG_UNKNOWN;
    Voltage = g_pDetectInterface->GetEmptyVoltage();//mV
}
else
{
    if(Status & BATTERY_FLAG_CHARGING)
    {
        StatusFlag |= BATTERY_FLAG_CHARGING;    //充电中
    }
    if(Voltage >= g_pDetectInterface->GetEmptyVoltage() &&
            Voltage < g_pDetectInterface->GetMinVoltage())
    {
        StatusFlag |= BATTERY_FLAG_CRITICAL;    //处于低电量的临界状态
    }
    else if(Voltage >= g_pDetectInterface->GetMinVoltage() &&
            Voltage < g_pDetectInterface->GetLowVoltage())
    {
        StatusFlag |= BATTERY_FLAG_LOW;     //电量低
    }
    else if(Voltage >= g_pDetectInterface->GetLowVoltage() &&
            Voltage <= g_pDetectInterface->GetMaxVoltage())
    {
        StatusFlag |= BATTERY_FLAG_HIGH;    //电量高
    }
    else
    {
```

```c
            StatusFlag |= BATTERY_FLAG_UNKNOWN;        //当前状态不明
        }
    }
    //填充结构体数据。如果这里不填充直接传递给系统,可能会出现异常
    pstBattStatus->sps.ACLineStatus = g_pDetectInterface->IsACOnline() ?
                                AC_LINE_ONLINE : AC_LINE_OFFLINE;
    pstBattStatus->sps.BatteryFlag = StatusFlag;
    //0~100 的范围
    pstBattStatus->sps.BatteryLifePercent = g_pDetectInterface->GetBatteryLifePercent();
    //电池可持续时间
    pstBattStatus->sps.BatteryLifeTime = BATTERY_LIFE_UNKNOWN;
    pstBattStatus->sps.BatteryFullLifeTime = BATTERY_LIFE_UNKNOWN; /
    pstBattStatus->sps.BackupBatteryFlag = BATTERY_FLAG_HIGH;
    pstBattStatus->sps.BackupBatteryLifePercent = 0;
    pstBattStatus->sps.BackupBatteryLifeTime = 0;
    pstBattStatus->sps.BackupBatteryFullLifeTime = 0;
    //电池的电量
    pstBattStatus->sps.BatteryVoltage = 4200;
    //电池的电流
    pstBattStatus->sps.BatteryCurrent = 567;
    pstBattStatus->sps.BatteryAverageCurrent = 123;
    pstBattStatus->sps.BatteryAverageInterval = 30;
    pstBattStatus->sps.BatterymAHourConsumed = 2000;
    pstBattStatus->sps.BatteryTemperature = 32;
    pstBattStatus->sps.BackupBatteryVoltage = 1500;
    pstBattStatus->sps.BatteryChemistry = BATTERY_CHEMISTRY_LION;
    //发送信息
    if(Voltage <= g_pDetectInterface->GetEmptyVoltage() &&
            !(Status & BATTERY_FLAG_NO_BATTERY) &&
            !(Status & BATTERY_FLAG_CHARGING) &&
            !(Status & BATTERY_FLAG_UNKNOWN))
    {
        //电量过低,强制进行关机,以避免数据丢失
        BOOTARGS * gpBOOTARGS = (BOOTARGS *)BSPARGS_STARTADDR;
        gpBOOTARGS->mMemBuf.CHARBUF = (unsigned char)BSP_SUSPEND_KEY;
        PostMessage(HWND_BROADCAST,WM_TCC_SLEEP,(WPARAM)0,(LPARAM)0);
        GwesPowerOffSystem();
    }
}
```

7.4 应用程序获取电源信息

驱动已经具备了一切条件,就轮到应用程序上场了。

7.4.1 创建消息队列

应用程序和驱动打交道,估计最简单直接的方式就是 DeviceIoControl。但在电源管理这一方面,却是完全没必要的。如果驱动完全按照微软的规格来定义,那么应用程序就可以直接使用电源管理器来获取电源信息。经过这么一道封装,带来的是不同平台间移植的可行性。

如果仅就获取电源状态而言,可以很简单地调用 GetSystemPowerStatus。但在实际的产品当中,仅靠这个函数是不够的。像 PND 一类的产品,主界面上的电池图标也只有电源发生变化时才需要进行更新绘制。如果仅是采用 GetSystemPowerStatus 函数,就会遇到一个问题,什么时候应该调用该函数? 也许有的读者会想到,先创建一个线程,每隔一定间隔就调用该函数一次。想法是不错,但实际却并不够完善,因为这个方法有个很大的瑕疵,就是间隔应该如何选择? 间隔太久,就无法及时反馈当前的电源状态;间隔过小,就会无谓地耗费 CPU 资源。

最佳的方法是:能够有一种方式,当电源发生变化时,就立刻通知;如果一切照旧,则什么也不干。Windows CE 就提供了一个这样的方式,那就是 RequestPowerNotifications 函数:

```
HANDLE RequestPowerNotifications(HANDLE hMsgQ,DWORD Flags);
```

hMsgQ 是句柄,该句柄通过调用 CreateMsgQueue 返回。

Flags 是一系列的标志,用来说明应用程序想接收什么样的通知。其数值是可组合的,而该数值和功能如表 7.4.1 所列。

表 7.4.1 Flags 标志取值

标 志	功 能
PBT_POWERINFOCHANGE	当电源等级改变时接收通知
PBT_TRANSITION	当电源状态改变时接收通知
PBT_RESUME	当系统重新激活时接收通知
PBT_POWERSTATUSCHANGE	当系统在外接电源和电池间进行转换时接收通知

在 RequestPowerNotifications 函数说明中,提到了另一个更为重要的 CreateMsgQueue 函数:

```
HANDLE CreateMsgQueue(LPCWSTR lpszName,LPMSGQUEUEOPTIONS lpOptions);
```

LpszName 是消息队列的名字,其长度不能大于 MAX_PATH。当然,如果不是在多进程

第7章 电源管理

中使用,名字就无所谓,所以可以直接设置为 NULL。

lpOptions 指向的是 MSGQUEUEOPTIONS 对象。该结构被定义为:

```
typedef MSGQUEUEOPTIONS_OS{
    DWORD dwSize;
    DWORD dwFlags;
    DWORD dwMaxMessages;
    DWORD cbMaxMessage;
    BOOL bReadAccess;
} MSGQUEUEOPTIONS,
    FAR * LPMSGQUEUEOPTIONS,
    * PMSGQUEUEOPTIONS;
```

dwSize 标志的是该结构体对象的大小。norains 觉得这个变量的设置是没必要的,因为该结构体又没有联合体,完全可以通过 sizeof 就知道相应的大小,但不管怎么说,微软既然这么规定了,也就只能这么去做。

dwFlags 描述消息队列的行为。这个形参,一般习惯设置为 0。

dwMaxMessages 定义的是同一时间有多少个消息能进入队列。如果想无限制,那么就将该形参设置为 0。

bReadAccess 设为 TRUE 时,则对队列有读取权限;如果为 FALSE 时,则是写权限。

相关联的知识已经描述完毕,接下来看看实际在代码中如何实现:

```
//接收消息队列缓冲
BYTE pbMsgBuf[sizeof(POWER_BROADCAST) + sizeof(POWER_BROADCAST_POWER_INFO)];
PPOWER_BROADCAST ppb = (PPOWER_BROADCAST) pbMsgBuf;
//设置消息队列的相关选项
MSGQUEUEOPTIONS msgopts = {0};
msgopts.dwSize = sizeof(msgopts);
msgopts.dwFlags = 0;
msgopts.dwMaxMessages = 0;
msgopts.cbMaxMessage = sizeof(pbMsgBuf);
msgopts.bReadAccess = TRUE;
//创建消息队列,用数组保存。其奥秘在后面揭开
HANDLE rghWaits[1] = { NULL };
rghWaits[0] = CreateMsgQueue(NULL, &msgopts);
if (! rghWaits[0])
{
    return 0x10;    //erro
}
//申请通知
```

```
    HANDLE hReq = NULL;
hReq = RequestPowerNotifications(rghWaits[0], PBT_POWERINFOCHANGE);
if (! hReq)
{
    CloseHandle( rghWaits[ 0 ] );
    return 0x15;    //erro
}
```

以上代码看起来很复杂,但实际就只做了一件事情:向系统申请获得电源通知的权限。

如果读者仔细查看源码的话,会有一点比较疑惑:为什么需要申请一段 sizeof(POWER_BROADCAST) + sizeof(POWER_BROADCAST_POWER_INFO)大小的内存,然后再把它转型为 PPOWER_BROADCAST 类型赋予 ppb 呢?其实这和 PPOWER_BROADCAST 的定义有比较密切的关系。先看看该结构体是怎么定义的:

```
typedef struct _POWER_BROADCAST {
    //PBT_Xxx 消息中的一种
    DWORD         Message;
    //POWER_STATE_Xxx 状态的一种
    DWORD         Flags;
    //从 SystemPowerStateName 开始的 byte 个数
    DWORD         Length;
    //存储变量名,长度应该小于 MAX_PATH + 1
    WCHAR         SystemPowerState[1];
} POWER_BROADCAST, * PPOWER_BROADCAST;
```

由这个定义可以看出,其实 POWER_BROADCAST 是一个变长的结构体。特别是最后一个形参 SystemPowerState,虽然被定义为一个 WCHAR 数组,其实它可以指向别的缓冲。而缓冲的大小,则是通过 Length 来判定。

回过头来看看源代码的这两句:

```
BYTE pbMsgBuf[sizeof(POWER_BROADCAST) + sizeof(POWER_BROADCAST_POWER_INFO)];
PPOWER_BROADCAST ppb = (PPOWER_BROADCAST) pbMsgBuf;
```

看起来是有点匪夷所思,但其实是应用了结构体内存布局的特性。也许这种形式不好理解,如果拆分成如下这种方式,也许大家一眼就知道怎么回事了:

```
POWER_BROADCAST_POWER_INFO pbpi;
PPOWER_BROADCAST ppb;
ppb.SystemPowerState = & pbpi;
```

代码还有另一个疑点,就是为什么 CreateMsgQueue 返回值要一个数组 rghWaits 来保存？其实这只是一个贪图方便的方式，因为之后需要调用 MsgWaitForMultipleObjectsEx 函数来等待消息队列，而该函数的第 2 个形参要求的是数组。如果用 rghWaits 来保存返回的句柄，那么就不必额外再声明一个数组，然后再传递给 MsgWaitForMultipleObjectsEx 函数。

7.4.2 等待状态变化

前面已经提到可以用 MsgWaitForMultipleObjectsEx 来等待电源的变化，那么就先来看看该函数：

```
DWORD MsgWaitForMultipleObjectsEx(
    DWORD nCount,
    LPHANDLE pHandles,
    DWORD dwMilliseconds,
    DWORD dwWakeMask,
    DWORD dwFlags);
```

nCount 指的是传入的数组个数，这个数值有规定，不能大于 MAXIMUM_WAIT_OBJECTS。

pHandles 则是需要等待的句柄的数组。正是因为该形参为数组，所以上一节的代码里，CreateMsgQueue 函数返回值才使用数组来存储。

dwMilliseconds 为等待的时间间隔。如果想要最长的时间，则直接设置为 INFINITE。

dwWakeMask 标志接收到哪种事件时会唤醒。对于这个电源来说，只要接收到相应的消息，就立刻唤醒，所以这里需要设置为 QS_ALLINPUT。

dwFlags 确定等待的方式。这里选择的是 MWMO_INPUTAVAILABLE。

当从 MsgWaitForMultipleObjectsEx 函数返回时，紧接着要做的就是读取信息。这时该 ReadMsgQueue 函数出场了。在看其具体调用之前，还是老样子，先了解一下该函数的信息：

```
BOOL ReadMsgQueue(
    HANDLE hMsgQ,
    LPVOID lpBuffer,
    DWORD cbBufferSize,
    LPDWORD lpNumberOfBytesRead,
    DWORD dwTimeout,
    DWORD * pdwFlags);
```

hMsgQ 是需要读取的消息队列。lpBuffer 则是读取出来的数据所位于的缓冲区，并且绝对不能为 NULL。既然有了缓冲区，那么 cbBufferSize 的意思也很明了，标明当前缓冲区的大小。至于 lpNumberOfBytesRead，则用来说明当前读取了多少字节。dwTimeout 和之前的函数一样，表示超时的时限。而最后的 pdwFlags 则显得有点鸡肋，用来标注当前消息的属性。

读者看完这大段的说明,估计已是困意骤升吧？黎明就在眼前,既然一切准备妥当,就看看如何获取信息：

```
//等待状态的变化
DWORD dwWaitCode = MsgWaitForMultipleObjectsEx(1, rghWaits,
                   pObject->m_ulWaitTime, QS_ALLINPUT, MWMO_INPUTAVAILABLE );
//如果返回值为 WAIT_OBJECT_0,意味着已经接收到相应的消息
if ( dwWaitCode == WAIT_OBJECT_0 )
{
    //开始读取电源信息
    DWORD dwSize, dwFlags;
    BOOL bReadResult = ReadMsgQueue(rghWaits[0], ppb, sizeof(pbMsgBuf), &dwSize, 0, &dwFlags);
    if (bReadResult != FALSE)
    {
        //对获取的信息进行分析
    }
}
```

7.4.3 数据分析

当顺利通过 ReadMsgQueue 获取了相应信息之后,事情还没有结束,因为还要对得到的信息进行一番分析。具体到 PND 产品的电池显示,习惯的做法是：如果当前是充电,则绘制动态图标；如果是插入 AC 电源,则图标变更为 AC 插入；如果是电池,则需要根据电池的等级来绘制相应的分量。而这些状态,对于电池图标的绘制是互斥的。所以根据此信息,可以定义电源的状态如下：

```
enum Status
{
    POW_UNKNOW,              //状态不明
    POW_CHARGING,            //充电中
    POW_CHARGEFULL,          //充电已满
    POW_VLOW,                //电量极低
    POW_LOW,
    POW_NORMAL,
    POW_HIGH,
    POW_VHIGH,               //电量极高
    POW_NO_BATTERY,          //没电池
}
```

而以上的信息,都是根据 ReadMsgQueue 获得的 ppb 内容来进行分析的。为便于理解,

第 7 章 电源管理

先来看看如图 7.4.1 所示的流程图。

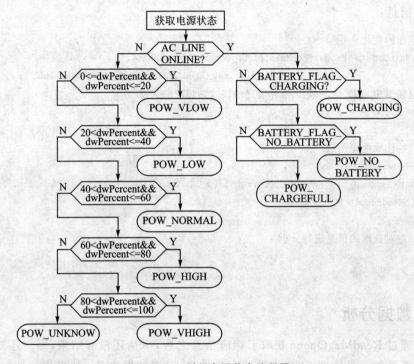

图 7.4.1　判断电源状态流程图

对照流程图,不难理解如下代码:

```
Status GetPowerStatus(PPOWER_BROADCAST pPowerInfo, int * piPercent)
{
    PowerThread::Status powStatus = PowerThread::POW_UNKNOW;
    if ( ! pPowerInfo )
    {
        return PowerThread::POW_UNKNOW;
    }
    PPOWER_BROADCAST_POWER_INFO ppbpi =
        (PPOWER_BROADCAST_POWER_INFO) pPowerInfo->SystemPowerState;
    if ( ! ppbpi )
    {
        return PowerThread::POW_UNKNOW;
    }
    * piPercent = ppbpi->bBatteryLifePercent;
    if(ppbpi->bACLineStatus & AC_LINE_ONLINE)
```

```cpp
        {
            if(ppbpi->bBatteryFlag & BATTERY_FLAG_CHARGING)
            {
                powStatus = PowerThread::POW_CHARGING;      //正在充电
            }
            else if(ppbpi->bBatteryFlag & BATTERY_FLAG_NO_BATTERY)
            {
                powStatus = PowerThread::POW_NO_BATTERY;    //没有电池
            }
            else
            {
                powStatus = PowerThread::POW_CHARGEFULL;    //充电完毕
            }
        }
        else
        {
            //正在使用电池,转到 ConvertBatteryLifePercent 函数去分析
            powStatus = ConvertBatteryLifePercent(ppbpi->bBatteryLifePercent);
        }
        return powStatus;
}};
Status ConvertBatteryLifePercent(DWORD dwPercent)
{
    //将当前电池的电量转换为级数
    PowerThread::Status powStatus = PowerThread::POW_UNKNOW;
    if(0 <= dwPercent && dwPercent <= 20)
    {
        powStatus = PowerThread::POW_VLOW;
    }
    else if(20 < dwPercent && dwPercent <= 40)
    { powStatus = PowerThread::POW_LOW;}
    else if(40 < dwPercent && dwPercent <= 60)
    { powStatus = PowerThread::POW_NORMAL;}
    else if(60 < dwPercent && dwPercent <= 80)
    { powStatus = PowerThread::POW_HIGH;}
    else if(80 < dwPercent && dwPercent <= 100)
    { powStatus = PowerThread::POW_VHIGH;}
    else
    { powStatus = PowerThread::POW_UNKNOW;}
```

```
        return powStatus;
}
```

7.4.4　CPowerThread 封装简化流程

不知道各位读者看了以上电源的获取方式以后,会不会觉得眼冒金星?反正 norains 觉得,如果每次需要监测电源都这样按部就班的话,就真是每用一次就吐血一回。所以 norains 为了避免失血过多,偷偷将这些操作封装成一个 CPowerThread 类,每次使用时就拿出来秀一秀。简单,又一劳永逸。

那么,就看看这用来简化流程的 CPowerThread 类,在下载资料中也有相应的源代码。

```
///////////////////////////////////////////////////////////////
//PowerThread.h: interface for the CPowerThread class.
///////////////////////////////////////////////////////////////
#pragma once
#include "stdafx.h"
#include "Pm.h"
namespace PowerThread
{
    enum Status
    {
        POW_UNKNOW,              //状态不明
        POW_CHARGING,            //充电中
        POW_CHARGEFULL,          //充电已满
        POW_VLOW,                //电量极低
        POW_LOW,
        POW_NORMAL,
        POW_HIGH,
        POW_VHIGH,               //电量极高
        POW_NO_BATTERY,          //没电池
    };
    //------------------------------------------------------------
    //Description:
    //    回调函数,用来接收电源状态
    //Parameters:
    //    powStatus:[in]电源状态    iBatteryPercent:[in]电量百分比
    //    pParam:[in]该形参是由 SetCallbackFunction 函数回传的
    //------------------------------------------------------------
    typedef void (*CALLBACK_FUNCTION_FOR_NOTIFY_STATUS)
```

```cpp
        (PowerThread::Status powStatus, int iBatteryPercent,VOID * pParam);
};
class CPowerThread
{
public:
    //------------------------------------------------------------
    //Description:
    //    设置回调函数
    //------------------------------------------------------------
    void SetCallbackFunctionForNotifyStatus(
        PowerThread::CALLBACK_FUNCTION_FOR_NOTIFY_STATUS pCallbackFunc);

    //------------------------------------------------------------
    //Description:
    //    停止捕获.
    //------------------------------------------------------------
    void StopCapture();

    //------------------------------------------------------------
    //Description:
    //    开始捕获。如果线程已经开始,则返回 FALSE
    //------------------------------------------------------------
    BOOL StartCapture();

    //------------------------------------------------------------
    //Description:
    //    确认线程是否已经在运行
    //------------------------------------------------------------
    BOOL IsCapturing();

    //------------------------------------------------------------
    //Description:
    //    设置线程等待的延时
    //------------------------------------------------------------
    void SetTimeout(ULONG ulTime);
public:
    CPowerThread();
    virtual ~CPowerThread();
protected:
    //------------------------------------------------------------
    //Description:
    //    回调函数,子类使用
```

```cpp
    //----------------------------------------------------------
    virtual void OnNotifyPower(PowerThread::Status powStatus, int iBatteryPercent);
private:
    //----------------------------------------------------------
    //Description:
    //    获取电源状态信息
    //Parameters:
    //    pPowerInfo:[in] 该结构体包含了电源的信息
    //    piPercent:[out] 电池电量百分比
    //----------------------------------------------------------
    PowerThread::Status GetPowerStatus(PPOWER_BROADCAST pPowerInfo, int * piPercent);
    //----------------------------------------------------------
    //Description:
    //    获取电源状态的线程
    //----------------------------------------------------------
    static DWORD WINAPI PowerThread(PVOID pArg);
    //----------------------------------------------------------
    //Description:
    //    将电量的百分比转换为等级
    //Parameters:
    //    dwPercent : [in] 百分比数值
    //----------------------------------------------------------
    static PowerThread::Status ConvertBatteryLifePercent(DWORD dwPercent);
private:
    BOOL m_bExitThread;
    ULONG m_ulWaitTime;
    BOOL m_bRunning;
    PowerThread::CALLBACK_FUNCTION_FOR_NOTIFY_STATUS m_pNotifyPowerFunc;
    VOID * m_pNotifyPowerFuncParam;
};
//////////////////////////////////////////////////////////////////
//PowerThread.cpp : implementation of the CPowerThread class.
//////////////////////////////////////////////////////////////////
#include "PowerThread.h"
#include "Msgqueue.h"
//----------------------------------------------------------
//宏定义
#define DEFAULT_TIMEOUT    1000           //1 000 ms
//----------------------------------------------------------
```

```cpp
CPowerThread::CPowerThread():
m_bExitThread(TRUE),
m_ulWaitTime(DEFAULT_TIMEOUT),
m_bRunning(FALSE),
m_pNotifyPowerFunc(NULL),
m_pNotifyPowerFuncParam(NULL)
{}
CPowerThread::~CPowerThread()
{}
PowerThread::Status CPowerThread::GetPowerStatus(PPOWER_BROADCAST pPowerInfo, int * piPercent)
{
    PowerThread::Status powStatus = PowerThread::POW_UNKNOW;
    if ( ! pPowerInfo )
    {return PowerThread::POW_UNKNOW;}
    PPOWER_BROADCAST_POWER_INFO ppbpi =
        (PPOWER_BROADCAST_POWER_INFO) pPowerInfo->SystemPowerState;
    if ( ! ppbpi )
    {return PowerThread::POW_UNKNOW;}
    * piPercent = ppbpi->bBatteryLifePercent;
    if(ppbpi->bACLineStatus & AC_LINE_ONLINE)
    {
        if(ppbpi->bBatteryFlag & BATTERY_FLAG_CHARGING)
        {
            powStatus = PowerThread::POW_CHARGING;          //充电中
        }
        else if(ppbpi->bBatteryFlag & BATTERY_FLAG_NO_BATTERY)
        {
            powStatus = PowerThread::POW_NO_BATTERY;        //无电池
        }
        else
        {
            powStatus = PowerThread::POW_CHARGEFULL;        //电池充电完毕
        }
    }
    else
    {
        //电池使用中,将百分比转换为等级
        powStatus = ConvertBatteryLifePercent(ppbpi->bBatteryLifePercent);
    }
```

```
        return powStatus;
}
DWORD WINAPI CPowerThread::PowerThread(PVOID pArg)
{
    CPowerThread * pObject = (CPowerThread *) pArg;
    pObject->m_bRunning = TRUE;
    BYTE pbMsgBuf[sizeof (POWER_BROADCAST) + sizeof(POWER_BROADCAST_POWER_INFO)];
    PPOWER_BROADCAST ppb = (PPOWER_BROADCAST) pbMsgBuf;
    MSGQUEUEOPTIONS msgopts;

    //创建消息队列
    memset(&msgopts, 0, sizeof(msgopts));
    msgopts.dwSize = sizeof(msgopts);
    msgopts.dwFlags = 0;
    msgopts.dwMaxMessages = 0;
    msgopts.cbMaxMessage = sizeof(pbMsgBuf);
    msgopts.bReadAccess = TRUE;

    HANDLE rghWaits[1] = { NULL };
    rghWaits[0] = CreateMsgQueue(NULL, &msgopts);
    if (! rghWaits[0])
    {
        return 0x10;      //错误,返回
    }
    HANDLE hReq = NULL;
    //申请通知
    hReq = RequestPowerNotifications(rghWaits[0], PBT_POWERINFOCHANGE);
    if (! hReq)
    {
        CloseHandle( rghWaits[ 0 ] );
        return 0x15;      //错误返回
    }
    while(pObject->m_bExitThread == FALSE)
    {
        DWORD dwWaitCode = MsgWaitForMultipleObjectsEx( 1, rghWaits,
                        pObject->m_ulWaitTime, QS_ALLINPUT, MWMO_INPUTAVAILABLE );
        if ( dwWaitCode == WAIT_OBJECT_0 )
        {
            DWORD dwSize, dwFlags;
            BOOL bReadResult = ReadMsgQueue(rghWaits[0], ppb, sizeof(pbMsgBuf),
                                    &dwSize, 0, &dwFlags);
```

```
            if (bReadResult == TRUE)
            {
                int iPowPercent;
                PowerThread::Status powStatus = pObject->GetPowerStatus(ppb,&iPowPercent);
                if(pObject->m_pNotifyPowerFunc != NULL)
                {
                    pObject->m_pNotifyPowerFunc(powStatus,iPowPercent,
                                                pObject->m_pNotifyPowerFuncParam);
                }
                pObject->OnNotifyPower(powStatus,iPowPercent);
            }
            else
            {
                break;                          //正常时,我们不应该到达这里
            }
        }
    }
    pObject->m_bRunning = FALSE;
    return 0;
}
void CPowerThread::SetTimeout(ULONG ulTime)
{
    m_ulWaitTime = ulTime;
}
BOOL CPowerThread::IsCapturing()
{
    return m_bRunning;
}
BOOL CPowerThread::StartCapture()
{
    if(m_bRunning == TRUE)
    {return FALSE;}
    m_bExitThread = FALSE;
    //创建线程对电源进行监测
    DWORD dwPwrThdID;
    HANDLE hdThrd = CreateThread(NULL,0,PowerThread,(void *)this,0,&dwPwrThdID);
    if(hdThrd == NULL)
    {return FALSE;}
    CloseHandle(hdThrd);
```

第7章 电源管理

```
    return TRUE;
}
void CPowerThread::StopCapture()
{m_bExitThread = TRUE;}
void CPowerThread::SetCallbackFunctionForNotifyStatus(
    PowerThread::CALLBACK_FUNCTION_FOR_NOTIFY_STATUS pCallbackFunc)
{m_pNotifyPowerFunc = pCallbackFunc;}
void CPowerThread::OnNotifyPower(PowerThread::Status powStatus, int iBatteryPercent)
{
    return;                                             //什么都不做,该做的由子类去弄
}
PowerThread::Status CPowerThread::ConvertBatteryLifePercent(DWORD dwPercent)
{
    PowerThread::Status powStatus = PowerThread::POW_UNKNOW;
    if(0 <= dwPercent && dwPercent <= 20)
    {powStatus = PowerThread::POW_VLOW;}
    else if(20 < dwPercent && dwPercent <= 40)
    {powStatus = PowerThread::POW_LOW;}
    else if(40 < dwPercent && dwPercent <= 60)
    {powStatus = PowerThread::POW_NORMAL;}
    else if(60 < dwPercent && dwPercent <= 80)
    {powStatus = PowerThread::POW_HIGH;}
    else if(80 < dwPercent && dwPercent <= 100)
    {powStatus = PowerThread::POW_VHIGH;}
    else
    {powStatus = PowerThread::POW_UNKNOW;}
    return powStatus;
}
```

将过程封装完毕,那么看看如何调用:

```
CPowerThread pwrThrd;
PwrThrd.SetCallbackFunctionForNotifyStatus(NotifyFunc);    //设置回调函数
PwrThrd.StartCapture();                                    //开始捕获电源状态
```

而回调函数,只要根据传递过来的数值做相应的处理即可:

```
//回调函数
void NotifyFunc(PowerThread::Status powStatus, int iBatteryPercent,VOID * pParam)
{
    switch(powStatus)
```

```
        case PowerThread::POW_UNKNOW:
            //做相应处理
        case PowerThread::POW_LOW:
            //做相应处理
            //以下略
        }
    }
```

7.5 绘制电源变化

如果产品是 PND 的话,往往会有一个标志,用来显示当前的电量。对应着图 7.4.1 的状态,其图标显示如表 7.5.1 所列。

表 7.5.1 电源状态图标

状 态	图 标
POW_CHARGING	动态渐变到
POW_CHARGEFULL	
POW_VLOW	
POW_LOW	
POW_NORMAL	
POW_HIGH	
POW_VHIGH	

很多读者看到这个列表时,也许会想到应该为每一个状态专门做一个图标。虽然这样也未尝不可,但带来的问题却是白白浪费内存。其实上面的这些状态,只是使用图 7.5.1 所示的三张原始图片,然后叠加而成的。

凭借着这 3 张原始图案,如何完成列表中的图样呢?其实答案很简单。比如,需要实现

POW_NORMAL 的图样,那么先整个绘制原始图案 B,然后在此基础上,绘制原始图案 A 的一半,那么组合起来就是所见到的样子。而对于 POW_CHARGEFULL 则稍微有所不同,先将原始图案 A 整个绘制出来,然后再调用 TransparentBlt 函数,去掉透明色,直接将整个原始图案 C 镂空覆盖到原始图案 A 中。

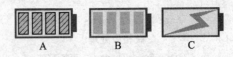

图 7.5.1　电源原始图案

如果以代码表示,则流程如下:

```
//创建内存 DC
CMemDC dcMem;
SIZE dcSize = {iImgTotalWidth,iImgTotalHeight};
dcMem.Create(hdc,&dcSize);
//绘制图案 A
StretchBlt(memDC.GetDC(),0,0,iImgTotalWidth,iImgTotalHeight,hdcBmpA,
                    0,0,iImgTotalWidth,iImgTotalWidth,SRCCOPY);
if(status == PowerThread::POW_CHARGEFULL)
{
    //不绘制透明底色,直接将原始图案 C 绘制到原始图案 A 上
    TransparentBlt(memDC.GetDC(),0,0,iImgTotalWidth,iImgTotalHeight,hdcBmpA,
                    0,0,iImgTotalWidth,iImgTotalWidth,crTransparentColor);
}
else if(status >= PowerThread::POW_VLOW && status <= PowerThread::POW_VHIGH)
{
    //计算原始图案 B 应该绘制多少区域
    DWORD dwDrawX = iImgTotalWidth /
                (PowerThread::POW_VHIGH - PowerThread::POW_VLOW) *
                (CurrentLevel - PowerThread::POW_VLOW);
    //绘制原始图案 B
    StretchBlt(memDC.GetDC(),0,0,iImgTotalWidth,iImgTotalHeight,hdcBmpB,
                    0,0,dwDrawX,iImgTotalWidth,SRCCOPY);
}
```

第 8 章

CPU 寄存器读/写

Windows CE 和 Windows XP 的开发有个最大的区别,就是前者经常要对 CPU 的寄存器进行读/写操作。可以这么说,如果不懂寄存器的读/写,那么就不算懂得 Windows CE 的开发。

8.1 内存映射

虽然 Windows CE 可以方便地访问物理地址,但并不代表能毫无限制地进行。如果读者对此抱有怀疑态度,可以强制试着访问物理地址,比如:

```
DWORD * pdwBuf = reinterpret_cast<DWORD *>(0xF005A010);
* pdwBuf = 0;
```

那么编译器会毫不留情地给予非法访问的错误警告,如图 8.1.1 所示。

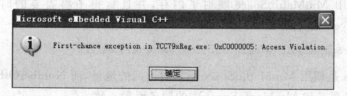

图 8.1.1　直接访问物理内存出错

如果想访问物理地址,也就是经常提到的 CPU 寄存器地址,最通用的做法就是调用 MmMapIoSpace 函数。该函数的声明如下:

```
PVOID MmMapIoSpace(
  PHYSICAL_ADDRESS PhysicalAddress,
  ULONG NumberOfBytes,
  BOOLEAN CacheEnable
);
```

PhysicalAddress 是物理地址,其本质是 LARGE_INTEGER 的别名,因为它声明如下:

```
typedef LARGE_INTEGER PHYSICAL_ADDRESS, * PPHYSICAL_ADDRESS;
```

而 LARGE_INTEGER,则是一个地地道道的结构体:

```
#if defined(MIDL_PASS)
    typedef struct _LARGE_INTEGER {
#else           //MIDL_PASS
    typedef union _LARGE_INTEGER {
        struct {
            DWORD LowPart;
            LONG HighPart;
        };
        struct {
            DWORD LowPart;
            LONG HighPart;
        } u;
#endif //MIDL_PASS
        LONGLONG QuadPart;
} LARGE_INTEGER;
```

顾名思义,NumberOfBytes 则是需要映射内存的大小,其计算方式为多少个字节。听起来有点奇怪,但实际上很简单。比如,一个 DWORD 的大小则为 sizeof(DWORD)。

CacheEnable 则是是否使用缓存。如果是在驱动这种实时性要求很高的场合使用,则建议不需要。当然,具体情况还是由读者来决定。

如果成功调用 MmMapIoSpace 映射了内存,并且觉得不再需要的时候,就必须调用 MmUnmapIoSpace 来进行释放。MmUnmapIoSpace 的声明如下:

```
VOID MmUnmapIoSpace(PVOID BaseAddress, ULONG NumberOfBytes);
```

BaseAddress 是调用 MmMapIoSpace 函数时返回的地址,而 NumberOfBytes 则是需要释放的大小,该形参意义和 MmMapIoSpace 中的同名形参一致。

回到开头,试试采用内存映射之后,对 0xF005A010 这段内存的读/写是否有所改善。代码只有短短几行,如下所示:

```
//物理地址
PHYSICAL_ADDRESS address;
address.LowPart = 0xF005A010;
address.HighPart = 0;
//内存映射
DWORD * pdwBuf = reinterpret_cast<DWORD *>(MmMapIoSpace(address,sizeof(DWORD),FALSE));
* pdwBuf = 0;                           //直接将该段内存清零
MmUnmapIoSpace(pdwBuf,sizeof(DWORD));   //释放内存映射
```

然后看看在 EVC 中运行的情形,如图 8.1.2 所示。

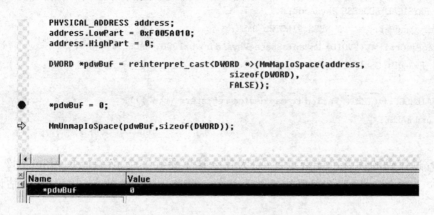

图 8.1.2　采用内存映射方式访问物理内存

这时 EVC 没有报错,而 0xF005A010 这段物理内存也正如所愿被成功清零。

另外,这里提到的 0xF005A010 其实是 TCC7901 的 PORTCFG4 寄存器地址。有兴趣的读者可以直接跳转到 8.3 节,在该节采用了另外一种特殊方式来访问该寄存器。

8.2　操作 STMP37xx GPIO 寄存器

在本节开始之前,先小小抱怨一下。Sigmatel 的硬件部分做得不错,这个是必须承认的;但 BSP 的软件部分,却不能不让人抓狂。条理杂乱无章,结构模糊不清,更不用说那些莫名其妙的 bug 了。以 GPIO 为例,看起来在 Sigmatel 的 STMP37xx BSP 包已经有其驱动,但实际上只是一些装饰性代码而已。没有注册表,没有 PB 的 catalog 选项,换句话说,根本无法通过简单的设置来使用 GPIO 驱动。

那么,控制 GPIO 唯一的方法就是直接对寄存器进行读/写。

如果想使用原厂定义的宏定义,首先必须要做的就是包含 regspinctrl.h 这个头文件。不过这个可得小心了,因为这文件有两个:一个位于\SRC\INC\37xxRegs,另一个则是在\SRC\SOCFirmware\include\37xx\registers。虽然处于不同位置的这两个文件的开头描述都是一样的,但实际上在宏定义方面区别还挺大,导致包含不同的 regspinctrl.h,程序代码就有不同的写法。(norains 弱弱地感叹一下,sigmatel 你这是要我们的命啊!)在这里为了简便起见,用的是\SRC\INC\37xxRegs\regspinctrl.h。

首先,在使用之前,必须映射一下内存地址。如果读者已经明白了上一节的内容,那么这个操作应该不难理解:

第8章 CPU 寄存器读/写

```
static PVOID pv_HwRegPinCtrl;
static PHYSICAL_ADDRESS PhysAddr;
PhysAddr.QuadPart = _PA_REGS_PINCTRL_BASE;
pv_HwRegPinCtrl = (PVOID) MmMapIoSpace(PhysAddr, 0x1000, FALSE);
if ( pv_HwRegPinCtrl == NULL)
{
    RETAILMSG(1, (TEXT("Failed to map device registers \r\n")));
    return FALSE;
}
```

仔细看过代码的读者可能有点疑惑,为什么这里要弄一个 pv_HwRegPinCtrl? 理由是:如果你不定义这个变量,那么程序就编译不过去。因为 sigmatel 的 lib 代码里面,估计有这么一段声明:

```
extern PVOID pv_HwRegPinCtrl;
```

从而导致调用 lib 库,但没有手动定义这个 pv_HwRegPinCtrl 时,编译器在 link 阶段就给你一大堆抱怨。如果你对 C 语言的外部声明不熟悉,估计这问题查起来确实够呛。(norains 再次拜倒,有这么考人家的 C 语言功底的嘛?)

另外,如果提示找不到 PHYSICAL_ADDRESS 的声明,那么请先包含 ceddk.h。这样,才能顺利通过编译。在进行实际操作之前,先了解表 8.2.1 所列的几个宏。

表 8.2.1 Sigmatel 定义的操作宏

宏定义	功能
REG_HW_PINCTRL_MUXSELx_SET	设置 PIN 的功能
BF_PINCTRL_MUXSELx_BANKx_PINxx	将相应的 PIN 功能转化为写入寄存器的数值
REG_HW_PINCTRL_DOUTx_SET	输出 HIGH
REG_HW_PINCTRL_DOUTx_CLR	输出 LOW
REG_HW_PINCTRL_DOEx_SET	输出使能
REG_HW_PINCTRL_DOEx_CLR	输入使能
REG_HW_PINCTRL_DINx_RD	如果 PIN 为输入,则该宏用来读取相应寄存器的数值

表 8.2.1 中宏定义里的 x 代表数字,对应着相应的 PIN,而这些 PIN 都能够在 datasheet 中找到。

现在以实际例子对 PIN 做一次操作。如果在 datasheet 中看到某个 PIN 有如下描述:

```
HW_PINCTRL_MUXSEL0 BANK0_PIN08
GPMI_D08 Pin Function Selection.
        00 = GPMI_D8.
```

```
01 = EMI_ADDR15.
10 = Reserved.
11 = GPIO.
```

现在想令该 PIN 作为 GPIO 并输出 HIGH，那么代码如下：

```
//设置为 GPIO 功能
REG_HW_PINCTRL_MUXSEL0_SET(BF_PINCTRL_MUXSEL0_BANK0_PIN08(3));
//设置为输出方式
REG_HW_PINCTRL_DOUT0_CLR(1 << 8);
//设置输出为 HIGH
REG_HW_PINCTRL_DOE0_SET(1 << 8);
```

那么宏上面的数字，应该如何选呢？或是，这些数字代表什么意思？只要仔细研究一下 datasheet，就能明白其中的奥妙了，如图 8.2.1 所示。

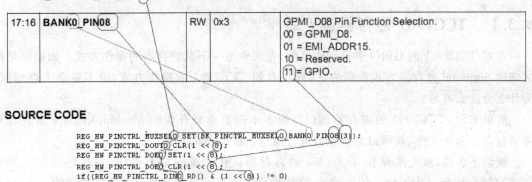

图 8.2.1　STMP37XX 的寄存器对照表

从图 8.2.1 看到，MUXSELx 中的 x，会影响到 DOUTx 和 DOUEx 这些对应位；自然，PINx 也是对宏的选择有相应的影响。最重要的是文档中的 11＝GPIO，其中的"11"是二进制，转换为十进制则是 3。也就是说，当该寄存器被设置为 3 时，就是 GPIO 的功能。

从中可以推断出，代码中的宏和 datasheet 是一一对应的。其实不止是 siamatel 一家，为了方便程序员记忆，很多厂商对 CPU 寄存器的定义都是按照类似的方式。

知道了这些要点，现在想将该 PIN 作为输入，那就简单多了：

```
//设置为 GPIO 功能
REG_HW_PINCTRL_MUXSEL0_SET(BF_PINCTRL_MUXSEL0_BANK0_PIN08(3));
//设置为输入
REG_HW_PINCTRL_DOE0_CLR(1 << 8);
```

```
//读取寄存器的数值
if((REG_HW_PINCTRL_DIN0_RD()&(1<<8))!=0)
{
    //输入 HIGH
}
else
{
    //输入 LOW
}
```

掌握了 datasheet 和代码宏定义的关系，操作 Sigmatel GPIO 就不是一件难事。

8.3 操作 TCC7901 GPIO 寄存器

不同的 CPU 有不同的 GPIO 操作模式。现在，就来看看 Telechips TCC7901 带来怎样的惊喜吧！

8.3.1 TCC7901 寄存器读/写

在对 TCC7901 的 GPIO 进行操作以前，先来熟悉一下其寄存器的操作方式。如果你觉得之前的 Sigmatel 寄存器方式繁琐的话，现在看到 TCC7901 的操作方式，说不定会大声惊叹：为什么会这么容易！

简单来说，TCC7901 的寄存器读/写，根本不需要本章开头的 MmMapIoSpace 方式。只需要包含一个头文件，就可以对寄存器进行操作。是不是很有意思？

废话不多说，就先来操作 TCC7901 的寄存器。在后续的章节里，有一章是写 TCC7901 GPIO 的驱动，所以为了统一的连贯性，这里操作的寄存器就选择带有 GPIO 功能的。

举一个最为简单的例子，设置 GPIOD[8]功能。先查看一下 TCC7901 的 datasheet 关于 PORTCFG4 这个寄存器的说明，如图 8.3.1 所示。

通过图 8.3.1 中圈起来的部分可以知道，如果要将 SDI0 这个 PIN 作为 GPIO 功能，那需要对 PORTCFG4 这个寄存器的 24~27 位写入 1，并且该寄存器的地址为 0xF005A010。

把文档放一边，先来查看一下 TCC7901 的 BSP 代码。找到 TCC79x_Physical.h 这个文件，查找 PORTCFG4，可以看到在该头文件中对于该寄存器是如此定义的：

```
#define     HwPORTCFG4           *(volatile unsigned long *)0xF005A010
    #define HwPORTCFG4_SCLK0(X)     ((X)*Hw28)
    #define HwPORTCFG4_SDI0(X)      ((X)*Hw24)
    #define HwPORTCFG4_SDO0(X)      ((X)*Hw20)
    #define HwPORTCFG4_GPIOA2(X)    ((X)*Hw16)
```

```
#define    HwPORTCFG4_GPIOA3(X)    ((X) * Hw12)
#define    HwPORTCFG4_GPIOA4(X)    ((X) * Hw8)
#define    HwPORTCFG4_GPIOA5(X)    ((X) * Hw4)
#define    HwPORTCFG4_CSN_CS0(X)   ((X) * Hw0)
```

Port Configuration Register 4 (PORTCFG4)																0xF005A010
31	30	29	28	27	26	25	24	23	22	21	20	19	18	17	16	
SCLK0				SDI0				SDO0				GPIOA2				
15	14	13	12	11	10	9	8	7	6	5	4	3	2	1	0	
GPIOA3				GPIOA4				GPIOA5				CSN_CS0				

PIN	FIELD	RESET	0	1	2	3	4	5
SCLK0	SCLK0	0	SCLK(6)	GPIOD[6]				
SDI0	SDI0	0	SDI(6)	GPIOD[7]				
SDO0	SDO0	0	SDO(6)	GPIOD[8]				
GPIOA[2]	GPIOA2	0	GPIOA[2]	CLK_OUT0				
GPIOA[3]	GPIOA3	0	GPIOA[3]	CLK_OUT1				
GPIOA[4]*	GPIOA4	0	GPIOA[4]	WDTRSTO	TCO3			
GPIOA[5]*	GPIOA5	0	GPIOA[5]		TCO2			
CSN_CS0	CSN_CS0	0	CSN_CS0	GPIOC[24]				

图 8.3.1　TCC7901 PORTCFG4 寄存器

仔细观察会发现,如果将这些定义的前缀 Hw 去掉,那么剩下的名字就和 datasheet 上的完全一一对应。没错,确实如此。Telechips 为了方便,已经将所有寄存器的地址定义在一个头文件中,datasheet 中提到的寄存器名,只要加上 Hw 前缀,就能在头文件中找到相应的位置。

不仅如此,Telechips 还在该文件定义了寄存器的相应操作:

```
#ifndef BITSET
#define    BITSET( X, MASK)         ((X) |= (unsigned int)(MASK))
#endif
#ifndef BITSCLR
#define    BITSCLR(X, SMASK, CMASK) ((X) = ((((unsigned int)(X) | ((unsigned int)(SMASK)))
                                             & ~((unsigned int)(CMASK))))
#endif
#ifndef BITCSET
#define    BITCSET(X, CMASK, SMASK) ((X) = ((((unsigned int)(X)) & ~((unsigned int)
                                             (CMASK))) | ((unsigned int)(SMASK))))
#endif
#ifndef BITCLR
#define    BITCLR( X, MASK)         ((X) &= ~((unsigned int)(MASK)))
#endif
#ifndef BITXOR
#define    BITXOR( X, MASK)         ((X) ^= (unsigned int)(MASK))
```

第8章 CPU 寄存器读/写

```
#endif
#ifndef ISZERO
#define     ISZERO(X, MASK)         ( !(((unsigned int)(X)) & ((unsigned int)(MASK))) )
#endif
#ifndef ISSET
#define     ISSET(X, MASK)          ( (unsigned int)(X) & ((unsigned int)(MASK)) )
#endif
#ifndef IS
#define     IS(X, MASK)             ( (unsigned int)(X) & ((unsigned int)(MASK)) )
#endif
#ifndef ISONE
#define     ISONE(X, MASK)          ( (unsigned int)(X) & ((unsigned int)(MASK)) )
#endif
```

如果想对 PORTCFG4 进行设置，那么代码会非常简单：

```
BITCSET(HwPORTCFG4, HwPORTCFG4_SDI0(0xFUL), HwPORTCFG4(1))
```

那么，这代码直接放到应用程序中，能不能正常运行呢？很遗憾，结论是：不行。因为这个是硬件的地址，如果应用程序强制往该地址写数据，得到的将是一个错误。

似乎遇到了一个难题，但解决方法却是非常简单：不包含 TCC79x_Physical.h 文件，而改为 TCC79x_Virtual.h。这两个文件宏定义的名称完全相同，没有任何差别，唯一的差异是：TCC79x_Virtual.h 中定义的地址是虚拟内存地址，这个地址完全可以直接用在应用程序中。

所以，对于提出的问题，以代码的形式则是如此简单：

```
#include "stdafx.h"
#include "TCC79x_Virtual.h"
int main(int argc, char * * argv)
{
    BITCSET(HwPORTCFG4, HwPORTCFG4_SDI0(0xFUL), HwPORTCFG4(1));
    return 0;
}
```

其实，借助于 TCC79x_Virtual.h 文件，能做的事情还很多。比如，该文件还对每一位进行了定义：

```
#define     Hw37                    (1LL << 37)
#define     Hw36                    (1LL << 36)
#define     Hw35                    (1LL << 35)
#define     Hw34                    (1LL << 34)
#define     Hw33                    (1LL << 33)
```

```
#define    Hw32       (1LL << 32)
#define    Hw31       0x80000000
#define    Hw30       0x40000000
#define    Hw29       0x20000000
#define    Hw28       0x10000000
#define    Hw27       0x08000000
#define    Hw26       0x04000000
#define    Hw25       0x02000000
#define    Hw24       0x01000000
#define    Hw23       0x00800000
#define    Hw22       0x00400000
#define    Hw21       0x00200000
#define    Hw20       0x00100000
#define    Hw19       0x00080000
#define    Hw18       0x00040000
#define    Hw17       0x00020000
#define    Hw16       0x00010000
#define    Hw15       0x00008000
#define    Hw14       0x00004000
#define    Hw13       0x00002000
#define    Hw12       0x00001000
#define    Hw11       0x00000800
#define    Hw10       0x00000400
#define    Hw9        0x00000200
#define    Hw8        0x00000100
#define    Hw7        0x00000080
#define    Hw6        0x00000040
#define    Hw5        0x00000020
#define    Hw4        0x00000010
#define    Hw3        0x00000008
#define    Hw2        0x00000004
#define    Hw1        0x00000002
#define    Hw0        0x00000001
#define    HwZERO     0x00000000
```

如果程序的流程依赖于PORTCFG4的第2位,那么代码流程也可以简单地书写如下:

```
if(HwPORTCFG4 & Hw1)
{
    ...
}
```

本节的最后来验证一下,直接读取寄存器的方式是否能和MmMapIoSpace相统一起来。

第8章 CPU 寄存器读/写

简单点,书写如下测试代码:

```
//0xF005A010 是 datasheet 中 PORTCFG4 的地址
PHYSICAL_ADDRESS address;
address.LowPart = 0xF005A010;
address.HighPart = 0;
//内存映射
DWORD * pdwBuf = reinterpret_cast<DWORD *>(MmMapIoSpace(address,sizeof(DWORD),FALSE));
HwPORTCFG4 = 0;                         //用直接方式操作寄存器
MmUnmapIoSpace(pdwBuf,sizeof(DWORD));   //释放内存映射
```

让程序运行起来,看看会发生什么事情。在直接操作寄存器的代码段设置一个断点,如图 8.3.2 所示。从图 8.3.2 可以看到,当运行到断点处,pdwBuf 指向的内存区域数值为 0x00000121。那么,再往下执行直接操作寄存器的语句,如图 8.3.3 所示。

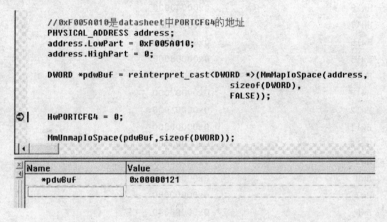

图 8.3.2　在调用直接操作寄存器代码之前的情形

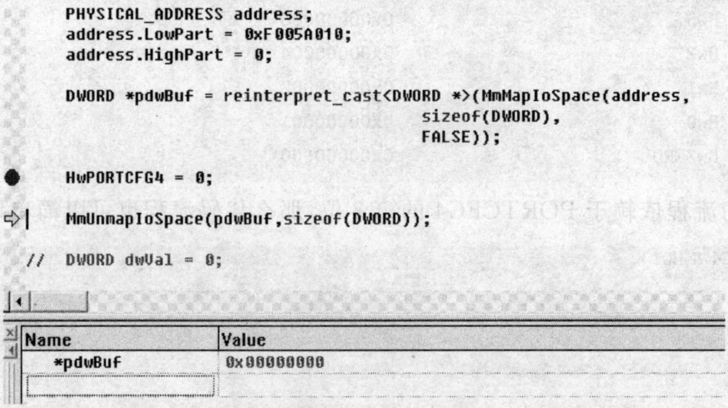

图 8.3.3　在调用直接操作寄存器代码之后的情形

很明显可以看到,此时执行后,pdwBuf 的内容已经变成 0x00000000。这从另一个角度说明,直接操作寄存器和采用 MmMapIoSpace 是完全等效的。

是不是 TCC7901 寄存器的读/写非常简单,甚至连内存映射都不用,就可以在应用程序中直接操作寄存器。这对于产品调试的便利性,还用说再多吗?

8.3.2 自己动手写 TCC7901 驱动

这一小节的内容可能放到第 6 章更为合适,但考虑到第 6 章并没有讲解到寄存器的操作,而这节名为驱动实为寄存器读/写,如果冒然出现这么一节专门对寄存器进行操作的驱动,可能会让读者感觉很莫名其妙,所以考虑再三,决定还是将其放置该处。

这里假设读者已经对 Windows CE 的驱动结构有一定的了解,所以在此不会针对驱动的结构来进行解说。如果觉得本小节不太清楚,可以返回第 6 章查阅。

(1) 控制码

对于 TCC7901 的 GPIO 驱动来说,主要功能无非是设置或获取工作方式以及相应的数据,故对于控制码的定义可以定义为如下 5 种:

```
enum GPIOCtrl
{
    IOCTL_GPIO_SET_DIRECTION = 0x00,      //设置工作的模式
    IOCTL_GPIO_GET_DIRECTION = 0x01,      //获取工作的模式
    IOCTL_GPIO_SET_FUNCTION_GPIO = 0x02,  //将输入的 PIN 作为 GPIO 口功能
    IOCTL_GPIO_SET_DATA = 0x03,           //设置数据为高,该控制码只有工作模式为输出时才有效
    IOCTL_GPIO_CLEAR_DATA = 0x04,         //设置数据为低,该控制码只有工作模式为输出时才有效
    IOCTL_GPIO_GET_DATA = 0x05,           //获取 GPIO 的数据
};
```

为什么在这里选择枚举类型,而不是更为简单的宏定义呢?因为选择枚举类型,可以将相关联的数据统一起来,让人一目了然。

(2) PIO_IOControl 函数

有了控制码,那么接下来就看控制函数。该函数主要是根据操作码来设置相应的寄存器:

```
extern "C" BOOL PIO_IOControl(DWORD Handle,DWORD dwIoControlCode,PBYTE pInBuf,DWORD nInBufSize,
                              PBYTE pOutBuf,DWORD nOutBufSize,PDWORD pBytesReturned)
{
    switch(dwIoControlCode)
    {
        case IOCTL_GPIO_SET_DIRECTION:
        {
            //设置 GPIO 为输出还是输入
```

```cpp
        if(sizeof(GPIOCtrlData) > nInBufSize)
        {return FALSE;}
        GPIOCtrlData * pCtrlData = reinterpret_cast<GPIOCtrlData *>(pInBuf);
        return GPIO_SetDirection(pCtrlData->pin,pCtrlData->drct);
    }
    case IOCTL_GPIO_GET_DIRECTION:
    {
        //获取当前GPIO的状态,是输出还是输入
        if(sizeof(GPIOPin) > nInBufSize || sizeof(GPIODirection) > nOutBufSize)
        {return FALSE;}
        *(reinterpret_cast<GPIODirection *>(pOutBuf)) =
                GPIO_GetDirection(*(reinterpret_cast<GPIOPin *>(pInBuf)));
        return TRUE;
    }
    case IOCTL_GPIO_SET_FUNCTION_GPIO:
    {
        //设置为 GPIO 功能
        if(sizeof(GPIOPin) > nInBufSize)
        {return FALSE;}
        return GPIO_SetFuncGPIO(*(reinterpret_cast<GPIOPin *>(pInBuf)));
    }
    case IOCTL_GPIO_SET_DATA:
    {
        //设置输出为 HIGH
        if(sizeof(GPIOPin) > nInBufSize)
        {return FALSE;}
        return GPIO_SetData(*(reinterpret_cast<GPIOPin *>(pInBuf)));
    }
    case IOCTL_GPIO_CLEAR_DATA:
    {
        //设置输出为 LOW
        if(sizeof(GPIOPin) > nInBufSize)
        {return FALSE;}
        return GPIO_ClearData(*(reinterpret_cast<GPIOPin *>(pInBuf)));
    }
    case IOCTL_GPIO_GET_DATA:
    {
        //获取当前 GPIO 的数值,HIGH 或 LOW
        if(sizeof(GPIOPin) > nInBufSize || sizeof(GPIOInputData) > nOutBufSize)
```

```
                {return FALSE;}
            GPIOInputData inputData = GPIO_GetData(
                                * (reinterpret_cast<GPIOPin *>(pInBuf)));
            * (reinterpret_cast<GPIOInputData *>(pOutBuf)) = inputData;
            if(inputData == GPIO_INPUT_HIGH || inputData == GPIO_INPUT_LOW)
            {return TRUE;}
            else
            {return FALSE;}
        }
        default:
            return FALSE;
    }
    return FALSE;
}
```

为了表示 GPIO 的不同 PIN,采用了 GPIO_XXX 标志。其实该标志和控制码一样,也是枚举类型:

```
//GPIO 的 PIN
enum GPIOPin
{
    GPIO_A00,
    GPIO_A01,
    GPIO_A02,
    GPIO_A03,
                        //中间略
    ...
    GPIO_F29,           //仅用在输入模式
    GPIO_F30,           //仅用在输入模式
    GPIO_F31            //仅用在输入模式
};
```

通过 IOCTL_GPIO_GET_DIRECTION 获取得到的模式,以及使用 IOCTL_GPIO_SET_DIRECTION 设置的模式,其状态也是枚举类型:

```
enum GPIODirection
{
    GPIO_DIRCT_INPUT = 0,
    GPIO_DIRCT_OUTPUT = 1,
    GPIO_DIRCT_UNKNOW = 3
};
```

细心的读者可能会发现,为什么这里会有 GPIO_DIRCT_UNKNOW 这个数值?因为很可能在使用过程中,驱动尚未初始化完毕,用户就调用 IOCTL_GPIO_GET_DIRECTION 来获取其模式,这时驱动是无法正常应答的。为了程序的严谨,也为了避免没必要的麻烦,所以设置一个 GPIO_DIRCT_UNKNOW 数值,表示无法知道当前 GPIO 的状态,让用户知道当前操作是失败的,以利于用户查找故障。

类似的,GPIO 的输入数据也分为 3 组:

```
enum GPIOInputData
{
    GPIO_INPUT_LOW = 0,
    GPIO_INPUT_HIGH = 1,
    GPIO_INPUT_UNKNOW = 3,
};
```

(3) GPIO_SetFunc GPIO 函数

当需要获取或设置某个 GPIO 的输出/输入模式时,需要知道两个信息:一是哪个 GPIO 口,另一个就是模式是输出还是输入。而通过 DeviceIoControl 和驱动进行通信时,只能传递一个形参,所以为了达到前述目的,需要声明一个结构体用来传递这个信息,这个就是 GPIOCtrlData 的由来。其定义如下:

```
struct GPIOCtrlData
{
    enum GPIOPin pin;
    enum GPIODirection drct;
};
```

基本类型了解完毕后,回过头看看 IOControl 所调用的 GPIO_SetFuncGPIO 函数,其定义如下:

```
BOOL GPIO_SetFuncGPIO(GPIOPin gpioPin)
{
    switch(gpioPin)
    {
        case GPIO_A00:
        case GPIO_A01:
            SET_FUNC_AS_GPIO_A00_TO_A01();
        ...        //中间略
        case GPIO_C24:
            SET_FUNC_AS_GPIO_C24();
            break;
```

```
            case GPIO_C25:
                SET_FUNC_AS_GPIO_C25();
                break;
            …          //以下略
    }
    return TRUE;
}
```

这里列出的代码已经省略了中间那些相似的部分，如果全部列出来，可能占到四五页纸，不知道大家会不会觉得有点恐怖，一大版的case。但其实这也没办法，因为这些GPIO口的功能设置，每个之间基本上不存在相似性，所以只能通过case这种土办法。

在这个函数中，看到了类似函数的调用，但其实际上却是一堆宏定义而已：

```
#define SET_FUNC_AS_GPIO_A00_TO_A01()  \
                (BITCSET(HwPORTCFG11,HwPORTCFG11_GPIOA0(0xFUL), \
                HwPORTCFG11_GPIOA0(0)))
#define SET_FUNC_AS_GPIO_A02()  \
                (BITCSET(HwPORTCFG4,HwPORTCFG4_GPIOA2(0xFUL), \
                HwPORTCFG4_GPIOA2(0)))
…          //以下略
```

这些宏定义实际上都只是针对于TCC7901寄存器的操作，如果读者们对这些操作比较陌生，可以返回去看看前面一小节。

另外，读者应该也注意到了，GPIO_A00和GPIO_A01居然是同一个操作。其实这也是没办法的事情，datasheet中已经写明，对该寄存器进行操作时，将会同时影响这两个GPIO功能。类似的，还有别的一些GPIO口，它们也是互相关联的。对于这些GPIO，操作上就必须要小心，不要对这些互相有关联的GPIO赋予不一样的功能，否则调试起来一定觉得生不如死。所以，在对GPIO进行操作之前，一定要先仔细查阅一下datasheet，以免引起不必要的麻烦。

（4）GPIO_SetDirection 函数

再来看看IOControl函数中所调用到的函数。首先看的是设置输入/输出模式的函数SetDirection：

```
BOOL GPIO_SetDirection(GPIOPin gpioPin,GPIODirection gpioDirct)
{
    volatile DWORD * pdwReg = NULL;
    DWORD dwSetBit = 0;
    GetDirctReg(gpioPin,&pdwReg,dwSetBit);    //获取当前PIN对应的功能寄存器的地址
    if(pdwReg == NULL)
    {return FALSE;}
    if(gpioDirct == GPIO_DIRCT_INPUT)
```

第8章 CPU 寄存器读/写

```
            BITCLR(*pdwReg,dwSetBit);        //输入,清零
        }
        else
        {
            if(gpioDirct >= GPIO_F29 && gpioDirct <= GPIO_F31)
            {
                return FALSE;               //这3个PIN比较特殊,只能作为输入
            }
            BITSET(*pdwReg,dwSetBit);        //输出,置1
        }
        return TRUE;
    }
```

(5) GPIO_Get Direction 函数

既然能设置输出/输入模式,那么就应该也能获取当前的模式状态,否则不就成了有头无尾了。所以,对于获取模式的函数,定义如下:

```
GPIODirection GPIO_GetDirection(GPIOPin gpioPin)
{
    volatile DWORD *pdwReg = NULL;
    DWORD dwGetBit = 0;
    GetDirctReg(gpioPin,&pdwReg,dwGetBit);    //获取当前PIN对应的功能寄存器的地址
    if(pdwReg == NULL)
    {
        return GPIO_DIRCT_UNKNOW;             //无法获取地址,返回当前无效状态
    }
    if((*pdwReg & dwGetBit) == 0)
    {
        return GPIO_DIRCT_INPUT;              //为0,输入
    }
    else
    {
        return GPIO_DIRCT_OUTPUT;             //为1,输出
    }
}
```

(6) GetDirReg 函数

在设置或获取输出/输入状态的函数中,调用了一个根据当前PIN获取其功能寄存器的GetDirtReg 函数:

```
void GetDirctReg(GPIOPin gpioPin,volatile DWORD **ppdwReg,DWORD &dwBit)
{
```

```
//根据不同GPIO所位于的区域,获取相应的寄存器数值
if(gpioPin >= GPIO_A00 && gpioPin <= GPIO_A12)
{
    *ppdwReg = &HwGPAEN;
    //因为对于同一个区域的GPIO寄存器而言,是从低位到高位排列的
    //如果当前的PIN减去最小的PIN数值,然后再位移1位,则刚好为当前PIN对应的控制位
    dwBit = 0x1 << (gpioPin - GPIO_A00);
}
else if(gpioPin >= GPIO_B00 && gpioPin <= GPIO_B15)
{
    *ppdwReg = &HwGPBEN;
    dwBit = 0x1 << (gpioPin - GPIO_B00);
}
else if(gpioPin >= GPIO_C00 && gpioPin <= GPIO_C31)
{
    *ppdwReg = &HwGPCEN;
    dwBit = 0x1 << (gpioPin - GPIO_C00);
}
else if(gpioPin >= GPIO_D00 && gpioPin <= GPIO_D12)
{
    *ppdwReg = &HwGPDEN;
    dwBit = 0x1 << (gpioPin - GPIO_D00);
}
else if(gpioPin >= GPIO_E00 && gpioPin <= GPIO_E31)
{
    *ppdwReg = &HwGPEEN;
    dwBit = 0x1 << (gpioPin - GPIO_E00);
}
else if(gpioPin >= GPIO_F00 && gpioPin <= GPIO_F31)
{
    *ppdwReg = &HwGPFEN;
    dwBit = 0x1 << (gpioPin - GPIO_F00);
}
}
```

(7) GPIO_SetData 函数

将GPIO设置为输出模式之后,自然而然就会想到将它拉高/拉低,用以控制外围的设备。所以,有必要书写一个控制函数,用以将输出置高:

```
BOOL GPIO_SetData(GPIOPin gpioPin)
{
    //如果当前模式不是输出,则返回
```

```
    if(GPIO_GetDirection(gpioPin) ! = GPIO_DIRCT_OUTPUT)
    {return FALSE;}
    volatile DWORD * pdwReg = NULL;
    DWORD dwSetBit = 0;
    GetDataReg(gpioPin,&pdwReg,dwSetBit);      //获取当前 PIN 对应的数据寄存器
    if(pdwReg = = NULL)
    {return FALSE;}
    BITSET( * pdwReg,dwSetBit);                //置 1,输出拉高
    return TRUE;
}
```

(8) GPIO_ClearData 函数

既然有将输出拉高的,那么肯定也有输出拉低的函数。其实这两个函数完全可以聚合在一起,只不过为了方便说明,也为了作为 DLL 时调用方便,才将其分割。输出拉低的函数如下:

```
BOOL GPIO_ClearData(GPIOPin gpioPin)
{
    //如果当前模式不是输出,则返回
    if(GPIO_GetDirection(gpioPin) ! = GPIO_DIRCT_OUTPUT)
    {return FALSE;}
    volatile DWORD * pdwReg = NULL;
    DWORD dwSetBit = 0;
    GetDataReg(gpioPin,&pdwReg,dwSetBit);      //获取当前 PIN 对应的数据寄存器
    if(pdwReg = = NULL)
    {return FALSE;}
    BITCLR( * pdwReg,dwSetBit);                //清 0,输出拉低
    return TRUE;
}
```

(9) GPIO_GetData 函数

如果将 GPIO 作为输入模式,那么接下来肯定要做的事情就是,检测当前输入是什么数值。到获取函数上场的时候了:

```
GPIOInputData GPIO_GetData(GPIOPin gpioPin)
{
    //如果不是输入,则返回
    if(GPIO_GetDirection(gpioPin) ! = GPIO_DIRCT_INPUT)
    {return GPIO_INPUT_UNKNOW;}
    volatile DWORD * pdwReg = NULL;
    DWORD dwSetBit = 0;
    GetDataReg(gpioPin,&pdwReg,dwSetBit);      //获取当前 PIN 对应的数据寄存器
```

```
        if(pdwReg == NULL)
    {return GPIO_INPUT_UNKNOW;}
    //因为 GPIOInputData 类型的 LOW 为 0,HIGH 为 1,刚好和寄存器数值对应
    //故获取数值之后可以直接转换为 GPIOInputData 类型
    return static_cast<GPIOInputData>((*pdwReg & dwSetBit)!= 0);
}
```

(10) GetDataReg 函数

在以上几个和数据寄存器有关的函数当中,都用到了 GetDataReg 函数。对于该函数的功能,参考以上代码就能猜出八九不离十了,它的作用就在于根据当前的 PIN 获取对应数据寄存器的地址:

```
void GetDataReg(GPIOPin gpioPin,volatile DWORD **ppdwReg,DWORD &dwBit)
{
    //根据不同 GPIO 所位于的区域,获取相应的寄存器数值
    if(gpioPin >= GPIO_A00 && gpioPin <= GPIO_A12)
    {
        *ppdwReg = &HwGPADAT;
        //因为对于同一个区域的 GPIO 的寄存器而言,是从低位到高位排列的
        //如果当前的 PIN 减去最小的 PIN 数值,然后再位移 1 位,则刚好为当前 PIN 对于的控制位
        dwBit = 0x1 << (gpioPin - GPIO_A00);
    }
    else if(gpioPin >= GPIO_B00 && gpioPin <= GPIO_B15)
    {
        *ppdwReg = &HwGPBDAT;
        dwBit = 0x1 << (gpioPin - GPIO_B00);
    }
    else if(gpioPin >= GPIO_C00 && gpioPin <= GPIO_C31)
    {
        *ppdwReg = &HwGPCDAT;
        dwBit = 0x1 << (gpioPin - GPIO_C00);
    }
    else if(gpioPin >= GPIO_D00 && gpioPin <= GPIO_D12)
    {
        *ppdwReg = &HwGPDDAT;
        dwBit = 0x1 << (gpioPin - GPIO_D00);
    }
    else if(gpioPin >= GPIO_E00 && gpioPin <= GPIO_E31)
    {
        *ppdwReg = &HwGPEDAT;
```

```
            dwBit = 0x1 << (gpioPin - GPIO_E00);
        }
        else if(gpioPin >= GPIO_F00 && gpioPin <= GPIO_F31)
        {
            *ppdwReg = &HwGPFDAT;
            dwBit = 0x1 << (gpioPin - GPIO_F00);
        }
}
```

(11) 注册表数值

在驱动那章就说过,注册表是驱动必不可少的一部分。所以,如果想让这个 GPIO 驱动能够被系统正确识别,相对应的注册表是不可或缺的:

```
[HKEY_LOCAL_MACHINE\Drivers\Builtin\Pio]
    "Prefix"="PIO"
    "Dll"="gpio.dll"
    "Order"=dword:0
    "Index"=dword:1
```

8.3.3 驱动调用

当系统编译完毕,GPIO 驱动也能正常加载后,就能通过 CreateFile 来对 GPIO 进行操作了。我们的宗旨是:要做,就做到最简便。所以定义两个函数,分别用来控制输出和输入。

首先是输出函数,只要传入输入的 PIN 和预期的状态,就能对 GPIO 进行控制。该函数取名为 PinOutput:

```
bool PinOutput(GPIOPin gpioPin,bool bHigh)
{
    BOOL bRes = FALSE;
    HANDLE hGpio = NULL;
    __try
    {
        //打开驱动
        hGpio = CreateFile(TEXT("PIO1:"),FILE_WRITE_ATTRIBUTES,0,NULL,OPEN_EXISTING,
                    FILE_ATTRIBUTE_NORMAL|FILE_FLAG_WRITE_THROUGH,NULL);
        if(INVALID_HANDLE_VALUE == hGpio)
        {
            RETAILMSG(TRUE,(TEXT("[PIO]Failed to open the GPIO driver! \n")));
            __leave;
        }
```

```
        DWORD dwReturn = 0;
        //设置当前 PIN 为 GPIO 功能
        if(DeviceIoControl(hGpio,IOCTL_GPIO_SET_FUNCTION_GPIO,&gpioPin,sizeof(gpioPin),
                    NULL,NULL,&dwReturn,NULL) = = FALSE)
        {
            RETAILMSG(TRUE,(TEXT("[PIO]Failed to set the GPIO function! \n")));
            __leave;
        }
        //设置为输出
        GPIOCtrlData gpioCtrlData = {gpioPin,GPIO_DIRCT_OUTPUT};
        if(DeviceIoControl(hGpio,IOCTL_GPIO_SET_DIRECTION,&gpioCtrlData,
                    sizeof(gpioCtrlData),NULL,NULL,&dwReturn,NULL) = = FALSE)
        {
            RETAILMSG(TRUE,(TEXT("[PIO]Failed to set the GPIO direction! \n")));
            __leave;
        }
        //根据传入 BOOL 类型来确定是拉高还是拉低
        if(bHigh ! = FALSE)
        {
            if(DeviceIoControl(hGpio,IOCTL_GPIO_SET_DATA,&gpioPin,sizeof(gpioPin),
                        NULL,NULL,&dwReturn,NULL) = = FALSE)
            {
                RETAILMSG(TRUE,(TEXT("[PIO]Failed to set the data high! \n")));
                __leave;
            }
        }
        else
        {
            if(DeviceIoControl(hGpio,IOCTL_GPIO_CLEAR_DATA,&gpioPin,sizeof(gpioPin),
                        NULL,NULL,&dwReturn,NULL) = = FALSE)
            {
                RETAILMSG(TRUE,(TEXT("[PIO]Failed to set the data low! \n")));
                __leave;
            }
        }
        bRes = TRUE;
    }
    __finally
    {
```

```
            if(hGpio ! = INVALID_HANDLE_VALUE)
            {
                CloseHandle(hGpio);      //关闭句柄
            }
        }
        return bRes;
}
```

相对应的,也要有输入检测函数。该函数只有一个输入形参,用以传递需要检测的 PIN,而返回值则是当前 GPIO 的状态:

```
GPIOInputData PinInput(GPIOPin gpioPin)
{
    //打开驱动
    HANDLE hGpio = CreateFile(TEXT("PIO1:"),GENERIC_READ | GENERIC_WRITE,0,
                        NULL,OPEN_EXISTING,FILE_ATTRIBUTE_NORMAL,NULL);
    if(INVALID_HANDLE_VALUE = = hGpio)
    {
        return GPIO_INPUT_UNKNOW;
    }
    //设置当前 PIN 为 GPIO 功能
    DeviceIoControl(hGpio,IOCTL_GPIO_SET_FUNCTION_GPIO,reinterpret_cast<BYTE *>(&gpioPin),
                sizeof(gpioPin),NULL,NULL,NULL,NULL);
    //设置当前 PIN 为输入
    GPIOCtrlData gpioData = {gpioPin,GPIO_DIRCT_INPUT};
    DeviceIoControl(hGpio,IOCTL_GPIO_SET_DIRECTION,&gpioData,
                sizeof(gpioData),NULL,NULL,NULL,NULL);
    //获取当前的输入状态
    GPIOInputData inputData;
    DeviceIoControl(hGpio,IOCTL_GPIO_GET_DATA,&gpioData,sizeof(gpioData),
                &inputData,sizeof(inputData),NULL,NULL);
    CloseHandle(hGpio);     //关闭句柄
    return inputData;
}
```

有了这两个封装好的函数,对 GPIO 的操作就简单多了。比如,需要将 GPIO_C30 拉高:

```
PinOutput(GPIO_C30,TRUE);
```

或是获取当前 GPIO_E09 的状态:

```
GPIOInputData data = PinInput(GPIO_E09);
```

第 9 章

硬件调试

Windows CE 既然是嵌入式系统,那自然是少不了和硬件打交道。虽然本章打的是硬件调试的旗号,但实际上还是离不开软件。

9.1 触摸屏

对于装载了 Windows CE 的设备来说,没有触摸屏是一件很不可思议的事情,就像台式机没有配置鼠标和键盘一样。正是因为如此的普遍,所以实际开发中,或多或少都会遇到与触摸屏有关的问题。

9.1.1 校准后无法正确使用

读者们可能对这个情况不陌生,好不容易将系统跑起来,却发现触摸屏不好使。特别是拖动的时候,手势往左,显示的却偏偏往右;或是往上,却又偏偏向下。这个问题是调试触摸屏时最常见的,如果你没有遇见过,那就是你调试的太少,或是你运气实在太好。如果是后者,no-rains 建议你去买彩票,说不定下一个五百万就是你哦!

问题产生的原因很简单,就是触摸屏和转换芯片的正负线接反了。比如,正常的连接情况下应该如图 9.1.1 所示。

但是人都可能会犯错,所以有可能硬件工程师连接时却变成了如图 9.1.2 所示方式。

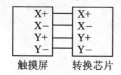

图 9.1.1　触摸屏和转换正确连接

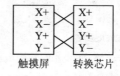

图 9.1.2　触摸屏和转换错误连接

从图 9.1.2 就可以看出,错误的连接肯定会导致方向的相反。

即使硬件工程师很细心,按 datasheet 的要求进行连接,但实际上,这种情况还是有可能会出现:因为每一款触摸屏的电压升降趋势不一定相同。比如说,驱动适应的是如图 9.1.3 所示的触摸屏。

第9章 硬件调试

但在实际做产品的时候,为了适应外观,很可能选择了另一款触摸屏,但这款和之前的截然相反,如图9.1.4所示。

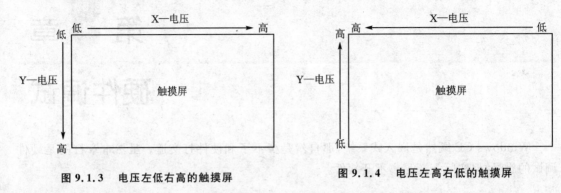

图 9.1.3　电压左低右高的触摸屏　　　　图 9.1.4　电压左高右低的触摸屏

采用这款触摸屏和原来未经更改的驱动相配合,结果还是会和之前硬件连线错误一样:左右相反,上下颠倒。

很多人面对这情况,第一反应就是通过 Windows CE 自带的触摸屏校准程序进行对校。但往往事与愿违,校准之后会发现,触摸屏更不好用了。因为校准程序是和驱动相关联的,驱动本来就对检测的数据糊里糊涂,现在却想让校准程序清醒,那不正如建房时地基倾斜,却要求大楼楼体端正一样,是天方夜谭吗?

校准程序无效,那么是否只能硬件改版?这个解决方式,可能没几个人会愿意。毕竟硬件不同于软件。软件有 bug,能够当场改,当场测;硬件有问题,就只能更改原理图,重新画板,重新打板,然后贴片等,周期最快也要半个月。

那么,能不能从软件上做文章呢?毕竟触摸屏驱动也是从无到有,也是有了硬件之后才写的驱动,所以答案自然是肯定的。解决方式其实也非常简单,只需要在驱动要将捕获的数据提交到系统之前,先对数据进行一下颠倒即可。例如:

```
#ifdef REVERSE_X
    *x = MAX_X - *x + MIN_X;
#endif

#ifdef REVERSE_Y
    *y = MAX_Y - *y + MIN_Y;
#endif
```

REVERSE_X 和 REVERSE_Y 是预定义的宏,只有该宏被定义时,才会对数值进行转换。MAX_X 和 MAX_Y 是检测到的最高数值,而 MIN_X 和 MIN_Y 则是最低数值。至于 x 和 y,则是本次检测到的数据。经过如上代码转换之后,X 和 Y 的数值就会将数据颠倒,从而和实际硬件相符合。

9.1.2 点击时无规律飘忽不定

以前在调试触摸屏时,曾经遇到过一种情况,虽然每次点击触摸屏的同一个区域,但在系统界面中显示的触摸位置却是随机的,飘忽不定,没有任何规律。一开始以为是触摸屏驱动代码有问题,可能是哪里内存越界,从而导致在使用过程中产生了崩溃,但接下来的排查中,却没有发现任何证据印证该判断。

最后,还是只能在硬件中入手。先看看触摸屏 ZT2003 部分的原理图,如图 9.1.5 所示。

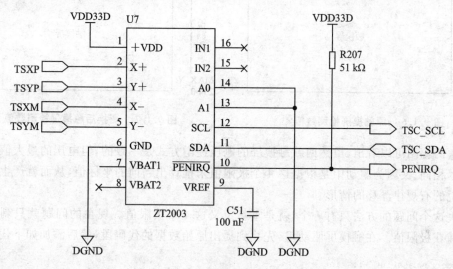

图 9.1.5 触摸屏转换芯片原理图

TSXP、TSYP、TSXM 和 TSYM 是触摸屏传过来的数据。在实际检测中发现,当触摸屏没有数据传送时,VDD33D 一直是 3.3 V;而一旦触摸屏数据有输送,VDD33D 就会出现陡降,瞬间滑落到 1.2 V。也正是因为这一电压陡降,导致芯片内部对比电压不一致,以致于最后通过 I2C 传送到 CPU 的数据有误;也正是因为电压陡降,引发了采样方式有误,最后就出现了本节所说的,点击触摸屏同一位置,但在系统中显示的却是随机坐标的怪异现象。

最后经过排查,发现是电源部分选用的三极管额定电流太小。更换该三极管,电压稳定,问题解决。

9.1.3 点击时有规律的漂移

在调试时,还曾经碰到过和 9.1.2 小节所述问题相似,但却又不完全相同的情形。不同的是,9.1.2 小节所述问题点击时显示的坐标是随机的,而本小节的问题中是有规律的;相同的是,两者都不能通过 Windows CE 自带的触摸屏校准程序进行对校。

第9章 硬件调试

本问题产生的情形很大情况来自于触摸屏的更换,特别是从小尺寸换到大尺寸,比如从 4.3' 换到 7' 的时候,因为这时触摸屏的最大和最小电压已经发生了变化。例如,之前的触摸屏电压数值如图 9.1.6 所示。

但更换触摸屏后,检测数值可能变更为如图 9.1.7 所示情况。

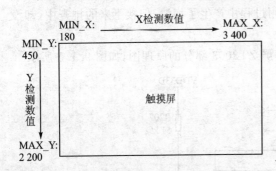
图 9.1.6　原触摸屏检测数值

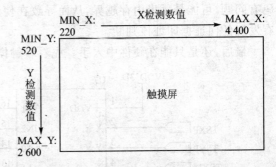
图 9.1.7　更换后触摸屏检测数值

由这两幅图可以看出,虽然两款触摸屏的电压递增方式是一致的,但电压的最大值和最小值却不尽相同;又因为驱动中是根据这 4 个极限值来推算出当前的坐标值,从而就产生本小节开始所说的有规律漂移的情形。

解决这个问题的方法只有一个,就是重新定义这 4 个极限值。现在的问题就只剩下通过驱动来捕获极限值。在触摸屏驱动里,先找到提出原始数据的代码段,然后添加如下代码:

```
int getrawdata(int * x, int * y)
{
...
static unsigned int iMaxX = 0,iMinX = MAX_X,iMinY = MAX_X,iMaxY = 0;
...
if(bValidate ! = FALSE)
{
    iMaxX = iMaxX > r_x[ValidNum] ? iMaxX : r_x[ValidNum];
    iMaxY = iMaxY > r_y[ValidNum] ? iMaxY : r_y[ValidNum];
    iMinX = iMinX < r_x[ValidNum] ? iMinX : r_x[ValidNum];
    iMinY = iMinY < r_y[ValidNum] ? iMinY : r_y[ValidNum];
    RETAILMSG(TRUE,
            (TEXT("iMinX:%d,iMaxX:%d,iMinY:%d,iMaxY:%d\r\n"),
            iMinX,iMaxX,iMinY,iMaxY));
}
...
}
```

将这载有临时代码的驱动更新到系统中,然后将板子的串口连接到计算机上,打开类似串口的能监测串口数据的软件。等系统启动以后,分别在触摸屏的4个角不停滑动,这时就能在串口监测软件中查看到相应的数值。

有时板子做得不够完善,可能在单次检测过程中有一定的误差。这时只需要多启动几次系统,然后将获得的数值取平均值即可。

更改了数值,编译好了驱动,将其合成到系统,等待启动完毕之后,如果不出意外,点击触摸屏还是会发现触摸有所偏移。这是很正常的现象,因为系统在驱动获取的数值和屏幕之间的坐标有个映射,虽然更改了驱动数值,但这映射还是依照之前旧的数据。相对驱动的繁琐而言,更改该映射非常简单,只要依次选择:"控制面板"→"笔针"→"再校准",然后按屏幕的提示进行校准即可。但如果偏移偏差太大,无法通过触摸屏正确点击"控制面板",也无法外接鼠标进行点选,那么可以将设备通过 ActiveSync 连接到计算机,然后在计算机上写一个小程序,直接调用 TouchCalibrate 也能调出校准界面。

如果采用的是 Hive Registry,因为更新后的映射数值已经存储到外部介质中,那么重启之后触摸屏依然如校准之后一样准确。但如果因为种种原因无法采用 Hive Registry,那么每次重启之后都必须要重新校准一次,这当然会让客户不胜其烦。不过这有个折衷的方式,可以在编译时将校准后的数值直接加载到系统。对于该触摸屏映射的数值,其存在于注册表之中,路径为:[HKEY_LOCAL_MACHINE\HARDWARE\DEVICEMAP\TOUCH],主键为:CalibrationData,数值的形式如下:1600,956 332,196 332,1732 2888,1716 2884,184。每次校准之后,该数值都会有相应的变动,只要将这变动后的数值编译进系统,那么就能避免每次重启后都必须校准的烦恼。

9.1.4　同一型号触摸屏不灵便

当按之前的方式调试好触摸屏,发现一切正常,正以为一切大功告成的时候,突然发现,新换上的触摸屏不灵便了?而这触摸屏和调试的是同一个型号,同一批次,一模一样的,根本就不会出现前述的问题啊?再换一个,很可能发现也还是如此。奇了怪了,这是咋回事呢?见鬼了?

如果留意一下会发现,这问题往往是出在新的触摸屏上。应对方法也很简单,就是在触摸屏旁边,轻轻用美工刀将软胶和玻璃板分开,让空气能够渗透进去,如图9.1.8所示。

最后轻轻将小刀抽出,恢复原样。这时点击触摸屏,应该就比较灵敏了。之所以新的触摸屏不灵便,很可能是在运送的过程中挤压,将触摸屏间隙里面的空气挤出来了,从而导致点击时回复不够速度。当把空气灌进去以后,触摸屏就恢复了它原有的活力。

第 9 章 硬件调试

图 9.1.8　用小刀撬开触摸屏,灌进空气

9.2　软开关

软开关是硬件和软件相结合的一种开断方式,像手机上的开关机、GPS 设备的开断等,都属于此类。这是手持式设备使用最多的一种开关模式。

9.2.1　硬件篇

何为软开关?软开关是相对于硬开关而言。硬开关,顾名思义,电源的开断完全取决于硬件,是物理层上的开合;而软开关,则是必须借助于软件,准确来说是借助软件来进行关闭。两者各有优劣。前者因为是物理层的操作,可以讲电源和系统部分完全阻隔,所以关闭时漏电流非常小;但缺陷是关闭之前无法给予软件任何通知信息。而后者的关闭只是电平的操作,关闭后无法将电源部分与系统部分隔离,因此相对而言,漏电流会比较大;但优点在于,关闭是由软件进行控制,所以能在关闭前做好相应的保存工作。正是因为此特性,故电子设备采用硬开关的设计非常少,更多的是软开关。举个简单的例子,常用的家用计算机就是软开关设计。试想假如计算机采用的是硬开关设计,会是什么结果?结果估计就如同在正常使用计算机时,突然将插头给拔掉一样。这样,对于计算机的设备,特别是硬盘而言,所造成的损害是不可估量的。

对于软开关而言,在按下那一瞬间,因为还没有给 CPU 上电,不存在任何程序执行的可能,所以注定"打开"这个操作只能用硬件完成。当系统跑起来以后,此时软件已经开始运作,就能通过对 GPIO 进行操作来关闭设备。

综上所述,如果要实现软开关,必须具备两个 GPIO 口:一个为 DETECT_KEY,作为输入,用来检测按键是否按下;另一个为 GPIO_SHDW,作为输出,用来控制电源的闭合。

现在来看一个如图 9.2.1 所示的典型软开关电路,以下讲解都以电路图中的标号为指代。

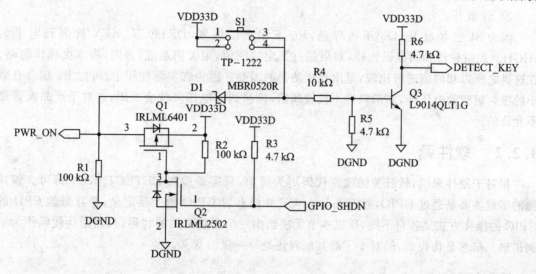

图 9.2.1　软开关电路图

该电路很简单,对外的节点有 4 处,分别如下:

PWR_ON:用来控制系统的电源。当其为 HIGH 时,系统正常供电。

VDD33D:直接接 3.3 V 电压。

GPIO_SHDW:当其为 LOW 时关闭系统电源。

DETECT_KEY:检测按键 S1 的状态。

现在根据开机到关机的过程来一步一步来分析该电路。

① 未开机,S1 未按下。

此时 GPIO_SHDN 为 LOW,直接控制了 Q1 和 Q2 的控制脚(PIN1),令 VDD33D 的电压无法输出到 POW_ON 端。而 D1 因为 S1 未按下,该二极管也处于阻隔状态,S1 端的 VDD33D 也无法输送到 POW_ON 端。故整个系统还处于关闭状态。

② S1 按下,开机。

S1 按下,二极管 D1 导通,S1 端的 VDD33D 电压输送到 PWR_ON 端,系统开始启动。系统启动时,将 GPIO_SHDN 置 HIGH。此时 PWR_ON 已经输入了 R2、R3 端的 VDD33D 电压,D1 两边电压基本上处于平衡状态,D1 相当于断开,S1 端的电压无法加载到 PWR_ON。

③ S1 放开,系统正常运行。

S1 放开,D1 不可能再导通,而此时电压已经主要是从 R2、R3 端的 VDD3D 输入,令 PWR_ON 一直保持 HIGH 状态,故系统一直处于正常运行状态。

④ S1 按下,系统正常运行。

第9章 硬件调试

因为 S1 按下,导致 Q3 导通,拉低 R6 端下方的电压,此时 DETECT_KEY 这个 GPIO 口检测到电平为 LOW,软件开始进入计时状态。

⑤ S1 放开。

因为 S1 已经放开,Q3 不再导通,R6 下端电压恢复,DETECT_KEY 检测到电平为 HIGH。此时软件和阈值做比较,如果超过预定的阈值,则关闭系统;否则,将本次操作忽略。在这里之所以和阈值进行比较,是出自于防抖的需要。因为在实际使用中,可能 R6 端会有微小的极为短暂的电压降,如果软件不设置阈值,检测到该电压降就会关闭,这对于产品而言是不允许的。

9.2.2 软件篇

相对于硬件来说,软开关的软件代码更为简单,只需要检测 DETECT_KEY 即可。该功能的实现主要是通过 GPIO,而 Windows CE 并没有对 GPIO 做上层定义,并且每款 CPU 的 GPIO 的操作方式又各自不同,所以本节无法给出一个完整可用的代码,只能用伪代码作为示例讲解。虽然是伪代码,但对于了解其流程还是有一定的意义。

```
void Power_On()
{
    ...
    SetGPIO_HIGH(GPIO_SHDN);                            //设置 GPIO_SHDN 为 HIGH
    ...
}
DWORD PWR_IntrThread(PVOID pParam)
{
    ....
    EnableInterrupt();                                   //使能中断
    InterruptInitialize(btnSysIntr, hNotifyEvent, 0, 0)  //初始化中断
    while(TRUE)
    {
        dwRet = WaitForSingleObject(hNotifyEvent, INFINITE);  //等待中断事件
        if(dwRet == WAIT_OBJECT_0)
        {
            InterruptDone(btnSysIntr);                   //中断处理完毕,让中断再次进入处理
            dwRet = WaitForSingleObject(hNotifyEvent, 1000); //再次等待中断处理事件
            if(dwRet == WAIT_TIMEOUT)
            {
                //当其位 WAIT_TIMEOUT 时,意味着为长按,进入 poweroff 函数
                EnterPowerOff();
            }
```

```
        }
    }
    ...
}
void EnterPowerOff()
{
    ...
    while(TRUE)
    {
        if(IsGPIOHigh(GPIO_DETECT_KEY) ! = FALSE)
        {
            break;                                      //S1 已经松开,跳出循环
        }
    }
    SetGPIO_LOW(GPIO_SHDN);                             //关闭系统电源
    ...
}
```

唯一需要注意的是 EnterPowerOff 函数,在这里必须要检测 S1 是否已经松开。如果还没有松开 S1 就将 GPIO_SHDN 置为 LOW,因为 S1 端还有 VDD33D 电压输入到 PWR_ON 端,所以系统还是无法关闭。

9.3 LCD 调试

对于现在的消费电子来说,没有 LCD 是不可思议的。并且很多产品的更新换代,都是从 LCD 上动脑筋。所以对于 Windows CE 开发者来说,调试 LCD 是一件经常都会遇到的事。

9.3.1 LCD 寄存器初始化

为什么需要对 LCD 的寄存器进行初始化呢?因为很多价格低廉的 LCD,特别是 3.5' 的,里面没有数据存储器,需要在上电后对 LCD 进行一次初始化。也许会觉得奇怪,为什么出厂的时候不直接固化到 LCD 中呢?其实可以从另一个角度来看,初始化寄存器的数值充其量也就十几 B,远远达不到 1 KB。如果仅为这几十 B 的数据而添加一个存储设备,无形中增加了成本。不过,如果采用的是 4.3' 以上,因为这些 LCD 面积比较大且价格也不菲,所以内部已经固化了 LCD 的寄存器数据,这些 LCD 往往就不需要 LCD 初始化这一步。

在拥有 SoC 提供过来的 BSP 情况下,初始化新的 LCD 其实很简单,无非是三步走:
① 找到合适添加初始化代码的地方,比如原来 BSP 显示代码的 XXX_Init 函数。
② 如果 LCD 是通过 I2C 通信进行设置,而 CPU 又有 I2C 驱动(norains: 什么,你的这款

第9章 硬件调试

嵌入式 CPU 没有 I2C？OK，OK～你现在要做的是，将这 CPU 放到马桶里，冲掉～)，那么一切都很简单，直接调用 I2C 驱动来设置 LCD。但往往都不会那么幸运，很多这种廉价 LCD，都是有自己的一套时序，需要根据这套时序来按部就班发送数据。这样的情形之下，就需要懂得如何设置 CPU 的 GPIO 口，知道如何将其拉高或拉低。

③ 最后，就是根据 LCD 厂家所提供的文档，结合自己 CPU 的实际视频输出源，设置相应的寄存器数值。

对照上面的 3 个步骤，以 Innolux PT035TN01 V.6 为例，在该 LCD 的 datasheet 上可以查到，如果要对寄存器进行设置，其时序如图 9.3.1 所示。

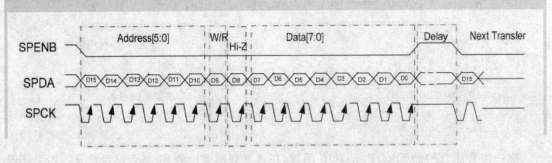

图 9.3.1　PT035TN01 寄存器设置时序图

初一看，有点像 I2C 协议，但仔细一看，就否决了这个假设。因为很简单，I2C 只是 2 根线，而这里是 3 根。再搜索通用的协议，发现这 LCD 的时序其实什么协议都不是，只是厂商自己定义的。所以需要做的，就是看懂这个时序图。

这里需要说明的是，图 9.3.1 中的 SPENB、SPDA、SPCK 分别是 LCD 的其中 3 个 PIN。从中可以看出，只有当 SPENB 为 LOW 时，数据才是有效的。当 SPENB 为 LOW 之后，就可以设置 SPCK，当它为上升沿时，LCD 就会对 SPDA 进行采样。

对于驱动，只需要知道和 SPENB、SPDA、SPCK 连接的这 3 个 CPU PIN 能否作为 GPIO；然后按照时序图，顺利输出 LOW 或 HIGH。剩下的，仅是代码如何组织而已。

对应时序图，代码的流程可以这样组织：
① SPENB、SPDA、SPCK 作为 GPIO。
② SPENB 输出 LOW。
③ SPCK 输出 LOW。
④ SPDA 输出 D15。
⑤ SPCK 输出 HIGH。
⑥ 重复流程③～⑤，直到 Address 输出完毕。
⑦ SPCK 输出 LOW。
⑧ SPDA 输出 HIGH，代表是要写入数据。

⑨ SPCK 输出 HIGH。
⑩ SPCK 输出 LOW。
⑪ SPDA 输出任意数据,作为 Hi-Z。
⑫ SPCK 输出 HIGH。
⑬ SPCK 输出 LOW。
⑭ SPDA 输出 D7。
⑮ SPCK 输出 HIGH。
⑯ 重复流程⑬～⑮,直到 Data 数据全部输出。
⑰ SPENB 输出 HIGH。
⑱ 延时。
⑲ 如果还要继续写 LCD 寄存器数值,重复流程 1～18 即可。

对于这 18 个步骤,可以实现为以下伪代码:

```
WriteRegister(unsigned char reg,unsigned short value)
{
    //片选使能
    GPIO_OUTPUT_LOW(LCDIF_SPCK);
    GPIO_OUTPUT_LOW(LCDIF_SPDA);
    GPIO_OUTPUT_LOW(LCDIF_SPENB);
    DWORD dwMask = 0;
    //写寄存器地址
    for(dwMask = 0x20; dwMask != 0; dwMask >>= 1)
    {
        GPIO_OUTPUT_LOW(LCDIF_SPCK);
        if (reg & dwMask)
        {GPIO_OUTPUT_HIGH(LCDIF_SPDA);}
        else
        {GPIO_OUTPUT_LOW(LCDIF_SPDA);}
        GPIO_OUTPUT_HIGH(LCDIF_SPCK);
    }
    //读/写控制位
    GPIO_OUTPUT_LOW(LCDIF_SPCK);
    GPIO_OUTPUT_HIGH(LCDIF_SPDA);
    GPIO_OUTPUT_HIGH(LCDIF_SPCK);
    //Hi-Z 位
    GPIO_OUTPUT_LOW(LCDIF_SPCK);
    GPIO_OUTPUT_LOW(LCDIF_SPDA);
    GPIO_OUTPUT_HIGH(LCDIF_SPCK);
```

```
//输出相应数值
for(dwMask = 0x80; dwMask ! = 0; dwMask >> = 1)
{
    GPIO_OUTPUT_LOW(LCDIF_SPCK);
    if (value & dwMask)
    {GPIO_OUTPUT_HIGH(LCDIF_SPDA);}
    else
    {GPIO_OUTPUT_LOW(LCDIF_SPDA);}
    GPIO_OUTPUT_HIGH(LCDIF_SPCK);
}
//片选无效
GPIO_OUTPUT_LOW(LCDIF_SPCK);
GPIO_OUTPUT_HIGH(LCDIF_SPENB);
//延时
Sleep(10);
}
```

9.3.2　判断数据线是否接反

和触摸屏不同，LCD 数据线接反的情况很少出现，因为其数据位一般都是按协议的顺序排列。但世界上的事情永远不可能都是那么美好，前面说的，只是基于最普通的情况，但实际上有一些厂家出产品时，却并不那么守规矩。

比如说，一般 CPU 和 LCD 的连接，数据位是应该和图 9.3.2 所示内容一一对应的。

但偏偏有的 LCD 是高低位反的，它的连接方式如同 9.3.3 所示。

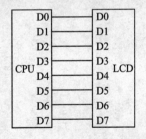

图 9.3.2　普通情况的数据线连接

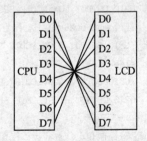

图 9.3.3　特殊情况下的数据线交叉连接

别以为这是信口开河，norains 就在这方面吃过亏。想当初没有怀疑硬件连线，一直以为是显示的代码有问题；查了半天，没改善，然后又去看电压，也一直正常；后来经过高人指点，才怀疑是数据线接反了。于是，做了块转接板，将线路调整过来，一切正常。这才知道，懂得根据现象来判断数据线是否接反是多么重要。

这种电路接错最明显的一个特点就是：某些颜色能够正常显示,比如纯红、纯绿等,但大多数颜色都无法正常。特别是如果让代码显示渐变色的话,颜色会有跳变,感觉很不舒服。

为什么会出现这种现象呢？如果从二进制角度来看,也就不难理解。比如,需要输出这么一个红色序列,是从 255 渐变到 250,如表 9.3.1 所列。

表 9.3.1 输出序列和接反的数据

十进制	CPU 输出的二进制	数据线接反后 LCD 接收到的二进制	LCD 接收到的数据对应的十进制
255	11111111	11111111	255
254	11111110	01111111	127
253	11111101	10111111	191
252	11111100	00111111	63
251	11111011	11011111	223
250	11111010	01011111	95

LCD 接收的颜色序列为：255,127,191,63,223,95。所以本应该输出渐变颜色的序列,现在只能无奈变成突变了。

而之所以纯红可以正常显示,是因为纯红的表示为 255,对应的二进制为 11111111,无论怎么颠倒得到的结果都相同。也就是说,只要二进制排列能够对称的颜色都可以正常显示。

如果你的板子出现颜色不符合的情况,不妨让其显示一下渐变色,看看是否有跃变以及只有特定某几个颜色会正常的现象。如果具备该现象,那么基本上就可以断定,数据线是接反了。

9.3.3 杂碎经验

(1) PWM 的频率

对于 LCD 的背光来说,一般做法是通过升压芯片来提供对电压的支持。而这些升压芯片都会有 PWM 输入 PIN,通过 PWM 来调节背光的明暗度。不过有时会发现背光调节幅度陡然增大或缩小,或是背光不足够亮（相对于作为 GPIO PIN 输出 HIGH 来说）,但是通过万用表测量 PWM 输入,电压降的幅度都是处于正常情况下,这时不妨调低 PWM 的输出频率。因为有很多升压芯片对 PWM 的频率都会有要求,将频率调至 datasheet 中描述的范围,一般都能解决此问题。

(2) LCD 的星星点点

在调试时会发现 LCD 上有莫名其妙的星星点点。一般这种情况下,首先要看看 VGH 和 VGL 电压是否处于 datasheet 所描述的范围之内。如果属于标准范围之内,但星星点点依旧,很有可能就是时序问题。这时候不妨在代码中变更采样的时序（如上升沿采样改为下降沿采样）。如果无法在代码中更改，也可以在 clk 信号线加个 100R 电阻，也可能解决该问题。

(3) 背光的反馈电压

升压芯片的输出电压需要反馈，如果没有接 LCD 的话，那两个极性的电压是无法出来的。线路中的二极管也是属于易损的类型，背光不亮很多情况是该二极管坏掉。反馈中的电阻如果没有计算正确，那么很可能反馈电压会超出预料，从而导致损坏 LCD。

(4) 显示抖动

在确认 VPW、VBP、VFP、HPW、HBP、HFP 的设置已经符合 LCD 规格要求后，如果屏幕的显示还在抖动，不妨将输出的时钟信号频率降低，有可能解决该问题。

(5) 相关英文的缩写

VPW：Vsync Pulse Width　　HPW：Hsync Pulse Width
VBP：Vsync Back Porch　　 HBP：Hsync Back Porch
VFP：Vsync Front Porch　　HFP：Hsync Front Porch

9.4　SDRAM 和 CPU

SDRAM 和 CPU 是整个产品的心脏，本节从另一个角度看看这个核心。

9.4.1　SDRAM 和 CPU 的连接

虽然在桌面 PC 中 SDRAM 已经如同明日黄花，地位基本上已经被 DDRI 或 DDRII 取代，但对于嵌入式设备而言，尚且还有用武之地。本小节只是在确定 CPU 的情况下对如何选择相搭配的内存芯片做个基本的描述，故对于很多概念只是做基础性描述。如果各位朋友对 SDRAM 的机制有着浓厚的兴趣，可以参考其他相应的书籍。（众人：norains 又偷懒了，哼哼！norains：冤枉啊，如果要详细述说，要厚厚的一本书啊~）

(1) Phisical Bank(P-Bank)

SDRAM 为了保证 CPU 的正常工作，必须一次传输完 CPU 在一个传输周期内所需要的数据。而 CPU 在一个传输周期能接收的数据容量就是 CPU 数据总线的位宽，而该位宽就称为 Physical Bank(P-Bank)的位宽，其单位是位。

(2) 芯片位宽

每个内存芯片也有自己的位宽，即每个传输周期能提供的数据量。如果 CPU 的 P-Bank 为 64 位，相应的内存芯片的位宽也要达到 64 位。不过由于制造技术限制，很多内存芯片都不会直接提供 64 位，更常见的是 8 位和 16 位。如果采用 8 位芯片，那则需要并联 8 片，这样位宽就达到 8×8＝64 位，符合 P-Bank 要求。相对的，如果采用的是 16 位，则只需要 4 片。

(3) Logic Bank(L-Bank)

简单来说，SDRAM 的内部是一个存储阵列。阵列就如同表格一样，将数据"填"进去，你可以把它想象成一张表格。和表格的检索原理一样，先指定一个行(Row)，再指定一个列(Column)，就可以准确地找到所需要的单元格，这就是内存芯片寻址的基本原理。对于内存，这个单元格可称为存储单元，那么这个表格(存储阵列)叫什么呢？它就是 Logical Bank(L-Bank)，如图 9.4.1 所示。

知道这 3 个概念之后，看懂内存芯片的参数就没什么问题了。

以 Micron 的芯片规格为例：

① 芯片 MT48LC128M4A2—32 Meg×4×4 banks；

② 芯片 MT48LC64M8A2—16 Meg×8×4 banks；

③ 芯片 MT48LC32M16A2—8 Meg×16×4 banks。

图 9.4.1　存储阵列

很简单就能根据参数算出内存芯片的容量：
32 Meg×4×4＝512 M＝64 MB。同样可知，其他两组也同属于相等的容量。

对于②来说，该芯片的存储单元为 16 Meg，芯片位宽为 8 位，有 4 个 L-Bank。其他两组参数含义可据此而推断。

(4) DQM

内存芯片还有一个很重要的 PIN，就是 DQM。DQM 全称是 Data I/O Mask，即数据掩码技术，主要是用来屏蔽不需要的数据。对于 4 位位宽芯片，两个芯片共用一个 DQM 信号线；对于 8 位位宽芯片，一个芯片占用一个 DQM 信号；而对于 16 位位宽芯片，则需要两个 DQM 引脚。

为了加深印象，以某款嵌入式 CPU(以下称为 CPU_A)为例。先看图 9.4.2 所示的 CPU 内存部分的引脚。

图 9.4.2 中只保留了 SDRAM 控制线，省略了其他部分。从图中可以看出，该 CPU 的 SDRAM 地址线为 12 根(XA[0]~XA[11])，P-Bank 为 32 位(XD[0]~XD[31])。可以根据 P-Bank 为 32 位推断出应该有 4 个 DQM，这个结论在图中也得到了证实(图 9.4.2 中的 DQM[0]~DQM[3])。

接着再看看别的例子。假如只能选择 CPU_A，并且内存芯片只能从之前的 Micron 中选择，那么有如下 3 个系统需要搭建：

① CPU_A + 128 MB。

因为例子芯片的容量为 64 MB，如果要构建 128 MB，所需的片数为：128 MB/64 MB＝2。因为 2 片组成的 P-Bank 必须要达到 32 位，而 MT48LC32M16A2 的芯片位宽恰好为 16 位，所以在这个案例中只能选择 2 片 MT48LC32M16A2。

② CPU_A + 256 MB。

同样，先确认内存芯片所需的片数：256 MB/64 MB＝4。每颗内存芯片的位宽要求为：32 位/4＝8。样品中只有 MT48LC64M8A2 符合。

③ CPU_A + 64 MB。

内存所需片数：64 MB/64 MB＝1。芯片位宽：32 位/1＝32 位。

所列的样品中内存芯片的最大位宽为 16 位，因此如果只是选择所给的内存芯片，则无法和 CPU_A 搭建 64 MB 的系统。

9.4.2 如何判断 SDRAM 的大小

如果只是给出 SDRAM 的 PIN 脚，没有任何别的资料，该如何判断 SDRAM 容量的大小呢？

例如有 3 片 SDRAM 芯片，如图 9.4.3 所示。

SDRAM 的容量大小直接反映在地址线和数据线以及 L-Bank 数目中，所以可以从这 3 个入手。图 9.4.3 中的 XA 是地址线，BA 是 L-Bank，XD 是数据线。根据所给图示，可以得出如下结论：

XA[0]	XD[0]
XA[1]	XD[1]
XA[2]	XD[2]
XA[3]	XD[3]
XA[4]	XD[4]
XA[5]	XD[5]
XA[6]	XD[6]
XA[7]	XD[7]
XA[8]	XD[8]
XA[9]	XD[9]
XA[10]	XD[10]
XA[11]	XD[11]
BA[0]	XD[12]
BA[1]	XD[13]
nCAS	XD[14]
nRAS	XD[15]
DQM[3]	XD[16]
DQM[2]	XD[17]
DQM[1]	XD[18]
DQM[0]	XD[19]
	XD[20]
	XD[21]
	XD[22]
	XD[23]
	XD[24]
	XD[25]
	XD[26]
	XD[27]
	XD[28]
	XD[29]
	XD[30]
	XD[31]

图 9.4.2　CPU 和 SDRAM 连接引脚图

芯片 A：
　地址线数：13
　L-Bank 数：2
　数据线数：16

芯片 B：
　地址线数：12
　L-Bank 数：2
　数据线数：32

芯片 C：
　地址线数：13
　L-Bank 数：2
　数据线数：32

可以通过简单公式来算出 SDRAM 的最大容量，单位 KB：

$((1 << (地址线数 + L-Bank 数)) + (\sim(1 << (地址线数 + L-Bank 数)))) \times (数据线数 / 16)$

根据公式可得最大容量：

芯片 A：$((1 << (13 + 2)) + (\sim(1 << (13 + 2)))) \times (16 / 16) = 32\,767$ KB ＝ 32 MB

芯片 B：$((1 << (12 + 2)) + (\sim(1 << (12 + 2)))) \times (32 / 16) = 32\,767$ KB ＝ 32 MB

芯片 C：$((1 << (13 + 2)) + (\sim(1 << (13 + 2)))) \times (32 / 16) = 65\,532$ KB ＝ 64 MB

A		B		C	
XA[0]	XD[0]	XA[0]	XD[0]	XA[0]	XD[0]
XA[1]	XD[1]	XA[1]	XD[1]	XA[1]	XD[1]
XA[2]	XD[2]	XA[2]	XD[2]	XA[2]	XD[2]
XA[3]	XD[3]	XA[3]	XD[3]	XA[3]	XD[3]
XA[4]	XD[4]	XA[4]	XD[4]	XA[4]	XD[4]
XA[5]	XD[5]	XA[5]	XD[5]	XA[5]	XD[5]
XA[6]	XD[6]	XA[6]	XD[6]	XA[6]	XD[6]
XA[7]	XD[7]	XA[7]	XD[7]	XA[7]	XD[7]
XA[8]	XD[8]	XA[8]	XD[8]	XA[8]	XD[8]
XA[9]	XD[9]	XA[9]	XD[9]	XA[9]	XD[9]
XA[10]	XD[10]	XA[10]	XD[10]	XA[10]	XD[10]
XA[11]	XD[11]	XA[11]	XD[11]	XA[11]	XD[11]
XA[12]	XD[12]		XD[12]	XA[12]	XD[12]
	XD[13]		XD[13]		XD[13]
BA[0]	XD[14]	BA[0]	XD[14]	BA[0]	XD[14]
BA[1]	XD[15]	BA[1]	XD[15]	BA[1]	XD[15]
			XD[16]		XD[16]
nCAS		nCAS	XD[17]	nCAS	XD[17]
nRAS		nRAS	XD[18]	nRAS	XD[18]
			XD[19]		XD[19]
		DQM[3]	XD[20]	DQM[3]	XD[20]
		DQM[2]	XD[21]	DQM[2]	XD[21]
DQM[1]		DQM[1]	XD[22]	DQM[1]	XD[22]
DQM[0]		DQM[0]	XD[23]	DQM[0]	XD[23]
			XD[24]		XD[24]
			XD[25]		XD[25]
			XD[26]		XD[26]
			XD[27]		XD[27]
			XD[28]		XD[28]
			XD[29]		XD[29]
			XD[30]		XD[30]
			XD[31]		XD[31]

图 9.4.3 3 个 SDRAM 样片

故图 9.4.3 所示芯片容量大小为：C＞B＞＝A。

第 10 章 系统分析

这一章讲述的基本上不是常规方法,换句话说不是名门正派,而是歪门邪道。不过,管它白猫黑猫,抓住老鼠就是好猫。只要能达到目的,旁门左道也要拿出来露一手。

10.1 音量设置

首先来看一段最简单的改变音量的代码:

```
DWORD dwVolume = 0xAAAAAAAA;
waveOutSetVolume(0,dwVolume);
```

waveOutSetVolume() 的第 1 个参数是设备 ID,因为需要更改的是整个系统音量,所以在这里直接取 0 值即可。第 2 个参数是需要设置的音量数值,范围为 0x0～0xFFFFFFFF。但这个函数的功能却也是非常有限,也就是说,它只能更改系统的主音量;如果想修改屏幕点击声,则就无能为力。

有些细心的朋友会从"控制面板"的"声音"入手,发现每次在"控制面板"调节声音,相应的注册表"ControlPanel\Volume"下的键值数值都会变更。但如果是直接修改注册表数值,却是无论如何都达不到相应的功能,因为没有通知系统,注册表已经被修改。

如果需要告知系统,注册表已经修改,并请系统依照修改的数值来更改音量,则需要调用微软一个未公开的函数:AudioUpdateFromRegistry()。

这个函数在文档中无法搜索到,如果需要调用这个函数,可以有两种方法:
① 直接包含"pwinuser.h"文件,然后直接调用。
② 调用 coredll.dll 库,引出该函数并使用。

这里展示一个调用的例子:

```
typedef void (WINAPI * DLL_AUDIOUPDATEFROMREGISTRY)();
DLL_AUDIOUPDATEFROMREGISTRY Dll_AudioUpdateFromRegistry = NULL;
HINSTANCE hCoreDll = LoadLibrary(TEXT("coredll.dll"));    //加载 dll
if (hCoreDll)
{
```

```
    //获取函数地址
    Dll_AudioUpdateFromRegistry = (DLL_AUDIOUPDATEFROMREGISTRY)
            GetProcAddress(hCoreDll,_T("AudioUpdateFromRegistry"));
    if (Dll_AudioUpdateFromRegistry)
    {
        (Dll_AudioUpdateFromRegistry)();        //调用函数
    }
}
```

只要更新了注册表,然后调用该函数,则系统会根据键值来进行相应的调整。

接下来看看位于"ControlPanel\Volume"注册表中各键值的意义,如表 10.1.1 所列。

表 10.1.1 注册表键值

键 值	描 述
Volume	系统的主音量,范围是 0x0～0xFFFFFFFF
Screen	屏幕敲击声。当数值为 0 时即为无声,1 为柔和,65 538 为洪亮
Key	键盘敲击声,数值的意义和 Screen 相同
Mute	控制其他静音的选项。置 0x04 位为 1 时允许事件声音,0x02 允许应用程序声音,0x01 允许警告声。需要注意的是,如果不允许应用程序声音,则警告声位也将被忽略

如果每次更改音量都要改写注册表,调用动态链接库,会显得比较麻烦。为了写代码的便利,在此封装了这个声音的操作,代码如下,在下载资料中也有相应的源代码。

```
///////////////////////////////////////////////////////////////////////
//Volume.h
///////////////////////////////////////////////////////////////////////
# pragma once
# include "stdafx.h"
namespace Volume
{
    enum Style
    {
        LOUD,
        SOFT,
        MUTE,
    };
};
class CVolume
{
```

```cpp
public:
    //------------------------------------------------------------
    //Description:
    //    获取最小音量
    //------------------------------------------------------------
    static DWORD GetMinVolume();

    //------------------------------------------------------------
    //Description:
    //    获取最大音量
    //------------------------------------------------------------
    static DWORD GetMaxVolume();

    //------------------------------------------------------------
    //Description:
    //    获取当前音量
    //------------------------------------------------------------
    static DWORD GetCurVolume();

    //------------------------------------------------------------
    //Description:
    //    设置当前音量
    //------------------------------------------------------------
    static BOOL SetCurVolume(DWORD dwCurLvl);

    //------------------------------------------------------------
    //Description:
    //    格式化当前音量为字符串类型
    //------------------------------------------------------------
    static TSTRING FormatVolume(DWORD dwLvl);

    //------------------------------------------------------------
    //Description:
    //    设置屏幕点击声
    //------------------------------------------------------------
    static BOOL SetScreenTap(Volume::Style style);

    //------------------------------------------------------------
    //Description:
    //    设置按键声
    //------------------------------------------------------------
    static BOOL SetKeyClick(Volume::Style style);

    //------------------------------------------------------------
```

```cpp
    //Description:
    //    设置消息通知声
    //-------------------------------------------------------------
    static BOOL EnableNotificationSound(BOOL bEnable);

    //-------------------------------------------------------------
    //Description:
    //    设置程序运行时是否有声音
    //-------------------------------------------------------------
    static BOOL EnableApplicationSound(BOOL bEnable);

    //-------------------------------------------------------------
    //Description:
    //    设置事件声
    //-------------------------------------------------------------
    static BOOL EnableEventSound(BOOL bEnable);
public:
    CVolume();
    virtual ~CVolume();
private:
    //-------------------------------------------------------------
    //Description:
    //    进行实际声音变更
    //-------------------------------------------------------------
    static BOOL Apply();
};
///////////////////////////////////////////////////////////////////////////////
//Volume.cpp
///////////////////////////////////////////////////////////////////////////////
#include "Volume.h"
#include "reg.h"
//-------------------------------------------------------------
//宏定义
#define BASE_KEY                    HKEY_CURRENT_USER
#define SUB_KEY                     TEXT("ControlPanel\\Volume")
#define VALUE_VOLUMN                TEXT("Volume")
#define VALUE_MAX_LEVEL             TEXT("MaxLevel")
#define VALUE_MIN_LEVEL             TEXT("MinLevel")
const DWORD DEFAULT_MAX_VOLUME_LEVEL      = 5;
const DWORD DEFAULT_MIN_VOLUME_LEVEL      = 0;
```

第10章 系统分析

```cpp
    const DWORD DEFAULT_CUR_VOLUME_LEVEL            = 3;
    const DWORD MAX_VOLUME_VALUE                    = 0xFFFFFFFF;    //最大声音数值
    #define VALUE_SCREEN                            TEXT("Screen")
    #define VALUE_KEY                               TEXT("key")
    #define VALUE_MUTE                              TEXT("Mute")
    //点击屏幕时使用的
    #define VOL_VALUE_MUTE                          0
    #define VOL_VALUE_LOUD                          65538
    #define VOL_VALUE_SOFT                          1
    //这些位是给声音使用的
    #define BIT_EVENT                               0x4
    #define BIT_APPLICATION                         0x2
    #define BIT_NOTIFICATION                        0x1
    //--------------------------------------------------------------

CVolume::CVolume()
{}
CVolume::~CVolume()
{}
DWORD CVolume::GetMinVolume()
{
    const DWORD MIN_VOLUME_FAILED_VALUE = 0xFFFFFFFF;
    DWORD dwReturn = 0;
    CReg reg;
    if(reg.Open(BASE_KEY,SUB_KEY) = = TRUE)
    {
        DWORD dwValue = reg.GetValueDW(VALUE_MIN_LEVEL,MIN_VOLUME_FAILED_VALUE);
        if(dwValue = = MIN_VOLUME_FAILED_VALUE)
        {dwReturn = DEFAULT_MIN_VOLUME_LEVEL;}
        else
        {dwReturn = dwValue;}
    }
    else
    {dwReturn = DEFAULT_MIN_VOLUME_LEVEL;}
    return dwReturn;
}
DWORD CVolume::GetMaxVolume()
{
    const DWORD MAX_VOLUME_FAILED_VALUE        = 0xFFFFFFFF;
```

```
    DWORD dwReturn = 0;
    CReg reg;
    if(reg.Open(BASE_KEY,SUB_KEY) = = TRUE)
    {
        DWORD dwValue = reg.GetValueDW(VALUE_MAX_LEVEL,MAX_VOLUME_FAILED_VALUE);
        if(dwValue = = MAX_VOLUME_FAILED_VALUE)
        {dwReturn = DEFAULT_MAX_VOLUME_LEVEL;}
        else
        {dwReturn = dwValue;}
    }
    else
    {dwReturn = DEFAULT_MAX_VOLUME_LEVEL;}
    return dwReturn;
}
DWORD CVolume::GetCurVolume()
{
    const DWORD CUR_VOLUME_FAILED_VALUE = 0xFFFFFFFF;
    DWORD dwReturn = GetMinVolume();
    CReg reg;
    if(reg.Open(BASE_KEY,SUB_KEY) = = TRUE)
    {
        DWORD dwValue = reg.GetValueDW(VALUE_VOLUMN,CUR_VOLUME_FAILED_VALUE);
        dwReturn = dwValue / (MAX_VOLUME_VALUE/(GetMaxVolume() - GetMinVolume()));
    }
    return dwReturn;
}
BOOL CVolume::SetCurVolume(DWORD dwCurLvl)
{
    DWORD dwMaxLvl = GetMaxVolume();
    DWORD dwMinLvl = GetMinVolume();
    if(dwCurLvl < dwMinLvl || dwCurLvl > dwMaxLvl)
    {return FALSE;}
    DWORD dwVolume = (MAX_VOLUME_VALUE / (dwMaxLvl - dwMinLvl)) * dwCurLvl;
    if(waveOutSetVolume(0,dwVolume) = = MMSYSERR_NOERROR)
    {
        sndPlaySound(TEXT("SystemDefault"), SND_ALIAS | SND_ASYNC);
        CReg reg;
        reg.Create(BASE_KEY,SUB_KEY);
        reg.SetDW(VALUE_VOLUMN,dwVolume);
```

```cpp
    }
    return TRUE;
}
BOOL CVolume::Apply()
{
    typedef void (WINAPI * DLL_AUDIOUPDATEFROMREGISTRY)();
    DLL_AUDIOUPDATEFROMREGISTRY Dll_AudioUpdateFromRegistry = NULL;
    HINSTANCE hCoreDll = LoadLibrary(TEXT("coredll.dll"));
    if (hCoreDll)
    {
        #ifdef _WIN32_WCE
            Dll_AudioUpdateFromRegistry = (DLL_AUDIOUPDATEFROMREGISTRY)
                    GetProcAddress(hCoreDll, _T("AudioUpdateFromRegistry"));
        #else
            Dll_AudioUpdateFromRegistry = (DLL_AUDIOUPDATEFROMREGISTRY)
                        GetProcAddress(hCoreDll, "AudioUpdateFromRegistry");
        #endif
        if (Dll_AudioUpdateFromRegistry)
        {(Dll_AudioUpdateFromRegistry)(); }
        else
        {return FALSE;}
        FreeLibrary(hCoreDll);
    }
    else
    {return FALSE;}
    return TRUE;
}
BOOL CVolume::EnableEventSound(BOOL bEnable)
{
    CReg reg;
    reg.Create(BASE_KEY, SUB_KEY);
    DWORD dwVal = reg.GetValueDW(VALUE_MUTE);
    if(bEnable == TRUE)
    {dwVal |= BIT_EVENT;}
    else
    {dwVal &= ~BIT_EVENT;}
    reg.SetDW(VALUE_MUTE,dwVal);
    reg.Close();
    return Apply();
```

```cpp
}
BOOL CVolume::EnableApplicationSound(BOOL bEnable)
{
    CReg reg;
    reg.Create(BASE_KEY, SUB_KEY);
    DWORD dwVal = reg.GetValueDW(VALUE_MUTE);
    if(bEnable = = TRUE)
    {dwVal | = BIT_APPLICATION;}
    else
    {dwVal & = ~BIT_APPLICATION;}
    reg.SetDW(VALUE_MUTE,dwVal);
    reg.Close();
    return Apply();
}
BOOL CVolume::EnableNotificationSound(BOOL bEnable)
{
    CReg reg;
    reg.Create(BASE_KEY, SUB_KEY);
    DWORD dwVal = reg.GetValueDW(VALUE_MUTE);
    if(bEnable = = TRUE)
    {dwVal | = BIT_NOTIFICATION;}
    else
    {dwVal & = ~BIT_NOTIFICATION;}
    reg.SetDW(VALUE_MUTE,dwVal);
    reg.Close();
    return Apply();
}
BOOL CVolume::SetKeyClick(Volume::Style style)
{
    DWORD dwVol = 0;
    switch(style)
    {
        case Volume::SOFT:
            dwVol = VOL_VALUE_SOFT;
            break;
        case Volume::LOUD:
            dwVol = VOL_VALUE_LOUD;
```

```cpp
            break;
        case Volume::MUTE:
            dwVol = VOL_VALUE_MUTE;
            break;
    }
    CReg reg;
    reg.Create(BASE_KEY, SUB_KEY);
    reg.SetDW(VALUE_KEY,dwVol);
    reg.Close();
    return Apply();
}
BOOL CVolume::SetScreenTap(Volume::Style style)
{
    DWORD dwVol = 0;
    switch(style)
    {
        case Volume::SOFT:
            dwVol = VOL_VALUE_SOFT;
            break;
        case Volume::LOUD:
            dwVol = VOL_VALUE_LOUD;
            break;
        case Volume::MUTE:
            dwVol = VOL_VALUE_MUTE;
            break;
    }
    CReg reg;
    reg.Create(BASE_KEY, SUB_KEY);
    reg.SetDW(VALUE_SCREEN,dwVol);
    reg.Close();
    return Apply();
}
```

由于 CVolume 类将复杂的操作封装在内部,因此设置音量非常得简单。以更改屏幕敲击声为"洪亮"为例：

```cpp
CVolume sysVol;
sysVol.SetScreenTap(Volume::LOUD);
```

10.2 系统界面修改

如果开发产品的屏幕大小是 320×240,那么接下来的事情就会比较郁闷了。因为 Windows CE 程序界面的最小尺寸有两种:一是 480×320(landscape mode),二是 240×320(portrait mode)。无论采用哪种模式,有些对话框都无法做到在显示屏中完整显示。也许读者们会猜想,Windows CE 程序应该能够自动适应显示屏;但实际错了,因为窗口大小都是在程序中定死的,无法做到自适应。如果想让 Windows CE 自带程序的窗口程序能够符合屏幕大小,那只能自己动手。

在实际使用中发现,问题出现最多的在于控制面板。所以第一步就从控制面板的组件下手。控制面板里面的程序大多是对话框程序,因此很自然就想到通过更改 rc 文件。然而第一步尝试就遇到了困难,rc 文件的格式不能采用微软的编程工具打开,因为用此类工具(VC、EVC、PB)进行修改后保存,会添加甚至改写不少东西。虽然在命令行中可以顺利编译通过,但到连接系统映像这步会产生 duplicate 声明错误(估计是那些编程工具改写了类型),以至于无法打开。所以,如果要修改 rc 文件中的控件大小,就只能采用文本工具编辑,比较麻烦。

从另外一个角度考虑一下,那些弹出界面不合适的对话框,无非都隐藏在这几个文件类型里:exe、cpl、dll,而这 3 种文件格式在 Windows CE 平台下和 Windows XP 是一样的。既然如此,那么 Windows XP 上一款著名的用来修改可执行文件的软件是不是也可以使用在 Windows CE 文件上呢?没试过,谁知道!就用 eXeScope 打开 cplmain.cpl 看看,呈现于眼前的如图 10.2.1 所示。

图 10.2.1　用 eXeScope 打开 cplmain.cpl

随意单击对话框的序列，就能显示出对话框的真实状态。是的，没错，eXeScope能够正常识别Windows CE控制面板程序。那么，剩下所需要做的事情，就是打开eXeScope，将所有不符合大小的对话框统统修理一遍，然后复制到工程目录，生成运行映像，运行。完美，一切如所想！这样的好处是显而易见的，可视化改变大小，绝对比采用文本编辑工具打开要灵活方便；但不足之处也是很明显，只能针对某个语言区域，并且如果某个DLL文件中添加了别的选项，那必须再次修改DLL文件。所以，这只能说是治标不治本的方法，但用来应急是够了。

10.3 Windows CE 圆圈消息

Windows CE下的ListView Control和Windows XP相比较，有个明显的不同就是长按触摸屏或长按鼠标左键，会绘制一个小圆圈。这个小圆圈比较有意思，微软的explorer在实现时，圆圈消失即相当于win32中按下鼠标右键。这个方法很好地弥补了触摸屏无法表示右键的缺陷。

虽然这个方式不错，但这个看起来很美好的小圆圈却在文档中丝毫找不到它的影子。如果想使用它，那么还要费点脑子。还好还有Remote Spy++，让我们看到了希望。通过Remote Spy++会发现，当小圆圈消息消失时，系统会发送WM_NOTIFY消息。

在Remote Spy++的帮助下，终于完成了相应小圆圈的消息代码：

```
WinProc(HWND hWnd,UINT wMsg,WPARAM wParam,LPARAM lParam)
{
    switch(wMsg)
    {
        case WM_NOTIFY:
        {
            switch( ( (LPNMLISTVIEW) lParam)->hdr.code)
            {
                case 1000:
                    //在这里处理小圆圈消失后的事件
                    break;
            }
        }
    }
}
```

如果需要判断这个小圆圈消息是哪个ListView控件发出的，则代码只需小小更改：

```
WinProc(HWND hWnd,UINT wMsg,WPARAM wParam,LPARAM lParam)
{
    switch(wMsg)
```

```
            case WM_NOTIFY:
            {
                switch(wParam)
                {
                    case IDC_LIST:        //IDC_LIST 为某个 ListView 控件的 ID 号
                    {
                        switch( ( (LPNMLISTVIEW) lParam)->hdr.code)
                        {
                            case 1000:
                                //在这里处理小圆圈消失后的事件
                                break;
                        }
                        break;
                    }
                }
            }
```

10.4 桌面修改

桌面的功能主要是由 CDesktopView 类完成,如果要更改桌面表现形式,就必须从这个类入手。CDesktopView 类位于如下路径:

$(_WINDOWS CEROOT)\PUBLIC\SHELL\OAK\HPC\CESHELL

10.4.1 禁止拖拽桌面图标

CDesktopView 类继承于 CDefShellView 类,拖拽的处理是直接采用 CDefShellView 类的 DoDragDrop 函数。如果要禁止桌面图标拖拽,只要重载 DoDragDrop 函数为空即可。

我们的做法是,修改 desktopview.h 文件,并对 DoDragDrop 不做任何处理,即修改后的代码如下:

```
protect:
    virtual void DoDragDrop(NMLISTVIEW * pnmListView)
    {};
```

10.4.2 初始化桌面图标顺序

桌面图标排列顺序有按名称、类型、日期、大小排列,另外还有一个自动排列。默认的是按名称排列。在 CDesktopView 中处理命令的是 HandleCommand() 函数,其实际是调用 CDefShellView 的 HandleCommand() 函数。为方便使用,可以以此方式调用:CDefShell-

View::HandleCommand(dwCmd)。其中,dwCmd 是命令类型,有如表 10.4.1 所列的宏定义命令。

表 10.4.1 宏定义命令

命 令	含 义	命 令	含 义
IDC_EDIT_COPY	复制	IDC_ARRANGE_AUTO	自动排列
IDC_EDIT_CUT	剪切	IDC_ARRANGE_BYDATE	按日期排列
IDC_EDIT_PASTE	粘贴	IDC_ARRANGE_BYNAME	按名称排列
IDC_EDIT_PASTESHORTCUT	粘贴快捷方式	IDC_ARRANGE_BYSIZE	按大小排列
IDC_EDIT_SELECTALL	全选	IDC_ARRANGE_BYTYPE	按类型排列
IDC_EDIT_UNDO	撤销	IDC_VIEW_DETAILS	详细信息查看
IDC_FILE_DELETE	删除	IDC_VIEW_LIST	列表方式查看
IDC_FILE_NEWFOLDER	新建文件夹	IDC_VIEW_ICONS	图标方式查看
IDC_FILE_OPEN	打开	IDC_VIEW_OPTIONS	查看选项
IDC_FILE_PROPERTIES	属性	IDC_VIEW_TYPE	查看类型
IDC_FILE_RENAME	重命名	IDC_GO_MYDOCUMENTS	转到我的文档
IDC_FILE_SENDTO_DESKTOP	发送到桌面	IDC_GO_FOLDERUP	转到上级文件夹
IDC_FILE_SENDTO_MYDOCUMENTS	发送到我的文档	ID_ESCAPE	ESC
IDC_HELP_TOPICS	帮助文件主题	ID_CONTEXTMENU	内容菜单
IDC_REFRESH	刷新		

换句话说,如果需要图标强制以日期方式排列,只要在 CDesktopView::CreateViewWindow()函数最后添加此语句即可:

```
CDefShellView::HandleCommand(IDC_ARRANGE_BYDATE);
```

10.4.3 删除菜单选项

桌面的弹出菜单有两种:一种是在桌面按右键弹出的 FOLDER_VIEW_MENU_OFFSET;另一种是在图标上点右键弹出的 ITEM_MENU_OFFSET。两种菜单的完整表现如下:

在弹出菜单之前,都需要调用 CDesktopView::HandleInitMenuPopup 函数对菜单进行构建。所以,如果要删除菜单的选项,也是在此函数中进行。

删除菜单子项可以通过"::RemoveMenu"函数进行删除,以位置(MF_BYPOSITION)或命令方式(IDC_EDIT_CUT)进行。这两种不同的方法可参考如下例子：

① 删除"复制"子菜单：

```
::RemoveMenu(hmenu, IDC_EDIT_COPY, MF_BYCOMMAND);
```

② 删除 ITEM_MENU_OFFSET 菜单的第 2 个子菜单：

```
::RemoveMenu(hmenu, ITEM_MENU_OFFSET + 1, MF_BYPOSITION);
```

删除之后，排列在后面的菜单子项位置会自动上移。

10.5 快捷方式

Windows CE 的快捷方式和 Windows XP 不同，它本质其实就是一个文本文件，只不过 txt 后缀被 lnk 替代了而已。因此可以很方便地在 Windows XP 上编辑 Windows CE 的快捷方式，然后再复制到设备中。

10.5.1 快捷方式结构

Windows CE 的快捷方式虽然是文本文件，但还是有一定的格式。但格式很简单，仅由数字和路径组成，也就是如同"数字♯路径"的形式。

比如，有个快捷方式写法如下：

```
23♯\Windows\ToolViewer.exe
```

该快捷方式是指向 Windows 文件夹下的 Toolviewer.exe 可执行文件。数字究竟代表的是什么意思，文档也没说得很清楚。有一说法是♯后的 ACSII 字符的数量，但如果把上述例子的数字由 23 改为 1，也就是 1♯\Windows\ToolViewer.exe，其实也可正常运行。但如果将数字去掉，则系统无法识别。不过为了保险期间，但建议还是按照文档"♯"之后的 ACSII 字符数量填写。

10.5.2 将快捷方式放入内核

假设有一快捷方式 EnglishExp.lnk，需要将其加到内核中，应该怎么做呢？也很简单，在 PB 环境中打开工程，在 project.bib 文件的 FILES 字段中添加如下语句：

```
EnglishExp.lnk    $(_WINDOWS CEROOT)\PLATFORM\MyAPPC\EnglishExp.lnk    NK H
```

其中，$(_WINDOWS CEROOT)指的是 PB 安装的根目录，H 指的是文件属性，意义代表如下：

S 为系统；

第10章 系统分析

H 为隐藏；

R 为压缩的资源文件；

C 为压缩文件；

U 为非压缩文件。

不仅是快捷方式，只要是文件，都能通过这种方式添加到系统内核中。

10.5.3 桌面显示快捷菜单

假设有一快捷方式 EnglishExp.lnk，要将它放到桌面，并把快捷方式的名称改为"英语"。这要在 PB 中打开 project.dat 文件，并添加如下语句：

```
Directory("\Windows\LOC_DESKTOP_DIR"):-File("英语.lnk","\Windows\CEnglishExp.lnk")
```

该语句的语法其实是：

```
Directory("欲复制至的文件夹"):-File("更改的名称","要复制的文件")
```

示例中的 LOC_DESKTOP_DIR 指的是本地桌面。对于 Windows CE 系统而言，还有如表 10.5.1 中的宏定义可供选择。

表 10.5.1 和文件夹路径有关的宏

宏定义	对应文件夹	宏定义	对应文件夹
LOC_DESKTOP_DIR	本地桌面	LOC_RECENT_DIR	Recent
LOC_MYDOCUMENTS_DIR	My Documents	LOC_MYDOCUMENTS_DIR	My Documents
LOC_PROGRAMFILES_DIR	Program Files	LOC_HELP_DIR	Help
LOC_FAVORITES_DIR	Favorites		

随着系统的不断升级，更多的定义还可以在 ceshellfe.str 文件中找到。

10.5.4 消除快捷方式箭头

在 Windows XP 中可以通过修改注册表来取消快捷方式左下角的小箭头，但在 WINDOWS CE 中注册表没有关于取消小箭头的键值，在这里采用的是直接修改资源文件的做法。

比如，打开 shcore.res 文件，该文件的路径在 $(_WINDOWS CEROOT)\PUBLIC\COMMON\OAK\LIB\ARMV4I\RETAIL\0804\，然后将 1205 的 ICO 的小箭头删掉即可。注意，不是删除 ID 为 1205 的 ICO 图标，是删除 ICO 图标中的内容，否则很可能运行时会出错。

10.5.5 微软自带程序的快捷菜单

如果在 PB 中添加了微软的应用软件，便会在桌面和程序中添加其快捷方式。但如果觉得快捷方式碍眼,可以将其注释掉再编译即可。

表 10.5.2 列出了一些 dat 文件中定义的微软应用软件的快捷方式。

表 10.5.2 微软应用软件的路径说明

文件	路径	说明
wceappsfe.dat	\PUBLIC\WCEAPPSFE\OAK\FILES\	pmail,wordpad
wceshellfe.dat	\PUBLIC\WCESHELLFE\OAK\FILES\	Iexplore,help
viewers.dat	\PUBLIC\VIEWERS\OAK\FILES\	pdfviewer,imageviewer,Presviewer,Docviewer
directx.dat	\PUBLIC\DIRECTX\OAK\FILES\	Media Player,DVD Player

10.6 注册表

读者们应该都知道,Windows XP 能够通过注册表来对系统进行一些定制化的需求。作为同样也打着 Windows 旗号的 Windows CE,自然也继承了这一本事。

10.6.1 不显示"我的电脑"和"回收站"

若不显示"我的电脑"和"回收站",需删除以下键值:

```
[HKEY_LOCAL_MACHINE\Explorer\Desktop]
{000214A0-0000-0000-C000-000000000046}  ;"My Computer"
{000214A1-0000-0000-C000-000000000046}  ;"Recycle Bin"
```

如果需要在编译系统前删除这两个键值,需要折腾如下 PB 的文件:

```
$(_WINDOWS CEROOT)\PUBLIC\SHELL\OAK\FILES\shell.reg
$(_WINDOWS CEROOT)\PUBLIC\WCESHELLFE\OAK\FILES\wceshellfe.reg
$(_WINDOWS CEROOT)\PUBLIC\WCESHELLFE\OAK\FILES\wceshellfe88.reg
```

10.6.2 直接删除文件,不放回"回收站"

若要直接删除文件,不放回"回收站",代码如下:

```
[HKEY_LOCAL_MACHINE\Explorer]
"UseRecycleBin"=dword:0  ;设置 0 为直接删除,设置 1 为放入"回收站"
```

10.6.3 修改 XP 皮肤的颜色

如果选择了 XP SKIN,则在"控制面板"的"显示"选项中是无法更改一些窗口颜色的。不

第 10 章 系统分析

过，倒是可以通过更改 $(_WINDOWS CEROOT)\PUBLIC\COMMON\OAK\FILES\common.reg 文件中的 XP 颜色参数来达到更改窗口颜色的目的。

原 XP 样式的颜色参数如下：

```
[HKEY_LOCAL_MACHINE\SYSTEM\GWE]
    "SysColor" = hex:\
    00,00,00,00,\
    3A,6E,A5,00,\
    00,00,00,00,\
    00,00,00,00,\
    EF,EB,DE,00,\
    FF,FF,FF,00,\
    00,00,00,00,\
    00,00,00,00,\
    00,00,00,00,\
    FF,FF,FF,00,\
    C0,C0,C0,00,\
    C0,C0,C0,00,\
    80,80,80,00,\
    31,69,C6,00,\
    FF,FF,FF,00,\
    EF,EB,DE,00,\
    AD,AA,9C,00,\
    80,80,80,00,\
    00,00,00,00,\
    00,00,00,00,\
    FF,FF,FF,00,\
    73,6D,63,00,\
    FF,FF,FF,00,\
    00,00,00,00,\
    FF,FF,E1,00,\
    EF,EB,DE,00,\
    00,00,00,00
```

从上到下代表的意义如表 10.6.1 所列。

表 10.6.1 颜色的定义

序号	定义	说明
0	COLOR_SCROLLBAR	滚动条灰色区域的颜色
1	COLOR_BACKGROUND	桌面的背景颜色
2	COLOR_ACTIVECAPTION	活动窗口的标题栏颜色
3	COLOR_INACTIVECAPTION	非活动窗口的标题栏颜色
4	COLOR_MENU	菜单的背景色
5	COLOR_WINDOW	窗口的背景颜色
6	COLOR_WINDOWFRAME	窗口框架的颜色
7	COLOR_MENUTEXT	菜单的文字颜色
8	COLOR_WINDOWTEXT	窗口的文字颜色
9	COLOR_CAPTIONTEXT	窗口标题的文字颜色
10	COLOR_ACTIVEBORDER	活动窗口的边框颜色
11	COLOR_INACTIVEBORDER	非活动窗口的边框颜色
12	COLOR_APPWORKSPACE	多文本窗口的背景颜色
13	COLOR_HIGHLIGHT	控件中的项目被选中时的颜色
14	COLOR_HIGHLIGHTTEXT	控件中的项目被选中时的文本颜色
15	COLOR_BTNFACE	按钮的表面颜色
16	COLOR_BTNSHADOW	按钮的阴影颜色
17	COLOR_GRAYTEXT	阴影文字的颜色。如果显示驱动不支持阴影的话,该数值可以设置为 0
18	COLOR_BTNTEXT	按钮按下时的颜色。
19	COLOR_INACTIVECAPTIONTEXT	在非活动窗口的标题栏上的文字颜色
20	COLOR_BTNHIGHLIGHT	高亮时的按钮颜色
21	COLOR_3DDKSHADOW	3D 显示时的阴影颜色
22	COLOR_3DLIGHT	3D 显示时面向光源点的颜色
23	COLOR_INFOTEXT	ToolTip 控件的文字颜色
24	COLOR_INFOBK	ToolTip 控件的背景颜色
25	COLOR_STATIC	文本控件和对话框的背景颜色,该数值由 Windows CE 2.0 版本开始支持
26	COLOR_STATICTEXT	文本控件的字体颜色,该数值由 Windows CE 2.0 版本开始支持
27	COLOR_GRADIENTACTIVECAPTION	活动窗口的标题栏填充的颜色
28	COLOR_GRADIENTINACTIVECAPTION	非活动窗口的标题栏填充的颜色

10.6.4 文件夹映射修改

假设要将"桌面"文件夹从根目录移动到某个外部储存器"HardDisk"中,可以按如下步骤:

① 将 $(_WINDOWS CEROOT)\PUBLIC\COMMON\OAK\FILES\INTLTRNS\0804\common.str 文件中的 LOC_PATH_DESKTOP 宏定义改为"\\HardDisk\\Windows\\桌面"。

② 然后将所有.dat 文件中关于 LOC_DESKTOP_DIR 的选项，全部在 Windows 前添加"\HardDisk"。

例如，原来的语句如下：

```
Directory("\Windows\LOC_DESKTOP_DIR"):-File("LOC_INTERNETEXPLORER_LNK", "\Windows\iesample.lnk")
```

需要更改为：

```
Directory("\HardDisk\Windows\LOC_DESKTOP_DIR"):-File("LOC_INTERNETEXPLORER_LNK", "\Windows\iesample.lnk")
```

如果有创建文件夹的语句，也需要更改。

例如，原语句为：

```
root:-Directory("\LOC_PROGRAMFILES_DIR")
```

则必须更改为：

```
root:-Directory("HardDisk\LOC_PROGRAMFILES_DIR")
```

10.6.5　Explorer 注册表归纳

Windows CE 的 Explorer 的各种相关设置都保存在注册表中，以方便下次启动时恢复之前的各种设置。只是它设置的地方比较分散，不好查找，所以本小节将这些有用的键值总结出来，以供修改方便。

① [HKEY_CURRENT_USER\Software\Microsoft\Windows\CurrentVersion\Explorer]

这是注册表中第 1 个带有"Explorer"标志的路径，子键还有"CmdBands"、"Shell Folder"和"StatusBar"。然而这些键值影响更多的还是 IE，而非 Explorer。之所以将 IE 的设置保存在"Explorer"键的原因，可能是基于在 Windows CE 中，IE 和 Explorer 是共用不少代码的事实。

CmdBands：设置窗口的相关信息，比如大小等。

Shell Folder：设置 IE 的"Cache"、"Cookies"和"Histories"的保存文件夹。

StatusBar：设置状态栏是否显示。

② [HKEY_LOCAL_MACHINE\Explorer]

在这个键里可设置的玩意就多了，可以这么说，Explorer 中的"选项"设置，都是保存在该位置。

这个键的 Value 可如表 10.6.2 所列。

在这个"Explorer"中还有两个子键：Desktop 和 Runhistory。前者的 Value 记载的是"回收站"和"我的设备"的 CLSID，而后者则是运行的记录。

表 10.6.2 Value 键值

键	说 明
RecycleBinSize	回收站容量的大小,以 KB 为单位。
ShowExt	设置是否显示后缀名。"1"为显示,"0"为否
ShowSys	设置是否显示系统文件。"1"为显示,"0"为否
UseCompatibleBGImage	是否拉伸桌面背景。"1"为拉伸,"0"为否
UseRecycleBin	是否使用回收站。"1"文件删除后放入回收站,"0"则是直接删除文件
ViewAll	是否显示所有隐藏文件。"1"为显示,"0"为否
ExpandControlPanel	是否展开控制面板选项,这个主要影响的是开始菜单。"1"为是,"0"为否

③ [HKEY_LOCAL_MACHINE\SOFTWARE\Microsoft\Shell]

这是一个最不明显的与 Explorer 有关的键,以为在字面上根本无法看出和 Explorer 有任何联系,但它确确实实影响着 Explorer,更确切地说,影响的是 Taskbar。

该键的下层还有两个子键,分别是"AutoHide"和"OnTop"。顾名思义,前者是用来决定 Taskbar 是否自动隐藏,而后者是决定任务栏是否永远在最前。和之前提到的键略有不同,这两个键只有一个 Value:Default Value。

如果采用 CReg 进行注册表读/写,代码可参照于此:

```
//设置自动隐藏
CReg reg;
reg.Create(HKEY_LOCAL_MACHINE,TEXT("Software\\Microsoft\\Shell\\AutoHide"));
reg.SetDW(NULL,1);
```

最后需要注意的是,当 Explorer 启动之后,不会再读取注册表信息,而只是不停地往注册表写。所以如果想要更改后的注册表生效,必须在 Explorer 启动前设置相关的 Value。

10.7 格式化

和 Windows XP 不同,Windows CE 下的格式化函数较多。也许是因为 Windows CE 的嵌入式特性,格式化函数也比较怪异。比如说,格式化存储器的 FormatStore、PD_FormatStore;格式化分区的 FormatPartition、PD_FormatPartition;还有诸如 FormatVolume 等。

10.7.1 源代码探索

不带前缀的 FormatStore 和 FormatPartition 可以在"$(_WINDOWS CEROOT)\PUBLIC\COMMON\SDK\INC\storemgr.h"中找到其定义,也可以在"$(_WINDOWS CEROOT)\PUBLIC\COMMON\OAK\LIB"库中找到对应 CPU 的 LIB 文件,但却无法找到其实现

的 CPP 文件,所以猜测 CPP 实现文件应该是在"private"文件夹下。搜索其下的文件夹,发现最为贴近实现代码的是在"storeapi.cpp"文件中。在这个文件里,FormatStore 的函数原型为:

```
BOOL    WINAPI FormatStore(HANDLE hStore)
{
    return (PSLFormatStore(hStore) = = TRUE) ? TRUE : FALSE;
}
```

从 LIB 库的名称来看,这个 FormatStore 应该会在一个名为 storemgr.dll 的动态链接库中,但搜索编译完毕的文件,却没有发现此链接库。当然不排除是因为在 PB 时没有选择相应的特性,从而导致没有链接此文件。

带有"PD_"前缀的 PD_FormatStore、PD_FormatPartition 和前面两个大相径庭,定义是在"$(_WINDOWS CEROOT)\PUBLIC\COMMON\OAK\INC\part.h"中找到,并且也有实现代码,但它的代码却是位于"$(_WINDOWS CEROOT)\PUBLIC\COMMON\OAK\DRIVERS\FSD\REGPART\part.cpp"(以下简称 public 代码)。然而非常有趣的是,在"private"文件夹下也可以找到"part.h"和"part.cpp",并且它们对外的接口是一模一样的。这两个文件自然是位于"$(_WINDOWS CEROOT)\PRIVATE\WINDOWS CEOS\COREOS\STORAGE\DOSPART\"(以下简称 private 代码)。

如果仔细比较 public 和 private 代码,会发现很有趣的事情。在 public 代码中,根本没有实现 PD_FormatStore 和 PD_FormatPartition,而是直接返回了错误代码:ERROR_NOT_SUPPORTED。但在 private 代码中,却发现以上两个函数已经有了完全的实现。

接下来的更加有趣。可以用查看器发现 PD_FormatStore 和 PD_FormatPartition 函数存在于"mspart.dl"文件中。那么生成这个动态链接库的是 public 还是 private 代码呢? 经过测试,"mspart.dll"中的这两个函数完全可以正常工作,因此可以确定是 private 代码生成的无疑。但只是疑惑,为什么微软在 public 代码中还要放置一个没有完全实现的"part.cpp"文件呢? 确实有点让人迷惑。

FormatVolume 函数的定义位于"$(_WINDOWS CEROOT)\PUBLIC\COMMON\OAK\DRIVERS\FSD\FATUTIL\MAIN\Formatdisk.h",其相应的完整实现代码也在其文件夹中。

10.7.2 函数的作用

如果想格式化某个分区,你会用哪个函数? FormatStore 还是 FormatPartition? 错,应该是用 FormatVolume。

FormatPartition 和 PD_FormatPartition 是删掉分区表;而 FormatStore 和 PD_FormatStore 不仅是分区表,甚至是 MBR 也给删掉;只有 FormatVolume 才是平时所说的"格式化"。

在"控制面板"的存储器管理,调用的是 FormatVolumeUI。这个界面主要是对格式化参数进行设置,真正格式化调用的依然是 FormatVolume。

10.7.3 函数的调用

这是一个函数调用格式化的例子,比较简单。

```
/******************************************************************
 * 该函数仅用来格式化特定的分区,比如"part00"
 ******************************************************************/
BOOL FormatSpecificDisk()
{
    //打开存储器
    HANDLE hStore;
    hStore = OpenStore(DEVICE_NAME);
    if(hStore = = INVALID_HANDLE_VALUE)
    {return FALSE;}
    //打开分区
    HANDLE hPart;
    hPart = OpenPartition(hStore,PARTITION_NAME);
    if(hPart = = INVALID_HANDLE_VALUE)
    {return FALSE;}

    CloseHandle(hStore);        //关闭存储器句柄
    FORMAT_OPTIONS pfo;
    //如果 dwClusSize 被设置为 0,则 FormatValume 函数会自动计算;或者也设置为 128*512
    pfo.dwClusSize = 0;
    pfo.dwRootEntries = 512;
    pfo.dwFatVersion = 16;
    pfo.dwNumFats = 2;
    //不要在这里设置为 FATUTIL_FORMAT_TFAT 格式,因为它会创建一个隐藏的文件夹
    //这会导致文件无法通过 ActiveSync 进行传输,严重的时候甚至无法启动系统
    pfo.dwFlags = FATUTIL_FULL_FORMAT;
    //获取 DLL 的路径
    CString szCurPath;
    GetCurrentDirectory(szCurPath);
    CString szDllPath;
    szDllPath = szCurPath + DLL_NAME;
    //加载动态链接库
    HINSTANCE hUtilDll = NULL;
    PFN_MY_FORMATVOLUME pfnFormatVolume = NULL;
    hUtilDll = LoadLibrary (szDllPath);
```

```
if(hUtilDll = = NULL)
{return FALSE;}
pfnFormatVolume = (PFN_MY_FORMATVOLUME)GetProcAddress(hUtilDll,TEXT("FormatVolume"));
if(pfnFormatVolume = = NULL)
{return FALSE;}
//必须先将分区卸载才能进行格式化,否则FormatVolume函数会失败
DismountPartition(hPart);
//进行格式化
if(pfnFormatVolume(hPart,NULL,&pfo,NULL,NULL) ! = ERROR_SUCCESS)
{return FALSE;}
//格式化完毕,重新加载分区
MountPartition(hPart);
CloseHandle(hPart);
return TRUE;
}
```

10.8 文件关联

在 Windows CE 下设置文件关联是一件很容易的事情,但要将这件容易的事情单单用文字来描述却着实不简单。所以呢,还还先上代码,然后注释讲解。

下面这部分代码的意图是将.bmp 和.gif 这两种文件关联到一个名为 imagefile 键下,然后在 imagefile 键中定义这两种图片在 eplorer 显示的图标以及双击时用何种程序打开。

```
CReg reg;
//.bmp 文件链接到 imagefile 键
reg.Create(HKEY_CLASSES_ROOT,TEXT(".bmp"));
_tcscpy(szValue,TEXT("imagefile"));
reg.SetSZ(NULL,szValue);
reg.Reset();
//.gif 文件链接到 imagefile 键
reg.Create(HKEY_CLASSES_ROOT,TEXT(".gif"));
_tcscpy(szValue,TEXT("imagefile"));
reg.SetSZ(NULL,szValue);
reg.Reset();
//创建 imagefile 键
reg.Create(HKEY_CLASSES_ROOT,TEXT("imagefile"));
reg.SetSZ(NULL,TEXT("imagefile"));
reg.Reset();
```

```
//设置explorer中显示的图标,该图标为UI.exe程序中序号为-183的ico
reg.Create(HKEY_CLASSES_ROOT,TEXT("imagefile\\DefaultIcon"));
_stprintf(szValue,TEXT("%s,-%d"),TEXT("UI.exe"),-183);
reg.SetSZ(NULL,szValue);
reg.Reset();
//设置imagefile文件打开的程序为imageeye.exe
reg.Create(HKEY_CLASSES_ROOT,TEXT("imagefile\\shell\\open\\command"));
_tcscpy(szValue,TEXT("imageeye.exe"));
_tcscat(szValue,TEXT(" %1"));
reg.SetSZ(NULL,szValue);
reg.Reset();
```

该代码会创建如图10.8.1所示的注册表结构。

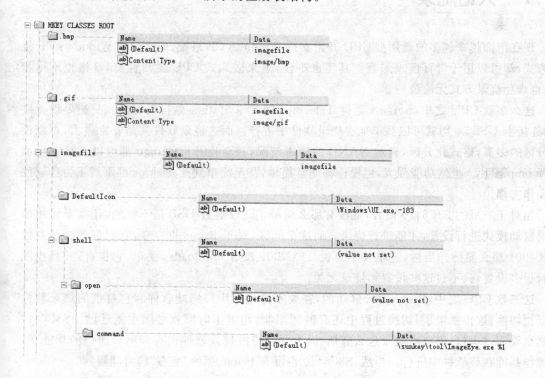

图10.8.1 创建的注册表数值

以上代码是将两个文件归结到imagefile键,然后根据imagefile键值进行相应的操作。如果想.bmp和.gif分别采用不同的设置也同样简单,只要将DefaultIcon和command这两部分代码分别移到各自的键下即可。

第11章

系统烧录

本章主要介绍市面上几款通用型 CPU 的系统烧录方式，以加深读者对系统烧录的认识。

11.1 大话烧录

现在市面越来越多的通用型 CPU 开始支持 Windows CE 系统，但它们的 Windows CE 烧录方式，却可以用千奇百怪来形容。其实也难怪，本来嵌入式 CPU 灵活性高，规格也不尽相同，也难免烧录方式无法统一。

这么多款 CPU 之中，norains 觉得 Telechips 的 TCC7901 是做得最好的。只需要设置跳线，连接上 USB，一切就可以简单地在烧录软件中进行。而这烧录软件又是非常强大，可以设置分区的多寡，格式化分区，显示 NAND 的使用情况，甚至连开机的 logo 都可以直接在里面选择 bmp 图片。虽然功能强大，但操作却非常简单，甚至简单到 Telechips 都不屑于为这软件写操作文档。

相对于三星的 S3C6410 而言，就没有那么简单了。仅通过 USB 是不行的，还需要使用串口对启动模式进行设置，才能进行烧录。而这个问题，对于 Prima 也存在，它们都无法做到像 TCC7901 那么简洁。当然，这里并不是说 TCC7901 没有 bootloader 菜单，它也有，并且也能进行很多设置，只不过这些设置和烧录无关。

这三款 CPU 之中，Prima 是最麻烦的，需要不停地在串口终端软件和它自带的烧录软件中互相切换；这也就罢了，切换过程中还有时间限制，超过了时间就必须重新开始。S3C6410 虽然也要通过串口，但根本就没这么麻烦，因为它自带的烧录软件也有和串口通信的功能，一切操作都能在该软件中进行。当然，S3C6410 也没有 Prima 那种"变态"的时间限制。

其实，有一款 CPU 的烧录方式也是比较简单，就是 Sigmatel 的 STMP37XX 系列。它的简便性和 TCC7901 有得一拼。如果所用的 Flash 是没有系统的话，那么它默认会从 USB 启动，方便烧录。即使系统存在 Flash，也可以简单地通过跳线选择 USB 启动，进而烧录系统。只不过 STMP37XX 的 BSP 代码不太好，很多东西根本就不完善，再加上 Sigmatel 被 freescall 收购，STMP37XX 被打入冷宫，导致其 BSP 代码就几个 AE 在修改，完全跟不上客户需求，所以即使整个硬件成本非常低廉，最后也只能落得一个比较悲惨的下场。

第 11 章 系统烧录

不过，话又说回来，Prima 麻烦是麻烦，但并不是最糟糕的。在接触过的 CPU 当中，norains 认为 AU12XX 系列无疑在烧录方面是最无语的，它压根儿就没有相应的烧录软件，需要通过 JTAG 进行 bootloader 来烧录。而这 bootloader 呢，却只能在 Linux 下编译，所以为了编译这玩意，还得装个 Linux 或是 cgwin。这还不是最致命的，即使成功地编译了 bootloader，还无法将 Windows CE 烧录到 Flash，因为原厂自带的 bootloader 根本就没有这个功能，必须自己修改其源代码，令其能够自动下载。而这些繁琐的工作，如果没有很深的技术功底，不熟悉 MIPS 的架构，估计弄起来会够呛。这也许是 AU12XX 系列并没有在大陆市场上大行其道的一个原因吧。

那么，接下来就看看这方式各异的烧录。

11.2 TT4X0BD

当 norains 第一次成功地将 Windows CE 烧录到 Prima 板子的时候，油然而生这么一种感慨：在往后的日子里，估计不会再找到比 Prima 更复杂的烧录方式，这完全是一种考验耐力，考验细心，考验反应力的折磨。如果你已经准备好，那么，开始这痛苦的烧录之旅吧。

因为这是一个"纯洁"的板子，首先要从烧录 NBoot 开始。打开原厂给过来的 SiRFSocMgr 软件，进行图 11.2.1 所示的设置。

这里要留意，波特率一定要设置为 9 600；否则接下来的工作，无论如何都是不可能成功的。之所以这里要留意波特率是因为后续的步骤，波特率这玩意，还需要调整。

接下来就是考验反应能力的时候了。用串口线连接板子和计算机的串口，单击 SiRFSocMgr 的按钮 Open，接着在 1 s 的时间内，快速按下 EVB 的复位按钮。记住，一定要在 1 s 内按下复位，否则软件会提示无法打开串口设备。当初 norains 就栽在这里，因为没有按复位键，而是拔插电源，而这个拔插电源的操作根本无法在 1 s 内完成，所以一直没有链接上板子。

如果 Update NBoot 按钮可用的话，那么恭喜你可以进行 NBoot 的烧录了，如图 11.2.2 所示。

成功烧录完毕 NBoot 后，单击 SiRFSoCMgr 软件的按钮 Close，关闭串口。

这时就要请出别的串口工具，什么都行，超级终端、串口调试助手这些都可以。先打开这些串口工具，然后重启 EVB。在串口终端软件出现如图 11.2.3 所示文字时，一定要快速输入 8 并回车。

记住，输入 8，按下回车，这两个动作一定要快。如果动作慢，那么请重新启动 EVB 再开始。

如果已经顺利地做了这两个动作，那么请关闭这串口终端软件。是的，没看错，是关闭串口终端软件。这串口终端软件所要做的事情，就是输入 8 和回车。

第 11 章 系统烧录

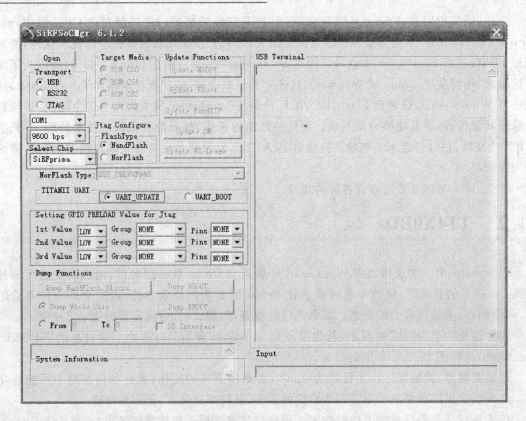

图 11.2.1 设置软件波特率

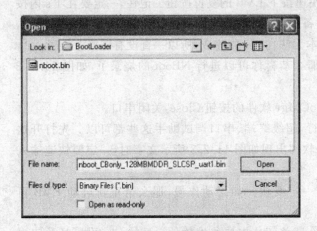

图 11.2.2 选择 NBoot 文件

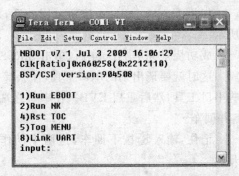

图 11.2.3 NBoot 启动时输出的打印信息

行了,再次打开 SiRFSocMgr,然后进行如图 11.2.4 的设置。

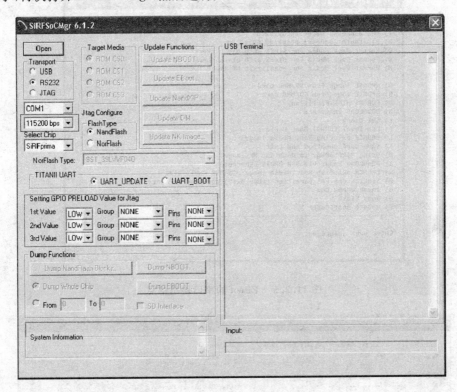

图 11.2.4　再次设置软件的波特率

一定要看仔细,是的,没有看花眼,这时需要将波特率更改为 115 200。老实说,norains 不知道 Prima 的工程师是怎么想的,为什么非要整两种波特率,是要大家来找茬不成?

如果成功链接上了开发板,那么就单击 Update EBoot 按钮,选择 EbootBin.nb0 文件烧录 EBoot。记住,后缀名是.nb0,不是.bin。

如果 EBoot 成功烧录,那么就可以进行 WINDOWS CE 的 NK 烧录了。执行 NBoot 菜单之后,就会转到 EBoot,只要在 5 s 内按下空格,那么就能出现如图 11.2.5 的菜单。

重启 EVB,可能因为 NK 这玩意比较大,串口速度跟不上,所以其更新必须选择 USB。因此在这菜单中,就输入 U 进行选择。

好了,现在是 USB 上场的时候了。用 USB 线和计算机连接,如果不出意外,那么系统会提示要安装驱动,驱动可以在 SiRFSocMgr 的工作目录中找到。如果驱动成功安装,就可以在 SiRFSocMgr 中选择 USB 了,如图 11.2.6 所示。

此时 Update NK Image 按钮变为可用,单击它然后选择 chain.lst 文件。注意,是 chain.lst,而不是 nk.bin,如图 11.2.7 所示。

第 11 章 系统烧录

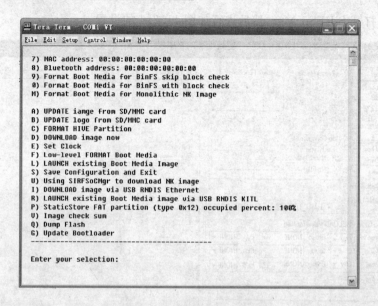

图 11.2.5　EBoot 的串口输出信息

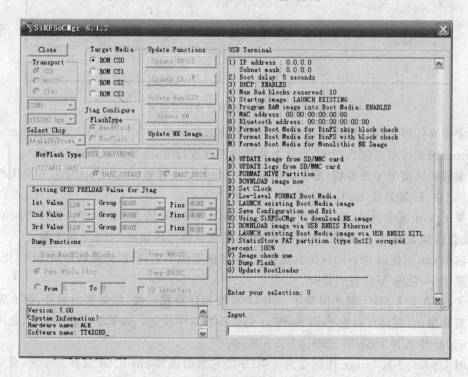

图 11.2.6　选择 USB 通信方式

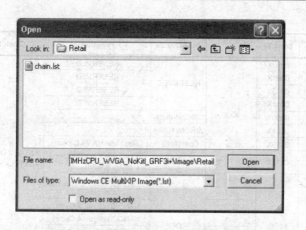

图 11.2.7　选择 chain.lst 文件进行烧录

如果最后不会出现什么错误,那么就要对读者您表示祝贺:恭喜,您可以开始 Prima 的 Windows CE 之旅了!

11.3　S3C6410

对于嵌入式 CPU 而言,各自有各自的系统烧录方式,即使是同一款型号,对于不同的系统,烧录方式也不尽相同。相对而言,S3C6410 的 Windows CE 系统烧录,并不是 norains 见过的最简单的,也不是一成不变的:因为随着代码的不同,烧录的方式可能会有所差异。

在开始烧录旅程之前,先简单说一说 S3C6410 的启动过程。在其用户手册上,关于启动,有如图 11.3.1 所示的一个列表。

列表中所提到的 IROM,全名为 Internal ROM,意味内部 ROM。从列表中可以得知,无论哪种启动方式,无一例外都是要和 IROM 打一次交道。这个和 S3C6410 就有区别了,因为 S3C6410 完全支持不经过 IROM、直接运行 NAND Flash 上的代码。也许三星为了代码的统一,或是别的什么目的,所以在 S3C6410 必须先运行 IROM。

如果具体到 Windows CE 系统启动流程来说,简单而言,大致如下:IROM 启动→加载 EBOOT 并执行→加载 NK 执行。更详细的加载流程,请查阅相关的资料,本节重点不在于此,只需要读者对启动流程有个基本的概念即可。

本节的目标是:将 Windows CE 系统烧录到全新开发板的 NAND Flash 中。那么,现在开始,在一片干净的开发板上烧录 Windows CE 系统。(norains 友情提示:本节的烧录方法基于 DMA6410 开发板。如果开发板不同,请举一反三,嘿嘿~)

因为开发板上面一片空白,什么都没有,所以必须要先进行启动的设置。对于 DMA6410 这款开发板来说,启动方式的选择在 SW1,如表 11.3.1 所列。

第 11 章 系统烧录

Table 3-1. Device operating mode selection at boot-up

XSELNAND	OM[4:0]	GPN[15:13]	Boot Device	Function	Clock Source
1	0000X	XXX	RESERVED	RESERVED	XXTIpll if OM[0] is 0. XEXTCLK if OM[0] is 1.
1	0001X	XXX	RESERVED	RESERVED	
1	0010X	XXX	RESERVED	RESERVED	
1	0011X	XXX	RESERVED	RESERVED	
X	0100X	XXX	SROM(8bit)	-	
X	0101X	XXX	SROM(16bit)	-	
0	0110X	XXX	OneNAND[1]	Don't use NAND Device	
X	0111X	XXX	MODEM	Don't use Xm0CSn2 for SROMC	
X	1111X	000	IROM[2]	SD/MMC(CH0)	
0	1111X	001	IROM[2]	OneNAND	
1	1111X	010	IROM[2]	NAND(512Byte, 3-Cycle)	
1	1111X	011	IROM[2]	NAND(512Byte, 4-Cycle)	
1	1111X	100	IROM[2]	NAND(2048Byte, 4-Cycle)	
1	1111X	101	IROM[2]	NAND(2048Byte, 5-Cycle)	
1	1111X	110	IROM[2]	NAND(4096Byte, 5-Cycle)	
X	1111X	111	IROM[2]	SD/MMC(CH1)	

Note 1) Only 6410X PoP D type doesn't support OneNAND booting.

Note 2) 6410X PoP A type doesn't support IROM booting based on NAND Flash. 6410X PoP D type doesn't support IROM booting based on OneNAND Flash.

图 11.3.1 启动模式列表

表 11.3.1 DMA6410 启动方式

OM4	OM3	OM2	OM1	OM0	IOM2	IMO1	IMO0	备注
0	0	1	1	—	—	—	—	执行 NAND 程序
1	1	1	1	1	1	1	1	执行大 SD 卡程序
1	1	1	1	—	0	0	0	执行小 SD 卡程序

  新的开发板,NAND 上是空白的,所以只能先从 SD 卡启动。至于是选择大卡还是小卡,就看读者爱好了。

  编译完系统以后,会生成很多文件。首先需要做的是,制作一张能启动的 SD CARD。这时就需要用到三星自带的工具 IROM_FUSING_TOOLS,如图 11.3.2 所示。

  SD/MMC Drive 是 SD CARD 插入到计算机上的盘符,Image file to fuse 表示的是要烧录的 nb0 文件。一般来说,如果正常编译,在工程下面应该会有一个名为 IROM_SD_EBOOT.nb0 的文件,那就选择这个。(题外话:norains 用的板子是 MLC,所以实际使用的是 block0img.nb0)。

  单击 START,短暂的不到 1 s 的时间,SD 启动卡就制作好了。

  接下来,就需要设置 DMA6410 的启动模式。根据之前的启动列表,这里选择的是从大的 SD 卡启动。当然,这只是设置了启动模式,还没能开始进行烧录。所以,这时需要将串口线一端连接到 DM6410 的 DB_UART，另一端连接到计算机。

接着，运行附带的 DMATEK DNW 程序，并将波特率设置为 115 200，下载地址设置为 0x50030000，如图 11.3.3 所示。

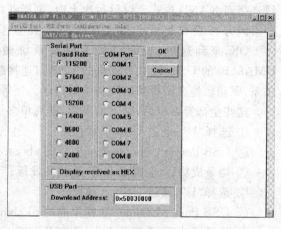

图 11.3.2　SD CARD 刷写工具　　　　图 11.3.3　设置通信的串口和波特率

波特率设置完毕之后，单击软件的 Serial Port→Connect，连接到计算机的 COM 口。

当这一切繁琐的准备工作弄好以后，那么恭喜，终于可以正式进行系统的烧录了。给开发板上电，看看板子给予了我们什么信息。上电之后，迅速按下空格，映入眼帘的是一大堆选项；而这些选项，有部分是不符合要求的，需要进行整改的。没关系，不要紧张，其实需要修改的只是两个选项而已，如图 11.3.4 所示。

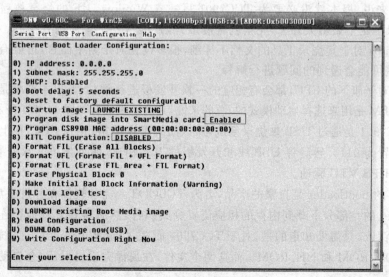

图 11.3.4　EBoot 启动菜单

第 11 章　系统烧录

将图 11.3.4 中标示的选项更改完毕后,需要按下"W"将设置保存;否则下一次重启以后,迎接的将是再一次的设置。

这时已经可以不用借助于 SD CARD 了。换而言之,可以将插入的 SD 卡取下,然后将跳线选择到 NAND 模式。以后每次上电,都能获得之前同样的菜单信息。

因为 NAND 是新的,为了保险起见,还是选择一次"A":格式化所有块区域。

OK,来到这里,说明已经为烧录系统做好了充足的准备。那么,拿出 USB 线,将 DMA6410 的 USB_H 和计算机的 USB 口连接起来。毫无疑问,计算机会提示找到新硬件,没关系,驱动已经在所得到的资料中附送了。还等什么,选择它,安装它。

这些全部弄好以后,剩下的事情,就简单多了:

① 选择"U",通过 USB 下载程序;
② USB Port→Uboot→选择生成的 eboot.bin,程序自动下载;
③ 烧录成功后,会提示 halt,重启开发板;
④ 选择"U",通过 USB 下载程序;
⑤ USB Port→Uboot→选择生成的 nk.bin,程序自动下载;
⑥ 烧录成功后,会提示 halt,重启开发板;
⑦ 不再按空格键,等待 5 s 后,系统直接进入 Windows CE。

S3C6410 的系统烧录只有第一次是最麻烦的,以后的系统更新只需要用到 DNW 进行相应的设置,然后再选择更新的系统即可。

11.4　TCC7901

其实严格来说,根本就没必要为 TCC7901 写一节 Windows CE 的烧录教程,因为 Telechips 在这烧录工具上做得太好了,完全就是傻瓜式的,根本就不用使用者操心。唯一一点不足的是,Telechips 对于其烧录工具的文档不详细,很多设置对于新手而言,可能有点迷惑。所以,本节就一些可能会遇到的问题进行解释。

Telechips 对于旗下的 CPU,都会有相应的一款开发板进行评估,所以本节也是基于该开发板。开发板的 BM 是用来选择启动模式的,总的来说,其启动模式有如图 11.4.1 所示的选择。

因为 TCC7901 是通过 USB 来烧录系统,所以如果想烧录 Windows CE,在上电之前应该将启动模式设置为 011。然后将 USB 线和开发板的 JC4 相连,如果是第一次安装,还会提示安装 TELECHIPS VTC 驱动。

TCC7901 的 bootloader 是自家的产品,名为 TCBOOT。烧录软件在开发板启动之后,会将该 bootloader 的一部分下载到内存的相应位置令其执行,然后再和开发板相连。这些内部细节可以不用深入,只需要知道的是,对于 TCC7901 而言,烧录 Windows CE 系统只需要两个文件:TCBOOT.ROM 和 NK.ROM。而这两个文件,在编译完系统以后,会自动在工作文件夹中产生。

BM[2:0]

BM[2:0]	Description
000b	EHI 80 Boot Mode
001b	I2C Master Boot (EEPROM Boot) {UTXD1} = 0 : I2C Channel 0 Boot {UTXD1} = 1 : I2C Channel 1 Boot {UTXD0} = 0 : If I2C boot failed, go to UART channel 0 boot {UTXD0} = 1 : If I2C boot failed, go to UART channel 1 boot
010b	Serial Flash Boot (Serial EEPROM Boot) {UTXD1} = 0 : If boot failed, go to UART boot {UTXD1} = 1 : If boot failed, go to USB boot {UTXD0} = 0 : In UART boot, the channel is 0 {UTXD0} = 1 : In UART boot, the channel is 1
011b	USB Function Boot (USB Boot)
100b	SPI Slave Boot
101b	I2C Slave Boot {UTXD1} = 0 : The boot channel is 0 {UTXD1} = 1 : The boot channel is 1 {UTXD0} = 0 : The device ID is 0x22. [7:1] was valid address {UTXD0} = 1 : The device ID is 0xDC. [7:1] was valid address
110b	NOR Flash Boot {UTXD1,UTXD0} = 10b : 16bits NOR Flash {UTXD1,UTXD0} = 00b : 32 bits NOR Flash {UTXD1,UTXD0} = 1b : 8 bits NOR Flash ? UTXD1 can be ignored
111b	NAND Flash Boot {UTXD1} = 0b : 8bits only {UTXD1} = 1b : 16bits only

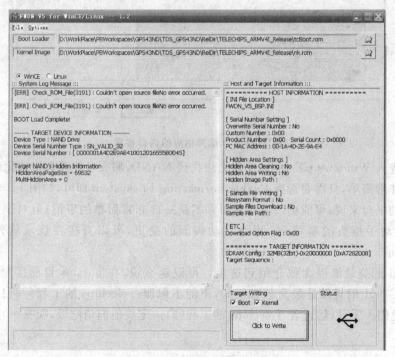

图 11.4.1　TCC7901 启动模式

一个正常的链接烧录软件如图 11.4.2 所示。

图 11.4.2　链接成功时的软件界面

第11章 系统烧录

这时只需要单击 Click to Write 就可以进行刷写。如果该按钮不可用,那么可能会有两个问题:一是 Tcboot.rom 不对,二是内存容量选择不对。

内存的容量在如图 11.4.3 所示的 SDRAM Size 下拉列表框中进行选择。

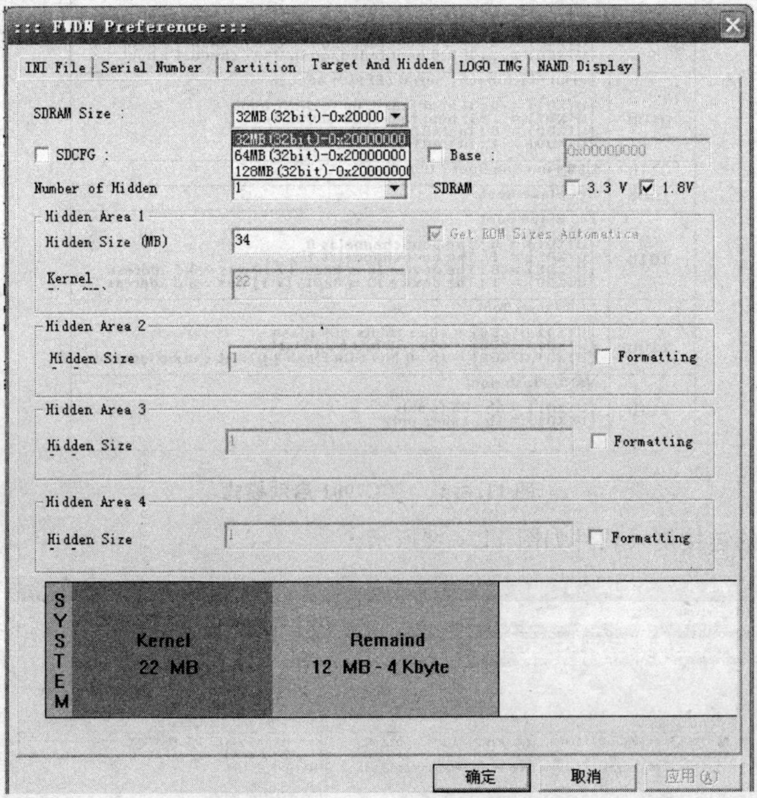

图 11.4.3　选择相应的内存容量

如果在进入 Windows CE 之后,发现无法找到 NAND,那么可能没有格式化该 Flash。这个格式化也非常简单,只需要选择 Enable Formatting Filesystem 即可,如图 11.4.4 所示。

对于别的平台来说,可能更改启动界面并不是一件非常简单的事情;但对于 TCC7901 而言,却只是动动手指头的事情——因为启动画面的变更,可以直接在烧录软件上设置,如图 11.4.5 所示。

TCC7901 的烧录流程大致介绍到这里。可以这么说,在 norains 目前接触到的这么多 CPU 中,TCC7901 的烧录是最简单方便的,不能不佩服 Telechips 的工程师啊!(norains 心想:先称赞他们一下,以后逮着 Telechips 的工程师,一定要他们请吃饭,嘿嘿~)

第 11 章 系统烧录

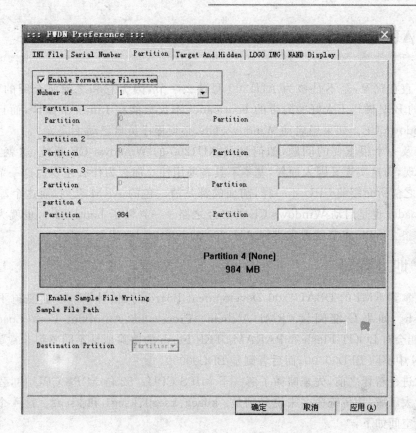

图 11.4.4 选择格式化 NAND 存储器

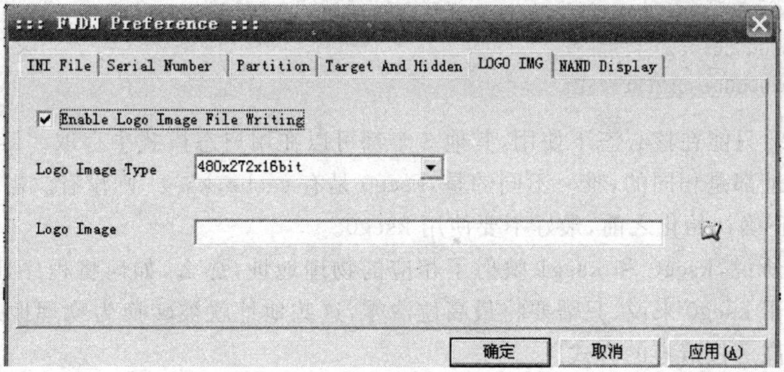

图 11.4.5 选择开机 logo

11.5 AU1200

其实一直在犹豫,是不是该为 AU1200 写这么一节,因为它和之前所介绍的 CPU 不一样,其原厂的 BSP 做得不太好。附带的 bootloader 不仅只能在 Linux 下编译,而且还无法直接启动 Windows CE。如果想启动 Windows CE,必须程序员自己动手完善。

这就涉及一个很重要的问题,如何烧录 AU1200 的 Windows CE 系统,这就要看 bootloader 的实现,而这实现又因人而异,基本不具备通用性。那么为什么还要写这一节呢?因为 AU1200 和之前所介绍的 CPU 不一样,前面的都是清一色的 ARM 系列,而这个却是 MIPS。何况,bootloader 也是启动 Windows CE 的必经之路——弄懂了 bootloader,也就为后续的完善打好了铺垫。所以,本节就着重讲解 AU1200 的 bootloader 烧录方式。

11.5.1 地址释疑

很多人拿到 RMI 的 DBAU1200 Development Board 后,估计第一步就是迫不及待更新 BOOT Flash。如果仔细阅读《RMI Alchemy Processors AutoBoot Boot Loader User's Guide》,可能会对 BOOT Flash 和 PARAMETER Flash 的擦除地址不同感到非常疑惑。前者在 YAMON 中擦除 BFD00000,而后者则是 BDC00000。

在对此进行解释之前,先来略微了解一下 MIPS CPU。32 位 MIPS CPU 中,程序的内存地址分为 4 大区域,用传统命名来说分别是:kuseg、kseg0、kseg1 和 kseg2。这 4 个区域划分的程序地址空间如下:

```
kseg2:0xC0000000~0xFFFFFFFF
kseg1:0xA0000000~0xBFFFFFFF
kseg0:0x80000000~0x9FFFFFFF
kuseg:0x00000000~0x7FFFFFFF
```

除了 kuseg 只能在核心态下使用,其他 3 个都可以在用户态模式中存取。kseg0 和 kseg1 对应的物理地址都是相同的,唯一不同的是,kseg0 是有 cache,kseg1 则没有。需要注意的是,在 cache 没有正确初始化之前,最好不要使用 kseg0。

正如前面所说,kseg0 和 kseg1 映射了相应的物理地址,那么,如何将程序地址转换为物理地址呢?对于 kseg0 来说,只需要将最高位清零,这些地址就被转换为物理地址;而 kseg1,则是通过将最高 3 位清零的方式。

在这里有一点最重要,kseg1 是系统重启后唯一能正常工作的地址空间,而 0xBFC00000 则是重启后的入口向量。换句话说,CPU RESET 后执行的第一个地址就是 0xBFC00000。

现在来根据指导手册,看看如何烧录 Stand-Alone AutoBoot。

① BOOT Flash 中已经含有 YAMON Bootloader,将 s11 开关拨动到 NOT DOT 位置,重

启 Development Board,令其从 BOOT Flash 启动。

② 因为 NOR Flash 只能写 0,所以在写入数据之前先擦除 Flash:YAMON> erase BDC00000 20000。

③ 将 s11 拨动到 DOT 位置。

④ 最后保存 rec 文件:YAMON> load DB1200_booter_standalone.rec。

第 1、2、3 步都没什么问题,第 3 步疑惑的是,为什么擦除的地址为 0xBDC00000?根据文档,0xBDC00000 的地址是这样计算出来的:0x1DFFFFFF－0x3FFFFF ＝ 0x1DC00000→0xBDC00000。

0x1DFFFFFF 是 Flash 的物理地址。需要知道一点,BOOT Flash 和 PARAMETER Flash 的物理地址是可以通过 s11 来切换的:

```
S11:NOT DOT
BOOT ROM(NOR FLASH):0x1E000000~0x1FFFFFFF
PARAMETER(NOR FLASH):0x1C000000~0x1DFFFFFF

S11:DOT
BOOT ROM(NOR FLASH):0x1C000000~0x1DFFFFFF
PARAMETER(NOR FLASH):0x1E000000~0x1FFFFFFF
```

那么,为什么需要将 PARAMETER 的 TOP 地址减去 0x3FFFFF 呢?而 0x3FFFFF 又是怎么来的?先撇开 0x3FFFFF 不说,来看看擦除的地址:0xBDC00000。这个地址是 s11 为 NOT DOT 时的地址,那么为 s11 DOT 时,这块地址是什么呢?其实可以计算得出来:0x1FFFFFFF － 0x3FFFFF = 0x1FC00000。

0x1FC00000 是不是很熟悉?对,没错,0x1FC00000 在 kseg1 对应的程序地址为 0xBFC00000,也就恰好是 CPU 复位的入口向量。这样就非常清晰为什么在 NOT DOT 时擦除 PARAMETER 的地址是 0xBDC00000,减去的数值是 0x3FFFFF。

接下来反过来看看指导文档中是如何更新 YAMON-Invoked AutoBoot。文档的步骤如下:

① YAMON> erase BFD00000 20000

② YAMON> load DB1200_booter.rec

③ YAMON> go BFD00000

④ YAMON> set start "go BFD00000"

为什么更新 YAMON 时擦除的地址是 0xBFD00000,而不是如同 PARAMETER Flash 的 0xBDC00000 呢?

答案在《RMI Alchemy Au1200 Processor-Based System Windows CE 5.0 Build Guide》有描述:This address is 1 MB above the MIPS reset exception vector, 0xBFC00000, which allows the boot monitor (YAMON) and CLI to coexist, and significantly reduces the oppor-

第 11 章 系统烧录

tunity of corrupting Flash and rendering the development board non-bootable.

意义很明显,主要是为了两个 YAMON 能够共存。按照文档的操作,那么在 BOOT Flash 中应该有两个 YAMON,它们存储的地址分别为 0xBDC00000 和 0xBFD00000。当 CPU Reset 后,就会跳到 0xBDC00000 执行第 1 个 YAMON,然后第 1 个 YAMON 会跳转到 0xBFD00000 执行第 2 个 YAMON。这就完成了更新 YAMON 的目的,同时也减少了 non-bootable 的可能性。

不仅 YAMON 可以保存到 0xBFD00000,Eboot 等其他的 bootloader 也可以依样画瓢,这对于没有仿真器的同行来说,无异是个极其便利的方法。

说到这里,可能不少读者对 BOOT Flash 的地址还有所疑惑。BOOT Flash 的地址(含 PARAMETER Flash)的地址为 0x1C000000~0x1FFFFFFF,那么这个地址是如何定义的呢?

这个地址可以在"$Platform\Db1200\Inc\db1200.h"中找到:

```
//FLASH on RCE0
//
#define FLASH_BASE                0x1C000000
#define FLASH_SIZE                0x04000000
#define BOOT_VECTOR_OFFSET        0x1fc00000 - FLASH_BASE
```

Base 地址为 0x1C000000,Flash 的大小为 0x04000000,两者相加等于 0x1FFFFFFF,恰好为 Flash 的 TOP 地址。

虽然知道定义是在该文件,但对于为何定义为此地址,现在还是不明了。所以查看 AU1200 的文档,发现对于物理地址有如图 11.5.1 所示的列表。

Table A-1. Basic Au1200™ Processor Physical Memory Map

Start Address	End Address	Size (MB)	Function
0x0 00000000	0x0 0FFFFFFF	256	Memory KSEG 0/1
0x0 10000000	0x0 11FFFFFF	32	I/O Devices on Peripheral Bus
0x0 12000000	0x0 13FFFFFF	32	Reserved
0x0 14000000	0x0 17FFFFFF	64	I/O Devices on System Bus
0x0 18000000	0x0 1FFFFFFF	128	Memory Mapped: 0x0 1FC00000 must contain the boot vector so this is typically where Flash or ROM is located.
0x0 20000000	0x0 7FFFFFFF	1536	Memory Mapped
0x0 80000000	0x0 EFFFFFFF	1792	Memory Mapped: Currently this space is memory mapped, but it should be considered reserved for future use.
0x0 F0000000	0x0 FFFFFFFF	256	Debug Probe
0x1 00000000	0xC FFFFFFFF	4096 * 12	Reserved
0xD 00000000	0xD FFFFFFFF	4096	I/O Device
0xE 00000000	0xE FFFFFFFF	4096	Reserved
0xF 00000000	0xF FFFFFFFF	4096	PCMCIA Interface

图 11.5.1 AU1200 物理内存映射表

很明确可以看出，0x018000000～0x01FFFFFFF 为定义的专门用来作为 BOOT ROM 的地址。而解释中明确指出，BOOT ROM 的地址一定要包含 BOOT VECTOR，也就是说要包含 0x1FC00000。因此，对于 DBAU1200 Development Board 来说，BASE 地址的确定是采用如下方式：0x1FFFFFFF－0x04000000＋1＝0x1C000000。因为以 0 为起始，所以其后需要再加 1。

对于 DBAU1200 Development Board BOOT Flash 的地址取值已经很明白了，现在另一个疑惑又来了：仔细查看该列表，会发现 0x020000000～0x07FFFFFFF 段也可以作为 Memory Mapped，为何文档中要将其与 0x018000000～0x01FFFFFFF 这段分开呢？其实问题很简单，不过这又要涉及 MIPS 处理器的机构。读者们应该知道，MIPS 处理器的 kseg0 和 kseg1 所能映射的物理地址范围为 512 MB，而这个范围基数则刚好是：0x00000000～0x01FFFFFFF，而这正好落在文档中介绍的 BOOT Flash 范围。换句话说，通过 kseg0 和 kseg1 所能访问的物理地址只处于 0x00000000～0x01FFFFFFF 范围段，其余只能通过 MMU 机制。细心的读者可能已经猜到，如果 BOOT Flash 大于 128 MB，比如说为 1 GB，那么通过 kseg0 或 kseg1 只能访问到最前面的 128 MB，至于剩下的容量则是无计可施。这也是为何文档会将同样都能做 Memory Mapped 的空间划分为两段的缘故。

11.5.2 开始烧录

基本原理了解之后，就实地演练一下，如何烧录这 bootloader。（norains 说：前面的原理是不是一头雾水？别急，这还是开始，后面的烧录才真正郁闷～）

因为 AU1200 的 BOOT MODE 先天不足，不能像很多 ARM 系列的 CPU 那样，可以通过从 USB HOST 启动，然后烧录片上 Flash，所以往往只能再购买一个仿真器，然后连接板子的 EJTAG 口来烧录 Flash。只是支持 AU1200 这款 CPU 的仿真器少之又少，RMI 原厂推荐的仿真器也就只有 BDI 系列，可一个 BDI2000 售价就达 3 万，即使是从台湾带货，价格也在 2.6 万左右，所以让很多人望而却步。退而求其次，Macraigor 公司的其中一款产品有支持 AU1200 的仿真器，型号为 USB2DEMON。不过由于文档不够详尽，很多细节没有表述清楚，所以烧录也并不会让初学者感到很惬意。

首先当然是将仿真器连接到板子上的 EJTAG 口，安装驱动之类就不详细说了，做这行的应该都知道。（norains 窃窃私语：不知道的话，可以放下这本书了，嘿嘿）不过需要注意的是，EJTAG 是 14 脚，插的时候注意不要插反了。仔细查看 USB2DEMON 的插座，会发现蓝色线的旁边有一个小三角符号，这个代表这个引脚为 1 脚。

硬件连接好之后，因为需要烧录 Flash，所以必须要让 AU1200 处于调试状态。

首先打开配套的 OCD Commander 软件，最先弹出的是一个连接对话框，如图 11.5.2 所示。

这里根据文档将 OCD SPEED 设置为 2：12MHz。好像默认的 1：24 也可以，不过没有试

第 11 章 系统烧录

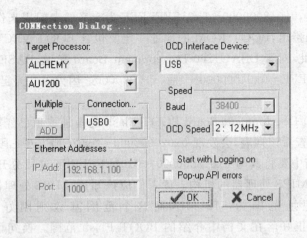

图 11.5.2 选择相应的处理器型号

过,也不知道会不会在调试中因为该速度产生一些奇奇怪怪的问题,所以还是老老实实按照文档设置为 2:12MHz。确定之后,弹出命令对话窗口,如图 11.5.3 所示。

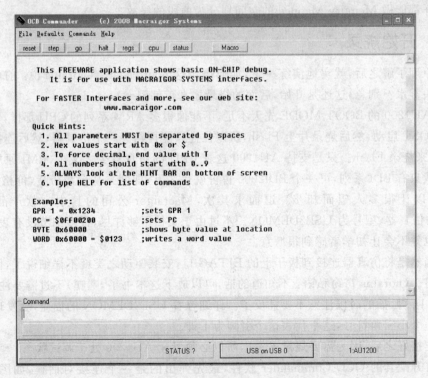

图 11.5.3 OCD Commands 的软件界面

输入 halt,让 CPU 进入 debug 状态。为了检查命令是否成功,可以输入 status 命令,查看是否成功进入 debug 状态,如图 11.5.4 所示。

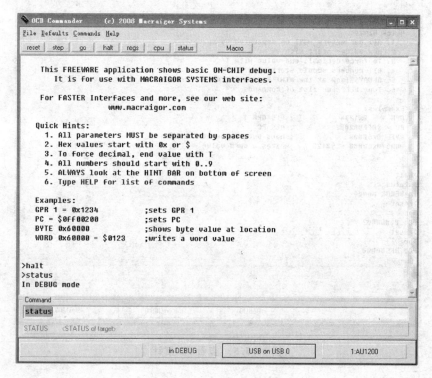

图 11.5.4　进入 debug 状态

接下来这部分非常重要,在命令行中输入 reset,让 CPU 进行复位;然后再输入 PC,如果返回的数值为"BFC00000",即复位成功,如图 11.5.5 所示。

在图 11.5.5 中可以看到,第 1 次复位后 PC 为"00000002",这次复位是不成功的;所以之后又再复位了一次,这次再检查 PC 值,为"BFC00000",意味第 2 次复位成功。

在这里需要着重指出的是:如果复位不成功,那么接下来读取 Flash ID、烧录 Flash 等一切操作,都将无一例外导致失败。

复位不成功的原因很多,在此先列举一种。有的开发板在对 EJTAG 处理时,发送 reset 命令后并没有再对 AU1200 的 nRESETIN 发送低电平,导致复位失败。如果出现这种情况,依次进行下列操作,也许可以解决问题:

① 在 OCD Commander 中输入 reset。

② 硬件复位,可以通过按板子上的 reset 键实现。注意,这个操作不能通过关机再开机实现。

③ 再次在 OCD Commander 中输入 reset,这时候检查 PC,应该已经是正确的

第11章 系统烧录

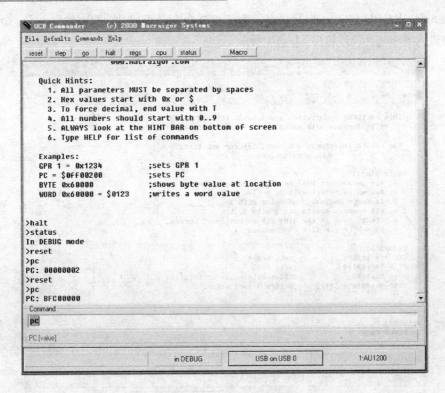

图 11.5.5　查看 PC 指针

BFC00000 了。

复位成功之后,关闭 OCD Commander 软件,打开配套的 OCD Flash PROGRAMMER。选择 Configuration→communicated,连接的 OCD SPEED 参数和 OCD commander 一致,都设为 2:12MHz,如图 11.5.6 所示。

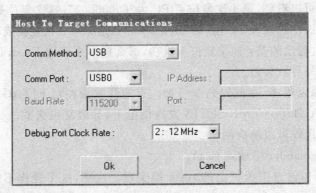

图 11.5.6　设置 Flash Programmer 的通信参数

第 11 章 系统烧录

和 BDI2000 不同，USB2DEMON 对 DBAU1200 的配置文件根本不可用，所以如果想通过 OCD Programmer 烧录 Flash，需要自己写相应的配置文件。在这里 norains 给出一个可用的 OCD 配置文件内容：

```
[SETUP]
CpuVendor = Alchemy/AMD
CpuChip = AU1200
CpuEndian = LITTLE
FlashVendor = Spansion
FlashChip = S29GL256M
RamAddress = 0xA0100000
FlashAddress = 0x1C000000
FlashWidth = 16
FlashChipsPerSector = 1
LittleEndian = 1
SimCount = 0
MemoryCount = 28
Mem1 = $ B4000840；$ 3140060A；32；0
Mem2 = $ B4000848；$ A00A000C；32；0
Mem3 = $ B4000800；$ 01272224；32；0
Mem4 = $ B4000808；$ 01272224；32；0
Mem5 = $ B4000820；$ 231003E0；32；0
Mem6 = $ B4000828；$ 231083E0；32；0
Mem7 = $ B4000848；$ A00A008C；32；0
Mem8 = $ B40008C0；$ 00000000；32；0
Mem9 = $ B4000880；$ C0000000；32；0
Mem10 = $ B4000888；$ C0000000；32；0
Mem11 = $ B4000880；$ 80000000；32；0
Mem12 = $ B4000888；$ 80000000；32；0
Mem13 = $ B4000880；$ 40000440；32；0
Mem14 = $ B4000888；$ 40000440；32；0
Mem15 = $ B4000880；$ 00000532；32；0
Mem16 = $ B4000888；$ 00000532；32；0
Mem17 = $ B4000848；$ A00A008C；32；0
Mem18 = $ B40008C0；$ 00000000；32；0
Mem19 = $ B40008c8；$ 00000000；32；0
Mem20 = $ B40008c8；$ 00000000；32；0
Mem21 = $ B4000880；$ 00000432；32；0
```

第 11 章 系统烧录

```
Mem22 = $ B4000888; $ 00000432;32;0
Mem23 = $ B4000840; $ B140060A;32;0
Mem24 = $ B4000848; $ A002000C;32;0
Mem25 = $ B4001000; $ 002D0043;32;0
Mem26 = $ B4001004; $ 066181D7;32;0
Mem27 = $ B4001008; $ 11C03F00;32;0
Mem28 = $ B1900038; $ 00000001;32;0
ScanChainCount = 0
```

将这些配置内容复制到记事本，然后保存为一个以.ocd为后缀的文件，再选择 File→Open.ocd file 打开刚刚保存的文件，软件将自动读入配置，如图 11.5.7 所示。

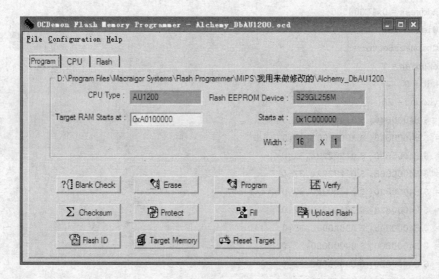

图 11.5.7　读入预配置文件后显示的信息

在这里有一点需要注意，norains 所用的开发板上 NOR Flash 是 S29GL256M；如果实际与此不符，可修改相关字段。

为了确认配置是否正确，可以单击"FLASH ID"按钮进行检测。如果 Expected 和 Read From Flash 的数值相同，那么证明设置为正确的，如图 11.5.8 所示。

如果 Flash ID 读取正确，那么就可以进行 Erase 操作。其实在烧录 Flash 时可以同时选择在 Program 之前进行擦写，在这里之所以先进行擦写，主要是为了排错方便。

单击 Erase 按钮，弹出如图 11.5.9 所示的对话框，会有两个选项：Erase Entire Chip 和 Erase Specific Sector。在这里比较倾向于选择第 2 项，没别的原因，仅是因为选择第 1 项的时进度条显示不准确。如果选择第 2 项，不用说，就选择所有的 Sector 进行擦除。

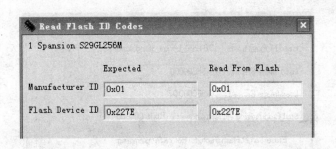

图 11.5.8　当预期数值和实际数值相同时，设置正确

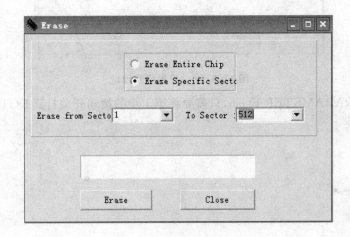

图 11.5.9　擦除 Flash

擦除成功之后，就是重中之中了，烧录 Flash！不过这里有个问题，因为 USB2DEMON 并不支持 DBAU1200 这种双片 Flash 的连接方式，所以在配置文件中 FlashChipsPerSector 只设置为 1。这样一来的结果就是，Flash 的烧录地址只能是 0x1C000000～0x1DFF0000。

不过没关系，树挪死，人挪活，这点小事还难不倒我们。现在以烧录 BOOT Flash 为例：

① 将 S1 拨动到 NO DOT 位置。注意，是 NO DOT 位置，这时候 D6 LED 会亮起来。

② 单击 Program 按钮，选择需要烧录的 SREC 文件，然后将 Start Programming Flash Address 设置为 0x1DC00000。需要注意，不是 0xBFC00000，也不是 0x1C000000，而是 0x1DC00000，如图 11.5.10 所示。

至于为什么是该地址，前面已经有提到，读者如果觉得陌生的话，可以查看本节前面的叙述。

③ 单击 Program 进行烧录。如果当初的 Flash ID 读取正确，Erase 又正常的话，在这里应该不会有什么问题。

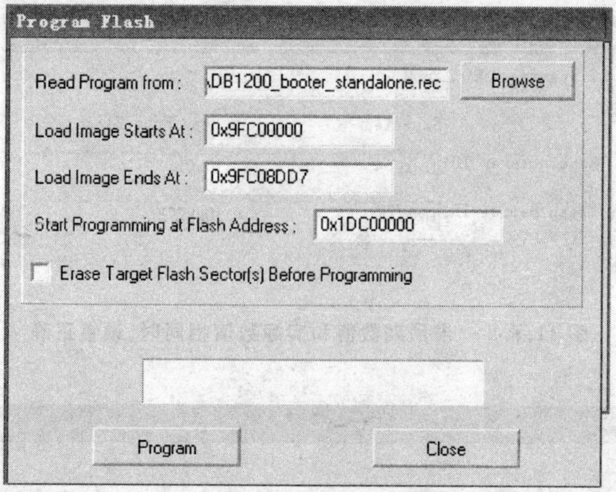

第 11 章 系统烧录

图 11.5.10 设置烧录地址

如果是烧录 PARAMETER Flash，只需要将第 1 步的拨动开关打到 DOT 位置，其他步骤依旧即可。

第 12 章

Windows XP 和 Windows CE 开发差异性

本章主要介绍 Windows XP 和 Windows CE 这两个平台在开发中的不同之处,并以实际的例子描述代码应该如何兼容这两个不同的系统平台,以达到代码无缝迁移的目的。

12.1 大话差异

俗话念叨,"龙生龙,凤生凤,老鼠生的儿子会打洞",对于 Windows CE 和 Windows XP 而言,都是微软一个妈生的,自然有其相似的特点;只是,又由于"龙生九子,各有不同",故这两者的区别肯定还是存在的。因此本节开头先来一回大话,大谈阔论,不严谨,不科学,随意而发。

(1) 开发工具

首先,来大话一下开发工具。

对于近年才接触 Windows CE 开发的读者来说,见到 EVB 这个字眼可能会觉得非常陌生。想当年 Windows CE 3.0 的时代,EVB 可是和 EVC 都是 Windows CE 开发的两把利器。只不过后来估计微软看着 EVB 不顺眼,在 4.0 开始,就将 EVB 横扫出门,只剩下 EVC 一枝独秀。只不过 EVC 王者独尊的态势注定不可能太久,从 5.0 开始,VS 就已经开始支持其开发。后辈 VS 支持 STL 开发的完善程度、编译器的效率等,都是 EVC 无法企及的。随着时间的推移,EVC 注定也只能退出历史的舞台。只不过,EVC 4.0 和接下来要说的 VC6.0 很可能一起成为永恒的经典。

再来看看桌面 Windows 的开发,大家最熟悉不过的就是 VC6.0。这款软件,堪称是经典,无论是执行速度还是编译速度,在当年都是可望而不可及的高峰。即使是现在,很多人对此还津津乐道,特别是很多高校,教 C++ 采用的还是 VC6.0,可见其影响力。只不过,技术是不停发展的,微软注定不会让 VC6.0 舒服,后续又逐渐推出 VS 系列。

norains 一直认为,VS2005 是微软开发工具的一个里程碑,它结束了之前微软旗下编程工具的混乱局面,全部统一到 VS 这个大家族里面:

用 EVC 开发 Windows CE 应用程序? NO,NO,请使用 VS2005!

用 PB 编译 Windows CE 系统? NO,NO,请使用 VS2005!

用 VC 开发 Windows XP 程序? NO,NO,请使用 VS2005!

第 12 章　Windows XP 和 Windows CE 开发差异性

开发者所能想到的开发方式，VS2005 都可以解决。更为有意思的是，在此之前，同一套代码，分别适用于 Windows CE 和 Windows XP，那么就必须为这两个系统建立不同的工程：一个是给 EVC 用的，另一个是给 VC。但如果使用 VS2005 的话，那么一切都不同了。虽然一开始会强制选择开发的平台，但实际上生成工程之后，可以手动添加不同的 SDK。换句话来说，只要简单地在 VS2005 上选择不同的 SDK，就可以编译不同平台的程序。相对以前，这无疑是一个巨大的进步。

(2) 调试方式

扯完开发工具，再来看看调试的方式。在 Windows XP 里，调试的环境和开发的环境是共用的。这个比较好理解，不就是本机编译的程序会直接在本机上运行嘛。只不过有一些危险的操作，估计没几个人会调试，比如说软件上有全盘格式化功能，norains 想没几个人会在本机上调试吧？Windows CE 就安全点，反正直接在 Windows XP 上点击 Windows CE 程序会弹出一个错误的运行框。所以，要调试 Windows CE 程序，只有两种途径：一个是使用模拟器，另一个就是通过 ActiveSync 连接到开发板。而这两种方式，最好的自然是后者，毕竟模拟器，顾名思义，就是"模拟"，很多实际上会发生的问题很可能会被屏蔽。只不过，如果是开发消费类电子，在板子还没有回来前，模拟器确实是唯一的选择。

(3) API 函数

具体到 API 函数代码方面，也确实有意思。Windows XP 有的函数，Windows CE 不一定具备；同样，Windows CE 随处可见的，也不一定在 Windows XP 上有其身影；即使是两者都有的，其参数也不一定相同。

不信？在 Windows CE 下找找 SystemTimeToTzSpecificLocalTime，然后在 Windows XP 下也搜搜 SetEventData，最后比较一下 ReadFile 最后一个形参试试？如果不需要代码横跨两个平台，那么这些都不是问题；如果需要互相移植，那么前面的两个问题也不是什么大问题，大不了自己重新写一个同名函数即可。最郁闷的是最后一个，两个系统都有相应的函数，只是形参不同。像 ReadFile 这样算是好的，最后一个形参 Windows CE 明令指出必须设置为NULL，将该代码原封不动移植到 Windows XP 下，也能正常工作。但有的函数就没有那么好的运气了，比如 CreateProcess 的倒数第 2 个形参 psiStartInfo，在 Windows CE 下必须设置NULL，但如果还是不加更改照搬到 Windows XP，那么迎接的将是程序的崩溃——因为在 Windows XP 下，该形参不能为 NULL。

不仅 API 函数需要留意，其实消息处理机制也必须注意。因为 Windows CE 是一个精简的系统，实时性要求高，所以在 Windows CE 下面消息处理机制有点和 Windows XP 不同。很可能在 Windows XP 下跑得很正常的代码，在 Windows CE 下会哑火；同样的道理，能在 Windows CE 完美表现的代码，也许在 Windows XP 下是一团糟。如果遇到这种情况，不妨从消息处理函数入手，说不定能有意外的惊喜。

第 12 章 Windows XP 和 Windows CE 开发差异性

12.2 串口工作的差异性

首先来翻翻伟大的 MSDN 文档,查看和串口通信有关的部分。如果足够仔细的话,可以发现在桌面操作系统中,串口通信分为两种模式:同步和异步。而 Windows CE 只有一种,但文档中却没标明归属哪种模式。实际上,Windows CE 的串口通信模式更像介于同步和异步之间。(是不是有点玄乎?嘿嘿,如果不玄乎,钓钓胃口,norains 估计大家就会直接往后翻了!)

在此先简要介绍何为同步和异步。所谓的同步,指得是对同一个设备或文件(在文中指的是串口 COM1)的读或写操作必须要等待上一个操作完成才能进行。比如说,调用 ReadFile 函数读取串口,但由于上一个 WriteFile 操作没完成,ReadFile 的操作就被阻塞,直到 WriteFile 完成后才能运行。而异步,则无论上一个操作是否完成,都会执行目前调用的操作。还是拿前面举的例子,在异步模式下,即使 WriteFile 没有执行完成,ReadFile 也会立刻执行。

12.2.1 CreateFile 参数的差异

首先说明一下 Windows CE 和 Windows XP 打开串口时参数的差异。以打开串口 COM1 为例子,Windows CE 下的名字为"COM1:",而 Windows XP 为"COM1",两者的唯一区别仅在于 Windows CE 下多个分号。例如:

```
//Windows CE
HANDLE hd = CreateFile(TEXT("COM1:"),
                       GENERIC_READ|GENERIC_WRITE,
                       0,
                       NULL,
                       OPEN_EXISTING,
                       0,
                       NULL);
//Windows XP
HANDLE hd = CreateFile(TEXT("COM1"),
                       GENERIC_READ|GENERIC_WRITE,
                       0,
                       NULL,
                       OPEN_EXISTING,
                       0,
                       NULL);
```

第12章 Windows XP 和 Windows CE 开发差异性

12.2.2 单线程比较

还是用代码做例子来说明比较形象。这是一段单线程的代码,先对串口进行写操作,然后再读。对于 Windows XP 来说,这是同步模式。(norains 自语：与主题无关的代码省略,节约篇幅,降低售价☺)

```
int WINAPI WinMain( HINSTANCE hInstance,
 HINSTANCE hPrevInstance,
 LPTSTR    lpCmdLine,
 int       nCmdShow)
{
...
//Windows CE
HANDLE hd = CreateFile(TEXT("COM1:"),
                       GENERIC_READ|GENERIC_WRITE,
                       0,
                       NULL
                       ,OPEN_EXISTING,
                       0,
                       NULL);
//Windows XP
HANDLE hd = CreateFile(TEXT("COM1"),
                       GENERIC_READ|GENERIC_WRITE,
                       0,
                       NULL,
                       OPEN_EXISTING,
                       0,
                       NULL);
...
DWORD dwBytes = 0;
if(WriteFile(hCom,TEXT("COM1"),5,&dwBytes,NULL) = = FALSE) //Windows CE
//if(WriteFile(hCom,TEXT("COM1"),5,&dwBytes,NULL) = = FALSE) //Windows XP
{
   return 0x05;
}
...
DWORD dwRead;
char szBuf[MAX_READ_BUFFER];
if(ReadFile(hCom,szBuf,MAX_READ_BUFFER,&dwRead,NULL) = = FALSE)
```

第12章 Windows XP 和 Windows CE 开发差异性

```
    {
        return 0x10;
    }
    ...
}
```

经过实验可以发现,这段代码在 Windows CE 和 Windows XP 下都能正常工作,并且其表现也相同,都是在 WriteFile 函数返回后才执行 ReadFile。不过在 Windows XP 中,如果是异步模式,当然在单线程中也能正常运作,却会存在一种可能:如果执行 WriteFile 的时间很长的话,那么在 WriteFile 函数未执行完毕前,ReadFile 可能会被执行。

12.2.3 多线程比较

单线程两者表现相同,那多线程呢?下面这段代码采用多线程,先是创建一个读的线程,用来监控串口是否有新数据到达,然后在主线程中对串口写出数据。

这里假设是这么一个情况:有两台设备,分别为 A 和 B,下面的代码运行于设备 A,设备 B 仅仅只是应答而已。换句话说,只有 A 向 B 发送数据,B 才会返回应答信号。

```
//主线程
int WINAPI WinMain( HINSTANCE hInstance,
  HINSTANCE hPrevInstance,
  LPTSTR    lpCmdLine,
  int       nCmdShow)
{
   ...
   CreateThread(NULL,0,ReadThread,0,0,&dwThrdID); //创建一个读的线程
   ...
//Windows CE
HANDLE hd = CreateFile(TEXT("COM1:"),
                      GENERIC_READ|GENERIC_WRITE,
                      0,
                      NULL
                      ,OPEN_EXISTING,
                      0,
                      NULL);
//Windows XP
HANDLE hd = CreateFile(TEXT("COM1"),
                      GENERIC_READ|GENERIC_WRITE,
                      0,
                      NULL,
```

第12章 Windows XP 和 Windows CE 开发差异性

```
                    OPEN_EXISTING,
                    0,
                    NULL);
...
DWORD dwBytes;
if(WriteFile(hCom,"AT\r\n",4,&dwBytes,NULL) == FALSE) //Windows CE
//if(WriteFile(hCom,"AT\r\n",4,&dwBytes,NULL) == FALSE) //Windows XP
{
   return 0x05;
}
...
}
//读线程
DWORD WINAPI ReadThread()
{
  ...
  SetCommMask(hCom,EV_RXCHAR);
  DWORD dwCommStatus = 0;
  //等待事件
  if(WaitCommEvent(hCom),&dwCommStatus,NULL) == FALSE)
  {
    //清除错误标志
    DWORD dwErrors;
    COMSTAT comStat;
    memset(&comStat,0,sizeof(comStat));
    ClearCommError(hCom,&dwErrors,&comStat);
    return 0x15;
  }
...
char szBuf[MAX_READ_BUFFER] = {0};
DWORD dwRead;
if(ReadFile(hCom),
           szBuf,MAX_READ_BUFFER,
           &dwRead,
           NULL) == FALSE || dwRead == 0)
{
return 0x20;
}
...
}
```

第12章 Windows XP 和 Windows CE 开发差异性

这段代码在 Windows CE 下运行完全正常,读线程在监听收到数据的同时,主线程顺利地往外发数据。

然而同样的代码,在 Windows XP 下则根本无法完成工作。运行此代码,将发现 CPU 的占用率高达 99%。通过单步调试,发现两个线程分别卡在 WaitCommEvent 和 WriteFile 函数中。因为根据同步模式的定义,当前对设备的操作必须要等待上一个操作完毕方可执行。在以上代码中,因为设备 B 没接到设备 A 的命令而不会向设备 A 发送应答,故 WaitCommEvent 函数因为没有检测到接收数据而一直在占用串口;而 WaitCommEvent 一直占据串口使得 WriteFile 没有得到串口资源而处于阻塞状态,这就造成了死锁。

上述这种情况没有在 Windows CE 上出现,只要 WaitCommEvent 和 WriteFile 不在同一个线程,就可以正常工作。这应该和系统的调度方式有关。

如果要在 PC 上同时进行 WaitCommEvent 和 WriteFile 操作,需要把串口的模式改写为异步模式。更改后的代码如下:

```
//主线程
int WINAPI WinMain( HINSTANCE hInstance,
HINSTANCE hPrevInstance,
LPTSTR    lpCmdLine,
int       nCmdShow)
{
 ...
 CreateThread(NULL,0,ReadThread,0,0,&dwThrdID);//创建一个读的线程
 ...
 HANDLE Com = CreateFile(TEXT("COM1"),
                         GENERIC_READ|GENERIC_WRITE,
                         0,
                         NULL,
                         OPEN_EXISTING,
                         FILE_FLAG_OVERLAPPED,
                         NULL);
 ...
 OVERLAPPED olWrite;
 memset(&olWrite,0,sizeof(m_olWrite));
 olWrite.hEvent = CreateEvent(NULL,TRUE,FALSE,NULL);
 DWORD dwBytes;
 if(WriteFile(hCom,"AT\r\n",4,&dwBytes,&olWrite) = = FALSE)
 {
  if(GetLastError() ! = ERROR_IO_PENDING)
  {return 0x20;}
```

第 12 章 Windows XP 和 Windows CE 开发差异性

```
    }
    if(GetOverlappedResult(hCom,&olWrite,&dwBytes,TRUE) = = FALSE)
    {return 0x25;}
    ...
}
//读线程
DWORD WINAPI ReadThread()
{
 ...
 memset(&olWaite,0,sizeof(olWaite));
 olWaite.hEvent = CreateEvent(NULL,TRUE,FALSE,NULL);
 SetCommMask(hCom),EV_RXCHAR);
 DWORD dwCommStatus = 0;
WaitCommEvent(hCom,&dwCommStatus,olWaite);
DWORD dwByte;
if(GetOverlappedResult(hCom,olWaite,&dwByte,TRUE) = = FALSE)
{
if(GetLastError() ! = ERROR_IO_PENDING)
 {return 0x30;}
 //清除错误标志
 DWORD dwErrors;
 COMSTAT comStat;
 memset(&comStat,0,sizeof(comStat));
 ClearCommError(hCom,&dwErrors,&comStat);
 return 0x35;
}
...
memset(&olRead,0,sizeof(olRead));
olRead.hEvent = CreateEvent(NULL,TRUE,FALSE,NULL);
char szBuf[MAX_READ_BUFFER] = {0};
DWORD dwRead;
if(ReadFile(hCom,szBuf,MAX_READ_BUFFER,&dwRead,olRead) = = FALSE)
{
  if(GetLastError() ! = ERROR_IO_PENDING)
  {return 0x40;}
  if(GetOverlappedResult(hCom,olRead,&dwRead,TRUE) = = FALSE)
  {return 0x45;}
  if(dwRead = = 0)
  {return 0x50;}
```

```
    }
    ...
    }
```

　　测试经过更改后的代码,可以发现在 Windows XP 下终于可以同时调用 WaitCommEvent 和 WriteFile 而不造成死锁。

　　在这里可以发现 Windows CE 和 Windows XP 串口调度的差异性:单线程中,Windows CE 的串口工作方式和 Windows XP 串口的同步工作模式相符;而多线程中,Windows CE 串口工作方式却又和 Windows XP 的异步方式吻合。虽然无法确切比较 Windows CE 的单一串口模式是否比 Windows XP 的双模式更为优越,但可以确认的是,Windows CE 的这种串口调用方式给程序员带来了极大的便利。

12.2.4　Windows XP 异步模式两种判断操作是否成功的方法

　　因为在 Windows XP 的异步模式中,WriteFile、ReadFile 和 WaitCommEvent 大部分情况下都是未操作完毕就返回,所以不能简单地根据返回值是否为 TRUE 或 FALSE 来判断。以 ReadFile 函数做例子。

　　① 一种是 12.2.2 小节中所用的方法:

```
if(ReadFile(hCom,szBuf,MAX_READ_BUFFER,&dwRead,olRead) = = FALSE)
{
    if(GetLastError() ! = ERROR_IO_PENDING)
    {return 0x40;}
    if(GetOverlappedResult(hCom,olRead,&dwRead,TRUE) = = FALSE)
    {return 0x45;}
    if(dwRead = = 0)
    {return 0x50;}
}
```

　　如果 ReadFile 返回为 TRUE,则表明读文件已经完成。但这种情况几乎不会出现,因为对外设的读/写相对于内存的读/写来说非常慢,所以一般在 ReadFile 函数还没执行完毕,程序已经执行到下一个语句。

　　当 ReadFile 返回为 FALSE 时,需要采用 GetLastError 函数判断读操作是否在后台进行。如果在后台进行,则调用 GetOverlappedResult 函数获取 ReadFile 函数的结果。在这里要注意的是,GetOverlappedResult 函数的最后一个参数必须设置为 TRUE,表明要等 ReadFile 函数在后台运行完毕才返回。如果最后一个参数设置为 FALSE,则即使 ReadFile 还在后台执行,GetOverlappedResult 函数也会立刻返回,从而造成判断错误。

　　② 另一种是调用 WaitForSingleObject 函数达到此目的:

第 12 章 Windows XP 和 Windows CE 开发差异性

```
    if(ReadFile(hCom,szBuf,MAX_READ_BUFFER,&dwRead,olRead) = = FALSE)
    {
     if(GetLastError() ! = ERROR_IO_PENDING)
     {return 0x40;}
     if(WaitForSingleObject(olRead.hEvent,INFINITE) ! = WAIT_OBJECT_0)
    {return 0x55;}
     if(GetOverlappedResult(hCom,olRead,&dwRead,FALSE) = = FALSE)
     {return 0x45;}
     if(dwRead = = 0)
     {return 0x50;}
    }
```

因为 ReadFile 在后台执行完毕以后,会发送一个 event,所以在这里可以调用 WaitForSingleObject 等待 ReadFile 执行完毕,然后再调用 GetOverlappedResult 获取 ReadFile 的最终结果。在这里需要注意的是,GetOverlappedResult 的最后一个参数一定要设置为 FALSE,因为 WaitForSingleObject 已经捕获了 ReadFile 发出的 event,再也没有 event 传递到 GetOverlappedResult 函数。如果此时 GetOverlappedResult 最后一个参数设置为 TRUE,则线程会一直停留在 GetOverlappedResult 函数而不往下执行。

12.3 消息循环的差异性

老实说,这节所讲的情况比较特殊,并不一定大家都能碰上。不过,如果碰上了,估计找起来还特别费劲,特别是对于代码是从 Windows CE 迁移到 Windows XP 上的朋友而言。(当初 norains 就为这问题烦了好几天,茶饭不思啊~)

在开始进行本节的讨论之前,先确定如下特殊条件:

① 主线程创建父窗口。
② 创建一个线程,并在该线程中创建子窗口,且该线程有子窗口的消息循环。
③ 进入到父窗口的消息循环。

可能用文字描述有点抽象,来看看具体的代码:

```
HWND g_hWndParent = NULL;
HANDLE hEventNotify = NULL;
//消息处理函数
LRESULT CALLBACK WndProc(HWND hWnd, UINT wMsg,
                        WPARAM wParam, LPARAM lParam)
{
    return DefWindowProc(hWnd,wMsg,wParam,lParam);      //直接返回默认函数
}
```

第12章 Windows XP 和 Windows CE 开发差异性

```cpp
//注册窗口类
BOOL MyRegisterClass(const TSTRING &strClassName)
{
    WNDCLASS wc;
    wc.style            = 0;
    wc.lpfnWndProc      = WndProc;
    wc.cbClsExtra       = 0;
    wc.cbWndExtra       = 0;
    wc.hInstance        = GetModuleHandle(NULL);
    wc.hIcon            = NULL;
    wc.hCursor          = LoadCursor(NULL, IDC_ARROW);
    wc.lpszMenuName     = NULL;
    wc.lpszClassName    = strClassName.c_str();
    wc.hbrBackground = (HBRUSH)GetStockObject(WHITE_BRUSH);
    return RegisterClass(&wc);
}
//创建窗口
HWND MyCreateWindow(const TSTRING &strClassName,const TSTRING &strWndName,
                    HWND hWndParent,DWORD dwStyle,DWORD dwExStyle)
{
//获取工作区的大小,用该大小创建窗口
RECT rcArea = {0};
SystemParametersInfo(SPI_GETWORKAREA, 0, &rcArea, 0);
return CreateWindowEx(dwExStyle,strClassName.c_str(),strWndName.c_str(),dwStyle,rcArea.left,
                    rcArea.top,rcArea.right - rcArea.left,rcArea.bottom - rcArea.top,
                    hWndParent,NULL,GetModuleHandle(NULL),0);
}
//创建窗口的子线程
DWORD WINAPI ThreadCreateWnd(LPVOID pArg)
{
if(MyRegisterClass(TEXT("CHILD_CLASS")) = = FALSE)
{return 0x10;}
if(MyCreateWindow(TEXT("CHILD_CLASS"),TEXT("CHILD_NAME"),
                g_hWndParent,WS_CHILD|WS_VISIBLE,0) = = NULL)
{return 0x20;}
SetEvent(hEventNotify);
//消息循环
MSG msg;
while(GetMessage(&msg,NULL,0,0))
```

```
{
  TranslateMessage(&msg);
  DispatchMessage(&msg);
}
return 0;
}
int WINAPI WinMain(HINSTANCE hInstance,HINSTANCE hPrevInstance,LPTSTR lpCmdLine,int nCmdShow)
{
//注册父窗口类
if(MyRegisterClass(TEXT("PARENT_CLASS")) = = FALSE)
{return 0x10;}
//创建父窗口
g_hWndParent = MyCreateWindow(TEXT("PARENT_CLASS"),
                              TEXT("PARENT_NAME"),NULL,
                              WS_POPUP|WS_VISIBLE,0);
if(g_hWndParent = = NULL)
{return 0x20;}
//创建通知事件
HANDLE hEventNotify = CreateEvent(NULL,FALSE,FALSE,NULL);
//创建线程,该线程将创建子窗口
CreateThread(NULL,NULL,ThreadCreateWnd,FALSE,FALSE,NULL);
//等待线程创建窗口完毕
WaitForSingleObject(hEventNotify,INFINITE);
MSG msg;
while(GetMessage(&msg,NULL,0,0))
{
  TranslateMessage(&msg);
  DispatchMessage(&msg);
}
return 0;
}
```

配合代码,看一下图 12.3.1 所示的流程图(norains 承认,为了突出文章的主题,这代码写得实在有点峥嵘,实在不好理解,呃~)。

如果是 Windows CE 环境下,刚刚的那段代码跑得非常顺畅,一点问题都没有;但如果是在 Windows XP,那么一切都会改变,程序没有响应,被卡死了。仔细追踪,会发现出问题的是在流程图中的"创建子窗口"这一项,具体来说,是 CreateWindowEx 函数根本没有返回。

解决方式也非常简单,在调用 CreateWindowEx 函数时,传入一个 Windows CE 所不具备

第 12 章　Windows XP 和 Windows CE 开发差异性

的 WS_EX_NOPARENTNOTIFY 即可。当传入该数值时，CreateWindowEx 就会如你所愿，顺顺当当返回。

由此或多或少可以知道 Windows XP 和 Windows CE 在消息处理上的小小差异：如果没有 WS_EX_NOPARENTNOTIFY，那么子窗口创建时，需要等待父窗口的回应。而在示例的代码中，父窗口还没有进入消息循环，无法正常响应子窗口的动作，于是便造成了死锁。而 Windows CE 则没有这方面的问题，子窗口根本就不必等待父窗口的回应，相应的创建完毕后，直接返回。从这个意义上来说，一刀切地认为（可能实际底层代码并不一定如此），虽然 Windows CE 不具备 WS_EX_NOPARENTNOTIFY 这个数值，但实际上却默认具备了该数值的属性。

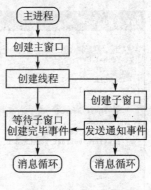

图 12.3.1　窗口创建流程

12.4　Windows XP 和 Windows CE 工程共存于同一文件

让 Windows XP 和 Windows CE 的工程同驻于一个文件，这个可能吗？因为在调用 VS2005 创建工程时，很明显这两者是分开的，如图 12.4.1 所示。

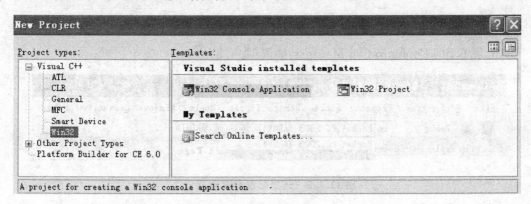

图 12.4.1　创建新工程

Windows XP 的工程从 Win32 结点创建，而 Windows CE 则是 Smart Device。

微软厉害就厉害在这里，别看创建时需要分门别类，但实际万物归宗，所有的一切都是归根到 vcproj 这个文件。也就意味着，共存，是有可能的。那么，就实际来看看，如何让两个工程共存。

首先创建一个 Windows CE 的工程，如图 12.4.2 所示。

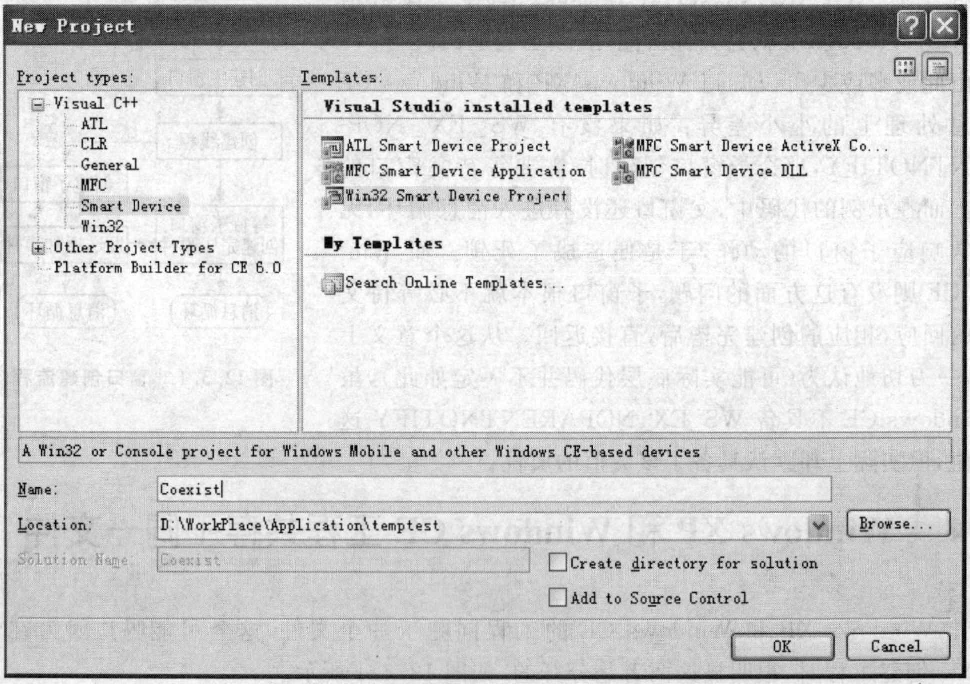

第12章 Windows XP 和 Windows CE 开发差异性

图 12.4.2 创建新的 Windows CE 工程

单击菜单上的 Configuration Manager,如图 12.4.3 所示。

图 12.4.3 选择配置 SDK 管理器

在弹出对话框的 Active Solution Platform 下拉列表框中选择＜New..＞,如图 12.4.4 所示。

接着弹出 New Solution Platform 对话框,如图 12.4.5 所示。然后在如图 12.4.6 所示的 Type or select the new platform 下拉列表框中选择 Win32。

如果有一些设置和已经添加的 SDK 类似,可以在 Copy setting form 中选择。因为这里是在 Windows CE 的工程上添加 Windows XP 的配置,不需要复制已存的 SDK,所以只是选择＜empty＞,如图 12.4.7 所示。

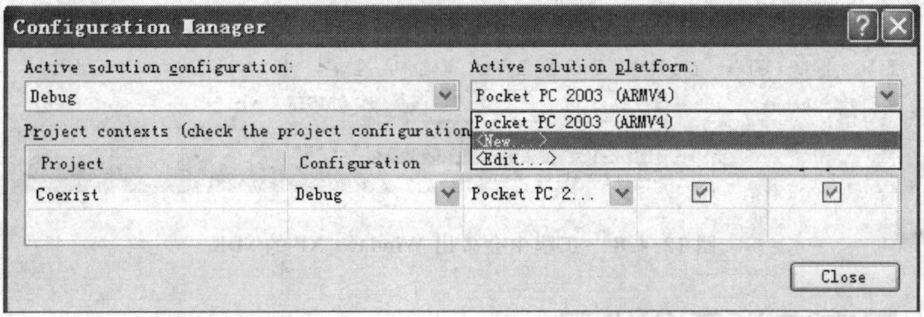

第 12 章 Windows XP 和 Windows CE 开发差异性

图 12.4.4 选择增加新的 SDK

图 12.4.5 新 SDK 对话框

图 12.4.6 选择 Win32 SDK

图 12.4.7 设置直接选择默认的 empty

单击 OK 后就可以在下拉菜单见到所需要的 Win32,如图 12.4.8 所示。

最后的事情就变得简单了,选择该 SDK,进行编译。是的,没错,这时就可以使用同一个工程文件来编译 Windows CE 和 Windows XP 的代码了。一切就这么简单!

相应的源代码可查看下载资料中的 12.4 工程文件夹。

第 12 章　Windows XP 和 Windows CE 开发差异性

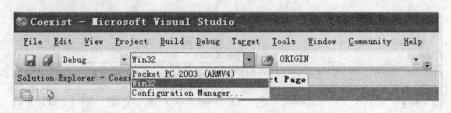

图 12.4.8　工程中会多出 Windows XP 的 SDK

12.5　用宏定义区分代码

虽然可以将 Windows CE 和 Windows XP 汇集于同一个工程文件,那么有没有简单的办法在代码中辨识这两个不同的开发平台呢?答案自然是肯定的。只要合理地使用_WIN32_WCE 这个宏,就能在代码中化腐朽为神奇。

_WIN32_WCE 宏很简单,当目标平台为 Windows CE 时就会被定义;否则,就为空。根据这个特性,就能做到代码自动适应不同平台。

例如,有一个 lib 库,代码中需要明确链接,而这库又分为 Windows CE 和 Windows XP 的版本,那么代码可以如下:

```
#ifdef _WIN32_WCE
    //链接 Windows CE 的 lib
    #pragma comment (lib,"..\\WINDOWS CE\\MUF.lib")
#else
    //链接 Windows XP 的 lib
    #pragma comment (lib,"..\\WINDOWS XP\\MUF.lib")
#endif //#ifdef _WIN32_WCE
```

再细化一点来说,_WIN32_WCE 其实还定义了 Windows CE 的版本。比如当其数值为 0x500 时,代表的为 Windows CE 5.0;顾名思义,0x600 则是 Windows CE 6.0 版本。自然,这个数值在代码中也能拿来就用:

```
#if (_WIN32_WCE == 0x500)
    //链接 Windows CE 5.0 的 lib
    #pragma comment (lib,"..\\Windows CE500\\MUF.lib")
#elif (_WIN32_WCE == 0x600)
    //链接 Windows CE 6.0 的 lib
    #pragma comment (lib,"..\\Windows CE600\\MUF.lib")
#else
    //链接 Windows XP 的 lib
```

```
#pragma comment (lib,"..\\Windows CExp\\MUF.lib")
#endif //#ifdef _WIN32_WCE
```

如果目标平台为 Windows CE，除了_WIN32_WCE 这个宏以外，有几个宏也是比较常用的。Windows CE 不像 Windows XP，只能在 X86 的架构上运行，而是适应多种 CPU 架构，比如 ARM、MIPS 等。这些不同的 CPU 架构，微软也定义好了相应的宏，比如：

ARM：_ARM_　　　　　　MIPS：_MIPS_　　　　　　X86：_X86_

这几个 CPU 相关的宏，也如同_WIN32_WCE 一般，可直接在代码中使用。

12.6　用类简化代码迁移

虽然可以通过宏定义来区分代码，从而达到方便代码迁移的目的，但实际上，有时宏却显得并不是那么方便。来看一个典型的例子，CreateProcess 这个 API 函数。其函数原型为：

```
BOOL CreateProcess(
    LPCWSTR pszImageName,
    LPCWSTR pszCmdLine,
    LPSECURITY_ATTRIBUTES psaProcess,
    LPSECURITY_ATTRIBUTES psaThread,
    BOOL fInheritHandles,
    DWORD fdwCreate,
    LPVOID pvEnvironment,
    LPWSTR pszCurDir,
    LPSTARTUPINFOW psiStartInfo,
    LPPROCESS_INFORMATION pProcInfo
);
```

原型没什么问题，关键是倒数第 2 个形参，也就是 psiStartInfo。这个形参在 Windows CE 的文档中明令指出，该形参不被系统支持，必须要设置为 NULL；但在 Windows XP 的平台之下，该形参不仅被支持，还必须不能被设置为 NULL。

比如像下面这几行代码，在 Windows CE 下运行非常正常：

```
PROCESS_INFORMATION prgInfo;
CreateProcess(TEXT("\\ABC.exe"),NULL,NULL,NULL,FALSE,
              NULL,NULL,NULL,NULL,&prgInfo);
```

但如果是放到 Windows XP 下，那么运行时会弹出如图 12.6.1 所示的错误。

为了回避这个错误，当然可以用 12.5 节宏的方式进行规避：

第 12 章 Windows XP 和 Windows CE 开发差异性

图 12.6.1 运行时弹出的错误

```
PROCESS_INFORMATION prgInfo;
#ifdef _WIN32_WCE
    CreateProcess(TEXT("\\ABC.exe"),NULL,NULL,NULL,FALSE,
              NULL,NULL,NULL,NULL,&prgInfo);
#else
    STARTUPINFO startupInfo = {0};
    CreateProcess(TEXT("\\ABC.exe"),NULL,NULL,NULL,FALSE,
              NULL,NULL,NULL,&startupInfo,&prgInfo);
#endif
```

这代码区分了不同平台的情况,肯定能正常运作。但正常并不代表完美,甚至还留下隐患。如果在代码里多次调用了 CreateProcess 函数,能保证每一次调用之前,都会用宏来进行区分吗?即使能保证自己不犯错误,能保证后续修改你代码的同事吗?很明显,这不可能。但如果运用类,那么就能将风险降到最低。

用类的思维很简单。所有的代码都封装为一个类,并且都派生于同一个基类;任何和平台相关的操作,都在该基类中完成。以此思想为指导,看看如何采用该方式来解决之前的难题。先声明一个基类,该基类对 CreateProcess 函数进行了重载:

```
class CBaseFunc
{
public:
    static BOOL CreateProcess(
        LPCWSTR pszImageName,
#ifdef _WIN32_WCE
        LPCWSTR pszCmdLine,
#else
        LPTSTR  pszCmdLine,
#endif
        LPSECURITY_ATTRIBUTES psaProcess,
```

```cpp
        LPSECURITY_ATTRIBUTES psaThread,
        BOOL fInheritHandles,
        DWORD fdwCreate,
        LPVOID pvEnvironment,
        LPWSTR pszCurDir,
        LPSTARTUPINFOW psiStartInfo,
        LPPROCESS_INFORMATION pProcInfo)
    {
        #ifdef _WIN32_WCE
            //不支持的参数全部设置为 NULL
            return ::CreateProcess(pszImageName,pszCmdLine,NULL,NULL,FALSE,
                                fdwCreate,NULL,NULL,NULL,pProcInfo);
        #else
            //根据 psiStartInfo 来确定是否需要在代码中添加临时变量
            if(psiStartInfo == NULL)
            {
                STARTUPINFO startupInfo = {0};
                return ::CreateProcess(pszImageName, pszCmdLine, psaProcess,
                                    psaThread, fInheritHandles, fdwCreate, pvEnvironment,
                                    pszCurDir, &startupInfo, pProcInfo);
            }
            else
            {
                return ::CreateProcess(pszImageName, pszCmdLine, psaProcess,
                                    psaThread, fInheritHandles, fdwCreate, pvEnvironment,
                                    pszCurDir, psiStartInfo, pProcInfo);
            }
        #endif //#ifdef _WIN32_WCE
    }
public:
    CBaseFunc(){}
    virtual ~CBaseFunc(){}
};
```

虽然基类还是用到了_WIN32_WCE,并且还为了区分 CreatProcess 的第 2 个形参再度请出_WIN32_WCE,以致于该类的代码显得有些繁琐。但对于子类而言,却又是另外一回事了,干净利落:

```cpp
class CChild:
    public CBaseFunc
```

第 12 章　Windows XP 和 Windows CE 开发差异性

```
{
public:
    void FuncA()
    {
        PROCESS_INFORMATION prgInfo;
        CreateProcess(TEXT("\\ABC.exe"),NULL,NULL,NULL,FALSE,NULL,
                    NULL,NULL,NULL,&prgInfo);
    }
public:
    CChild(){};
    virtual ~CChild(){};
};
```

子类没有任何宏来区分不同平台的代码，倒数第 2 个形参在不需要的时候，也是一律设置为 NULL，但却达到了在不同平台安全运行的目的。因为所有的脏活，都由基类给搞定。即使以后对于该函数有不同的诠释，也只需要更改基类的相应函数，而不用去管子类有多少次的调用。这对于需要代码在不同平台间相互迁移的情形而言，显然是一个非常简便灵活的方式。

详细源代码请查看下载资料中 12.6 工程文件夹。

12.7　Windows CE 程序移植到 Windows XP 的解决方案实例

可能很多人看到这节的标题会犯嘀咕：Windows CE 当初不是为了方便开发者迁移到该系统，使 WIN32 API 函数和 Windows XP 兼容的吗？直接将 Windows CE 的代码粘贴过去，然后直接编译不就好了？

话是对了，但却只是对了一半。Windows CE 的 Win32 API 也只是和 Windows XP 的大部分兼容，有一些额外的在 Windows CE 系统的不停发展中衍生出来，而这恰恰是 Windows XP 的 Win32 API 所缺少的。

如果遇到了这种情形，唯一能做的就是自己动手写缺失的 API 函数。听起来很复杂，但其实比想象的要简单多了，比 Linux 移植到 Windows 不知道要简单多少倍。不信？就来看看吧！（norains 旁边念叨：本是同根生嘛，血型相同啦～）

12.7.1　RETAILMSG 和 DEBUGMSG

如果是调试 Windows CE 程序，需要将字符串格式化后输送到 Output Window（调试窗口）则是一件非常简单的事情，只需要调用 RETAILMSG，甚至是最简单的 printf 函数即可；但对于 Windows XP 则没有如此的幸运：虽然说可以调用 OutputDebugString 将字符串输送到 Output Window，但却没有格式化的功能。

第 12 章　Windows XP 和 Windows CE 开发差异性

还是自己动手吧！将这个函数命名为 DebugString，又因为其输入的参数是不可预知的，必须采用可变形参，故函数的声明如下：

```
void DebugStrng(TCHAR * pszFormat,...)
```

声明很简单，难题无外乎两个：如何确定形参的个数；如何格式化字符串。当然，也不必为此大费周章，其实这两个难题都有相应的对策。接下来，看看代码的实现。

首先是声明一个缓冲区，用来保存格式化的字符串：

```
TCHAR szText[1024];
```

可能大家初一看这大小，有点奇怪，为什么要定义为 1 024 呢？其实这也由不得我们，因为之后需要用到格式化字符串的函数所能接受的最大容量就是这个数，这在 MSDN 是明令规定的。

接下来就要考虑可变形参的问题。还好，在 C++ 中规定，可以通过 va_start 来开始枚举形参，但结束后，一定要通过 va_end 结束。为了避免期间出现意外，所以采用 __try 机制，无论发生什么事情，都一定要执行一次 va_end：

```
__try
{
  va_start(args, pszFormat);
  ...
}
__finally
{
  va_end(args);
}
```

可变形参问题解决了，格式化字符串的问题也就不远了。因为有现成的 wvsprintf 函数，直接调用即可：

```
wvsprintf(szText, pszFormat, args);
```

字符串都格式好了，那么还有什么可以犹豫的，直接输出：

```
OutputDebugString(szText);
```

最后，列出其完整实现：

```
void DebugStrng(TCHAR * pszFormat,...)
{
//wvsprintf 函数只能接收的数据长度为 1 024
```

第 12 章　Windows XP 和 Windows CE 开发差异性

```
    TCHAR szText[1024];
//形参的指针
va_list args;
__try
{
  //以 pstrFormat 变量的地址为起始
  va_start(args, pszFormat);
  //格式化字符串
  wvsprintf(szText, pszFormat, args);
  //发送字符串到 Output 窗口
  OutputDebugString(szText);
}
__finally
{
  //停止枚举形参
  va_end(args);
}
}
```

有了 DebugString 这把尚方宝剑，12.7.1 小节标题中所涉及的两个宏就轻而易举地实现了，请看：

```
//Debug 消息宏
#ifndef _WIN32_WCE
    #ifdef _DEBUG
        #define DEBUGMSG(cond,exp) ((void)((cond)?(CMUF::DebugString exp),1:0))
    #else
        #define DEBUGMSG(cond,exp) ((void)0)
    #endif
#endif  // #ifndef _WIN32_WCE
//Retailmsg 消息宏
#ifndef _WIN32_WCE
    #define RETAILMSG(cond,exp)        ((cond)?(CMUF::DebugString exp),1:0)
#endif  // #ifndef _WIN32_WCE
```

12.7.2　ASSERT

ASSERT 在 Windows CE 下真是程序员一大法宝，有了它，才能更早地发现代码的问题所在。什么？你没用过 ASSERT，也不知道是干嘛的？噢，上帝！请宽恕这个单纯的孩子吧！简单来说，该宏是在 DEBUG 版本才生效，当其表达式为 FALSE 时，调试器会自动停在该代

第 12 章　Windows XP 和 Windows CE 开发差异性

码段,并且会在 Output 窗口输出相应的信息,如图 12.7.1 所示。

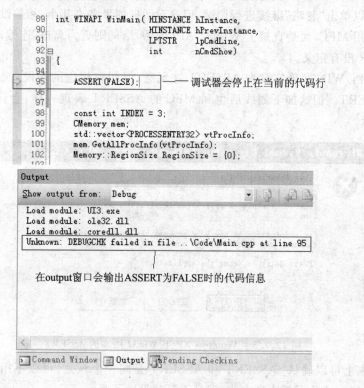

图 12.7.1　Windows CE 的 ASSERT 表现形式

如果将 ASSERT(FALSE)放到 Windows XP 的 MFC 工程,习惯于 Windows CE 断言的方式的你,可能就会带你进入地狱。随着"咚"的一声,映入眼帘的是如图 12.7.2 所示的警告信息。

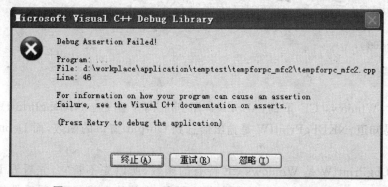

图 12.7.2　Windows XP 下 MFC 版本的 ASSERT 警告框

第12章　Windows XP 和 Windows CE 开发差异性

刚在 Windows XP 下编写程序的你，说不定看到这对话框，还以为自己的代码有了致命的错误。虽然可以单击"忽略"继续进行调试，但这对话框如果多来几个，相信没几个人能忍受。

如果不使用 MFC，而是直接上 WIN32 API 的话，结局则更为离谱，连编译都无法通过，直接提示 ASSER 没有定义。

查一下文档，WIN32 确实没有 ASSERT 这玩意，但却有相应的替代，就是在该宏前加下划线，为_ASSERT。但这加下划线后也和 MFC 的 ASSERT 表现一样，会让你心跳加快，如图 12.7.3 所示。

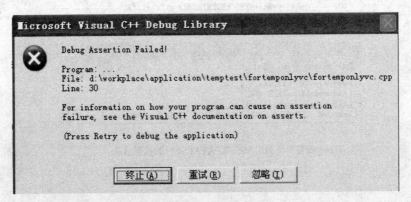

图 12.7.3　Windows XP 下 Win32 版本的 ASSERT

好了，基本上可以确认_ASSERT 和 ASSERT 是同一个玩意，可以不用折腾了。但如果想获得在 Windows CE 下的表现方式，那是不是就没辙了呢？

在讨论这个问题之前，先看看 Windows CE 下关于 ASSERT 的定义：

```
#define ASSERT( exp )    DBGCHK(TEXT("Unknown"), exp)
#define DBGCHK(module,exp) \
((void)((exp)? 1:(                   \
    NKDbgPrintfW ( TEXT(" %s: DEBUGCHK failed in file %s at line %d \r\n"), \
            (LPWSTR)module, TEXT(__FILE__), __LINE__ ),   \
    DebugBreak(), \
    0  \
)))
```

归根结底，Windows CE 下的 ASSERT 用到了两个函数：NKDbgPrintfW 和 DebugBreak。很容易知道，NKDbgPrintfW 是输出信息到 Output 窗口的函数，而 DebugBreak 则是让调试器暂停。

因为 NKDbgPrintfW 是 Windows CE 特有的函数，所以先不管它，先看看 DebugBreak。很幸运，这个函数在 Windows XP 中也有定义。那么，将其放入代码里，看看是什么表现。当

第 12 章　Windows XP 和 Windows CE 开发差异性

代码执行到 DebugBreak 时，调试器也会跳出如图 12.7.4 所示的对话框。

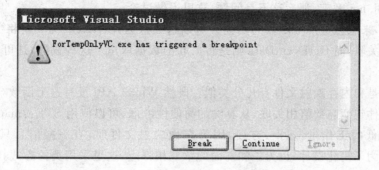

图 12.7.4　DebugBreak 运行时的弹出对话框

在该对话框中，如果选择 Break，则会进入汇编代码的调试；如果是 continue，则调试器会进入到下一语句。

虽然没有 Windows CE 的那种静默的方式，但至少比那个带红红的"X"，并且还有"咚"一声巨响的 ASSERT 好多了。

ASSERT 在 Windows CE 中还有一个特性，会在 Output Window 输出相应的代码行信息。这看似简单的特性，在 Windows XP 下却没有相应的 Win32 API。不过，没什么可怕的，忘记 12.7.1 小节不是定义的 DebugString 了吗？在这里就可以派上用场了！

最后，结合 12.7.1 小节的 DebugString，属于自己的 ASSERT 宏终于横空出世了：

```
#define DBGCHK(module,exp) \
  ((void)((exp)? 1:(              \
     DebugStrng ( TEXT(" %s: DEBUGCHK failed in file %s at line %d \r\n"), \
           (LPWSTR)module, TEXT(__FILE__ ), __LINE__ ),    \
     DebugBreak(), \
     0  \
  )))
#ifdef _DEBUG
  #define ASSERT( exp )    DBGCHK(TEXT("Unknown"), exp)
#else
  #define ASSERT(exp)   ((void)(exp))
#endif
```

12.7.3　SetEventData 和 GetEventData

如果在 Windows CE 下写程序多了，SetEventData 和 GetEventData 这两个函数，就像自己的左手和右手，再也熟悉不过了。可偏在 Windows CE 下面这么熟悉的老面孔迁移到 Win-

第 12 章　Windows XP 和 Windows CE 开发差异性

dows XP 时，你依然会尴尬：Windows XP 的 Win32 API 中根本就没这两个函数的身影。当然，如果是采用.net 框架，那么这不是问题，这里不做讨论。

回到原点，来想想这两个函数的功能。可以这么认为，SetEventData 是将 DWORD 数值和事件句柄相关联，而 GetEventData 则是将关联的数据取出。这些数据，是可以在不同的进程中共享的。

这个是不是和内存映射文件有几分类似？既然 Win32 API 没有这个函数，那么就手动来创建。由于事件句柄与数值相关联，从算法的简便性考虑，可以使用 STL::map 进行存储，这样可以大大降低的工作量。另一方面，因为在做映射文件时，有一些信息只能通过 CreateEvent 获取，为了简化设计，也为了和前面的章节相呼应，这里采用类的方式，将这几个函数重载。为描述简便，这个类声明为 CMUF。

先从头开始，看看重载的 CreateEvent 函数。其中的一些要点采用注释的方式列于代码中，方便查看。

```
HANDLE CMUF::CreateEvent(LPSECURITY_ATTRIBUTES lpEventAttributes,
BOOL bManualReset,
BOOL bInitialState,
LPCTSTR lpName)
{
    BOOL bRes = FALSE;
    //创建存储对象
    if(ms_pmpEventHandleToName == NULL)
    {
        ms_pmpEventHandleToName = new std::map<HANDLE,TSTRING>();
        if(ms_pmpEventHandleToName == NULL)
        {
            ASSERT(FALSE);
            goto EXIT;
        }
    }
    if(ms_pmpEventNameToFile == NULL)
    {
        ms_pmpEventNameToFile = new std::map<TSTRING,MemFile>();
        if(ms_pmpEventNameToFile == NULL)
        {
            ASSERT(FALSE);
            goto EXIT;
        }
    }
```

第 12 章 Windows XP 和 Windows CE 开发差异性

```cpp
//调用原生的 API 函数创建事件
HANDLE hEvent = ::CreateEvent(lpEventAttributes,bManualReset,bInitialState,lpName);
if(hEvent = = NULL)
{
    goto EXIT;      //如果创建失败,跳转到 EXIT
}
//先判断当前创建的这个事件是否已经被创建,以方便后续数据的处理
BOOL bIsExisting = (GetLastError() = = ERROR_ALREADY_EXISTS);
if(bIsExisting = = FALSE)
{
    TSTRING strMemFile;      //这是一个新的的事件
    //先判断这个类是否只是内部使用。所谓的内部使用,指的是没有名字的事件,除了通过句柄
    //来进行使用以外,无法通过再次打开获得
    if(lpName ! = NULL)
    {
        //因为内存映射文件和事件名是同一个命名空间,所以这两者的名字不能相同
        //故要创建的内存映射文件名为:EVENT_前缀 + 事件名
        strMemFile = TEXT("EVENT_");
        strMemFile + = lpName;
    }
    else
    {
        //如果该事件为内部使用,那么也就意味着这内存映射文件也是内部使用
        //故采用程序句柄的名字+事件名的方式进行内存映射文件的名字确定
        TSTRINGSTREAM stream;
        stream << GetModuleHandle(NULL) << TEXT("_") << hEvent;
        strMemFile = stream.str();
    }
    //通过调用 InitMemFile 来创建内存映射文件
    MemFile memFile;
    if(InitMemFile(strMemFile,sizeof(DWORD),memFile) = = FALSE)
    {
        goto EXIT;
    }

    //ms_pmpEventHandleToName 和 ms_pmpEventNameToFile 是类的静态成员,
    //用来存储事件和映射文件的对应关系
    if(lpName ! = NULL)
    {
```

```cpp
            ms_pmpEventHandleToName->insert(std::make_pair(hEvent,lpName));
            ms_pmpEventNameToFile->insert(std::make_pair(lpName,memFile));
        }
        else
        {
            //因为内部使用的事件没有名字,所以采用组合的名字作为标识
            ms_pmpEventHandleToName->insert(std::make_pair(hEvent,strMemFile));
            ms_pmpEventNameToFile->insert(std::make_pair(strMemFile,memFile));
        }
    }
    else
    {
        //系统判断以该名字命名的事件已经被创建过,所以先搜索数据库是否有相应的记录
        std::map<HANDLE,TSTRING>::iterator iterName = std::find_if(
                        ms_pmpEventHandleToName->begin(),
                        ms_pmpEventHandleToName->end(),
                        Functor::value_equal<HANDLE,TSTRING>(lpName));
        if(iterName == ms_pmpEventHandleToName->end())
        {
            ASSERT(FALSE);
            goto EXIT;
        }
        std::map<TSTRING,MemFile>::iterator iterFile =
                        ms_pmpEventNameToFile->find(iterName->second);
        if(iterFile == ms_pmpEventNameToFile->end())
        {
            ASSERT(FALSE);
            goto EXIT;
        }
        //找到相应记录的话,则将记数加1
        InterlockedIncrement(reinterpret_cast<LONG *>(&iterFile->second.dwCount));
        //即使该名字命名的事件之前已经使用,但第2次创建时,句柄还是不同的,所以必须将其保存
        ms_pmpEventHandleToName->insert(std::make_pair(hEvent,lpName));
    }
    bRes = TRUE;
EXIT:

    if(bRes == FALSE)
    {
```

```
        CloseHandle(hEvent);
    }
    return hEvent;
}
```

这个函数有两个静态成员变量,在头文件中是这么声明的:

```cpp
class CMUF
{
private:
    struct MemFile
    {
        HANDLE hFileMap;
        HANDLE pMapBuf;
        DWORD dwBufSize;
        DWORD dwCount;
    };
    static std::map<HANDLE,TSTRING> * ms_pmpEventHandleToName;
    static std::map<TSTRING,MemFile> * ms_pmpEventNameToFile;
};
```

其中调用的 InitMemFile 函数如下:

```cpp
BOOL CMUF::InitMemFile(const TSTRING &strMapName,
DWORD dwSize,
MemFile &memFile)
{
    //创建映射文件
    HANDLE hFileMap = CreateFileMapping(INVALID_HANDLE_VALUE,NULL,
                                PAGE_READWRITE,0,dwSize,strMapName.c_str());
    if(hFileMap = = NULL)
    {
        ASSERT(hFileMap ! = NULL);
        return FALSE;
    }
    //从映射文件句柄获得分配的内存空间
    VOID * pMapBuf = MapViewOfFile(hFileMap,FILE_MAP_ALL_ACCESS,0,0,0);
    if(pMapBuf = = NULL)
    {
        ASSERT(FALSE);
```

第12章 Windows XP 和 Windows CE 开发差异性

```
        CloseHandle(hFileMap);
        return FALSE;
}
//将内存中的数值设置为 0
DWORD dwData = 0;
memcpy(pMapBuf,&dwData,dwSize);
//将数值保存到结构体中
memFile.hFileMap = hFileMap;
memFile.pMapBuf = pMapBuf;
memFile.dwBufSize = dwSize;
memFile.dwCount = 1;
return TRUE;
}
```

和 CreaetEvent 相对应，来看看 CloseHandle 函数：

```
BOOL CMUF::CloseHandle(HANDLE hObject)
{
    if(hObject == NULL)
    {
        return FALSE;
    }
    if(ms_pmpEventHandleToName != NULL && ms_pmpEventNameToFile != NULL)
    {
        //查找所关闭的句柄是否存在于记录里
        std::map<HANDLE,TSTRING>::iterator iterName =
                            ms_pmpEventHandleToName->find(hObject);
        if(iterName != ms_pmpEventHandleToName->end())
        {
            std::map<TSTRING,MemFile>::iterator iterFile =
                            ms_pmpEventNameToFile->find(iterName->second);
            if(iterFile != ms_pmpEventNameToFile->end())
            {
                //找到记录，数目减 1
                InterlockedDecrement(reinterpret_cast<LONG *>
                                    (&iterFile->second.dwCount));
                if(iterFile->second.dwCount == 0)
                {
                    //如果计数为零，则删掉映射文件
                    UnmapViewOfFile(iterFile->second.pMapBuf);
```

```
                    ::CloseHandle(iterFile->second.hFileMap);
                    ms_pmpEventNameToFile->erase(iterFile);
                }
            }
            ms_pmpEventHandleToName->erase(iterName);
        }
        //如果为空,则删除对象
        if(ms_pmpEventHandleToName->empty() != FALSE)
        {
            delete ms_pmpEventHandleToName;
            ms_pmpEventHandleToName = NULL;
        }
        if(ms_pmpEventNameToFile->empty() != FALSE)
        {
            delete ms_pmpEventNameToFile;
            ms_pmpEventNameToFile = NULL;
        }
    }
    return ::CloseHandle(hObject);    //调用 API 函数进行真正的关闭
}
```

创建和关闭就是这么简单,并不算复杂。在请出今天的主角之前,先来看看一个主角们都会利用到的武器,也就是 GetMemFile 函数,它用来获取和事件句柄有关的内存映射文件信息。函数很短,很简单:

```
BOOL CMUF::GetMemFile(HANDLE hEvent,MemFile &memFile)
{
    if(hEvent == NULL)
    {
        return FALSE;
    }
    if(ms_pmpEventHandleToName == NULL || ms_pmpEventNameToFile == NULL)
    {
        return FALSE;
    }
    //根据句柄查找命名
    std::map<HANDLE,TSTRING>::iterator iterEvent =
                        ms_pmpEventHandleToName->find(hEvent);
    if(iterEvent == ms_pmpEventHandleToName->end())
    {
```

第12章 Windows XP 和 Windows CE 开发差异性

```cpp
        return FALSE;
    }
    //根据命名来查找映射文件信息
    std::map<TSTRING,MemFile>::iterator iterMem =
            ms_pmpEventNameToFile->find(iterEvent->second);
    if(iterMem == ms_pmpEventNameToFile->end())
    {
        return FALSE;
    }
    //将记录文件中的信息保存到输出变量缓存中
    memFile = iterMem->second;
    return TRUE;
}
```

有了这个 GetMemFile 函数以后,那么 SetEventData 和 GetEventData 就简单了,甚至可以说显得非常单薄,似乎和本小节主角的光环搭不上边,但这里所要求的,只是功能。

好吧,让两个主角一起闪亮登场:

```cpp
BOOL CMUF::SetEventData(HANDLE hEvent,DWORD dwData)
{
    MemFile memFile;
    if(GetMemFile(hEvent,memFile) == FALSE || memFile.pMapBuf == NULL)
    {
        return FALSE;
    }
    memcpy(memFile.pMapBuf,&dwData,memFile.dwBufSize);   //将数值复制到内存中
    return TRUE;
}
DWORD CMUF::GetEventData(HANDLE hEvent)
{
    MemFile memFile;
    if(GetMemFile(hEvent,memFile) == FALSE || memFile.pMapBuf == NULL)
    {
        return 0;
    }
    //从内存中获取 DWORD 数据
    DWORD dwVal = 0;
    memcpy(&dwVal,memFile.pMapBuf,memFile.dwBufSize);
    return dwVal;
}
```

第12章 Windows XP 和 Windows CE 开发差异性

看到最后,也许读者还会有个疑问,为什么 ms_pmpEventHandleToName 和 ms_pmpEventNameToFile 要声明为指针,然后再在创建事件时通过 new 来创建?直接声明为对象实例 ms_mpEventHandleToName 和 ms_mpEventNameToFile 的形式不是更好?真实情况是,在某个特殊状态声明为对象实例会导致程序的崩溃。如果有一个类 A,它在构造函数中调用了 CreateEvent 函数;接着声明了一个类 A 的对象实例 a,而这实例 a 也为 static。那么程序是否崩溃,就要取决于究竟是 ms_mpEventHandleToName 和 ms_mpEventNameToFile 是否在实例 a 之前先被初始化。如果答案是否,那么程序崩溃是可以预见的:a 在调用 CreateEvent 时,ms_mpEventHandleToName 和 ms_mpEventNameToFile 并未初始化。而这初始化的顺序,在 C++标准中是没有规定的。换句话来说,根本没办法手工指定哪个对象先进行初始化。如果是使用 new,当使用的时候就分配内存,也就避免了 static 对象初始化顺序问题。

12.8 Windows XP 程序移植到 Windows CE 的解决方案实例

相对于从 Windows CE 到 Windows XP 而言,反其道而行之的难度更大。特别是,当代码充斥了满篇的 MFC,特别是网络等这些和 Windows CE 特性有较大差异的方面,那么移植简直无异于一场噩梦。

如果是使用 Win32 API,那么情况自然会好不少,但却也绝对不是一帆风顺,还是有让人烦心的地方存在。

12.8.1 GetCurrentDirectory

这函数想必没有人会感到陌生,即获取当前的文件夹路径。这个函数对于程序来说,简直是太重要了,读取和程序同级目录的文件、图片等,都要靠它。可偏偏这么一个默默无闻的勤劳分子,居然让微软在 Windows CE 中把它干掉了。

干掉就干掉,没辙,该用的还是要用的。还好,微软并没有赶尽杀绝,至少还留下了 GetModuleFileName 函数——一个能获取当前程序路径的函数,可以借助它完成 GetCurrentDirectory 的功能。

自力更生后的 Windows CE 版本 GetCurrentDirectory 函数如下:

```
DWORD GetCurrentDirectory(DWORD nBufferLength,LPTSTR lpBuffer)
{
    //路径长度规定为 MAX_PATH,所以缓存可以声明为该大小
    TCHAR szBuf[MAX_PATH] = {0};
    if(GetModuleFileName(NULL,szBuf,sizeof(szBuf)/sizeof(TCHAR)) == 0)
    {
        return 0;      //失败,直接返回
    }
```

```
    //查找最后一个斜杠,作为标志
    DWORD dwCount = _tcslen(szBuf);
    while(--dwCount >= 0)
    {
        if(szBuf[dwCount] == '\\')
        {
            break;
        }
        else
        {
            continue;
        }
    }
    //如果输出缓存够大,则复制
    if(lpBuffer != NULL && nBufferLength >= dwCount)
    {
        _tcsncpy(lpBuffer,szBuf,dwCount);
    }
    return dwCount;
}
```

函数有了,最后看看这最简单的调用:

```
TCHAR szPath[MAX_PATH] = {0};
GetCurrentDirectory(MAX_PATH,szPath);
```

12.8.2　SystemTimeToTzSpecificLocalTime

SystemTimeToTzSpecificLocalTime 是将 UTC 转换为特定时区的函数,在 Windows XP 下调用很简单:

```
SYSTEMTIME sysTime = {0};
//获取系统时间。和 GetLocalTime 不同,该函数返回的为 UTC 时间
GetSystemTime(&sysTime);
//中国时区的信息
TIME_ZONE_INFORMATION DEFAULT_TIME_ZONE_INFORMATION = {-480};
//将 UTC 时间转换为中国时区的本地时间
SystemTimeToTzSpecificLocalTime(&DEFAULT_TIME_ZONE_INFORMATION,
                    &sysTime,&sysTime);
```

第 12 章 Windows XP 和 Windows CE 开发差异性

就这么简单,调用一个函数即可进行转换。可能读者唯一疑惑的是 DEFAULT_TIME_ZONE_INFORMATION 的取值是怎么来的,其实很简单,TIME_ZONE_INFORMATION 的时差是以分钟为单位的,北京时差为 8 个小时,所以 8 小时×60＝480 分钟。如果是别的时区,可以依此进行更改。

相对来说,norains 觉得 Windows CE 更需要这个函数,因为 Windows CE 和电子设备联系得更紧密,而电子设备太多都是"中国制造",总不能这些玩意跑到国外去,还让外国友人使用中国的时区吧？可偏偏,这么一个对中国大有好处的函数,却又再次惨遭微软这个亲妈的阉割。

不是有句话说,程序员是最聪明的一群人吗？还有话说,中国人是最具有智慧的种族。具备了这两个特性的中国程序员,难道还搞不定一个区区的时区转换？老样子,自己动手！

先从原理上想想这时区的转换,其实无非就是 UTC 时间偏移多少个小时,也就一个简简单单的加加减减。但问题在于,SYSTEMTIME 是一个结构体,成员有秒、分、时等。如果只是时间上的加减倒还是简单,毕竟都是 60 进制的；但涉及日期,却不是一般的麻烦了。比如是今天是 1 号,那前一天是几号？这个不仅涉及大小月,还有闰月的问题。不仅如此,还需要判断当前是星期几,这也不是一件轻松的事情。所以,直接采用 SYSTEMTIME 进行计算是不太现实。

那么换个角度来想,SYSTEMTIME 不方便,转换为 FILETIME 来计算不就可以了？FILETIME 可是以 100 个亿分之一秒为单位的啊,这不就可以直接加减了么？话虽如此,但还是有个问题。来看看 FILETIME 的声明：

```
typedef struct _FILETIME {
    DWORD dwLowDateTime;
    DWORD dwHighDateTime;
} FILETIME;
```

问题就来了,FILETIME 是一个结构体,包含了两个成员,无法直接进行算术运算。

别急,问题还不是很严重。仔细观察一下,FILETIME 是由两个 DWORD 组成,每个 DWORD 是 32 位,一共 64 位。那么,直接用一个 64 位的变量存储该数值,不就可以简单地进行运算了？

所以,Windows CE 下自力更生的 SystemTimeToTzSpecificLocalTime 函数出炉了：

```
BOOLSystemTimeToTzSpecificLocalTime(LPTIME_ZONE_INFORMATION lpTimeZone,
                                    LPSYSTEMTIME lpUniversalTime,
                                    LPSYSTEMTIME lpLocalTime)
{
    if(lpTimeZone = = NULL || lpUniversalTime = = NULL || lpLocalTime = = NULL)
    {
```

第12章 Windows XP 和 Windows CE 开发差异性

```
        //如果指针为空,则没有必要进行任何计算
        return FALSE;
    }
    //将 UTC 时间由 SYSTEMTIME 转换为 FILETIME 格式
    FILETIME ftUniversalTime = {0};
    SystemTimeToFileTime(lpUniversalTime,&ftUniversalTime);
    //将 FILETIME 格式时间的数值存储到一个 DWORD64 变量中
    DWORD64 ddwUniversalTime = ftUniversalTime.dwHighDateTime;
    ddwUniversalTime = ddwUniversalTime << 32;
    ddwUniversalTime + = ftUniversalTime.dwLowDateTime;
    //因为 FILETIME 的时间单位是 100 个亿分之一秒,然后 TIME_ZONE_INFORMATION 的时间单位是分,
    //所以这里需要乘以 600 000 000
    DWORD64 ddwBias = abs(lpTimeZone->Bias);
    ddwBias *= 600000000;
    //转换公式为: LOCAL_TIME = UTC - BIAS
    DWORD64 ddwLocalTime = 0;
    if(lpTimeZone->Bias > 0)
    {
        ddwLocalTime = ddwUniversalTime - ddwBias;
    }
    else if(lpTimeZone->Bias < 0)
    {
        ddwLocalTime = ddwUniversalTime + ddwBias;
    }
    //将 DWORD64 数值转换为 FILETIME 格式
    FILETIME ftLocalTime = {0};
    ftLocalTime.dwLowDateTime = static_cast<DWORD>(ddwLocalTime);
    ftLocalTime.dwHighDateTime = static_cast<DWORD>(ddwLocalTime >> 32);
    //将 FILETIME 数值转换为 SYSTEMTIME 格式并返回
    return FileTimeToSystemTime(&ftLocalTime,lpLocalTime);
}
```

因为该函数的接口和 Windows XP 的一模一样,所以本小节开头的代码,可以不用做任何更改就能正确地在 Windows CE 中运行了。

后 记

话说某年某月某天,北京航空航天大学出版社编辑约我写一本关于 Windows CE 的书籍,自己回头想想:写技术博客都有五年时间了,还怕区区一本书?于是,很高兴很大义凛然地答应下来了。只是动笔之后才发现,写博客和写书完全两码子事。博客嘛,有感而发,想写啥就写啥,吹牛也可以不打草稿,海阔天空一般;书嘛,却必须要系统,要有逻辑,要用词严谨。条条框框之下,搞得自己茶饭不思,不禁暗暗后悔:早知道就不干这差事了!但箭在弦上,不得不发,还是依靠着小强打不死的精神,以饱满的热情最终完成了本书。

书成之后,唯一的感觉就是:累!第二感觉是:很累!第三感觉是:非常累!特别是那十个手指头,就跟抽筋了似的,拿双筷子还颤颤抖抖。还好键盘质量还过硬,除了某些键位上的字被磨掉以外,基本还算安康。

代码跑了几年,时不时还会蹦出个 bug;对于书而言,其实我并不指望内容能做到毫无遗漏,但我至少能够对着良心,拍着胸脯说:这本书绝对不是东拼西凑的水货,而确确实实是我心血之作。当然,熟悉我的朋友,可能看文中的一些内容,觉得似乎有点似曾相识,这也是完全有可能的。因为有一些内容是参考了我 blog 上的文章,所以可能觉得有点面熟。只不过,左手抄右手,左手右手都是我的手,从情理上应该能说得过去吧?

如果读者大人您看到这个后记,很有可能已经将整本书给翻完了,如果您觉得还算满意,那我就心满意足了;如果您觉得很不爽,需要发泄的话,您可以考虑将这本书用来垫高枕头,每天晚上压着它。当然,不建议您用它来垫桌脚,因为稍微有点厚,垫起来可能更不稳。

困了,norains 就洗洗睡睡去了……

莫雨(norains)

2011 年 3 月于深圳

参考文献

[1] 何宗键. Windows CE 嵌入式系统[M]. 北京：北京航天航空大学出版社，2006.

[2] Stanley B. Lippman, Barbara E. Moo, Josée LaJoie. C++ Primer 中文版[M]. 李师贤，等译. 北京：人民邮电出版社，2006.

[3] Nicolai M. Josuttis. C++标准程序库自修教程与参考手册[M]. 侯捷，孟岩，译. 武汉：华中科技大学出版社，2002.

[4] Douglas Boling. Windows CE 6.0 开发者参考[M]. 何宗键，等译. 北京：机械工业出版社，2009.

[5] Charles Petzold. Windows 程序设计[M]. 5 版. 方敏，等译. 北京：清华大学出版社，2010.

[6] 终极内存技术指南. http://wenku.baidu.com/view/9b0b1f79168884868762d616.html.

[7] WAV 格式详解. http://blog.sina.com.cn/s/blog_4b96ca090100abks.html.